3ds Max 2021
实训教程

周贤 编著

人民邮电出版社

北京

图书在版编目(CIP)数据

3ds Max 2021实训教程 / 周贤编著. -- 北京 : 人
民邮电出版社, 2022.5
ISBN 978-7-115-57719-1

Ⅰ. ①3… Ⅱ. ①周… Ⅲ. ①三维动画软件—教材
Ⅳ. ①TP391.414

中国版本图书馆CIP数据核字(2021)第217203号

内 容 提 要

本书以"实际工作用什么,就重点讲什么"为宗旨,抛开一切看似复杂却在工作中用不上的东西,讲解与各行业相关的 3ds Max 核心技术、方法和思路。本书并不是单纯地讲解软件,而是要让读者通过本书踏入适合自己的3D行业,从而直接面对工作。

本书的内容包含 3ds Max 基础知识、建模技法、材质制作与贴图技术、灯光技术与打光思路、摄影机构图与镜头效果、动画和动作,以及渲染出图等。本书最后一章展示了各行业的项目实训,介绍了 3ds Max 的行业应用和注意事项,引导新手找到适合自己的行业。本书附有在线教学视频,读者可扫码观看。

本书非常适合作为艺术类院校相关专业和培训机构的教材,也可以作为 3ds Max 自学人员的参考用书。另外,本书所有内容均以中文版 3ds Max 2021、VRay 5.0 为基础进行编写,读者可采用相同或更高版本软件来学习。

◆ 编　著　周　贤
　　责任编辑　张玉兰
　　责任印制　马振武

◆ 人民邮电出版社出版发行　　北京市丰台区成寿寺路 11 号
　　邮编　100164　　电子邮件　315@ptpress.com.cn
　　网址　https://www.ptpress.com.cn
　　涿州市殷润文化传播有限公司印刷

◆ 开本:787×1092　1/16
　　印张:17　　　　　　　　　2022 年 5 月第 1 版
　　字数:560 千字　　　　　　2025 年 1 月河北第 4 次印刷

定价:99.80 元

读者服务热线:(010)81055410　印装质量热线:(010)81055316
反盗版热线:(010)81055315
广告经营许可证:京东市监广登字 20170147 号

案例实训：使用面片建模制作荷叶　　68页

案例实训：使用多边形建模制作置物架　　83页

案例实训：设置木材材质110页

案例实训：设置透明材质111页

案例实训：设置金属材质112页

案例实训：设置皮革材质113页

案例实训：进行外观摄影机构图　　155页

拓展实训：进行室内摄影机构图　　158页

室内设计项目实训　　254页

精彩案例展示

商业楼房外观效果图项目　　　　257页

建筑设计项目实训　　　　258页

游戏道具制作项目　　　　259页

电子产品外观设计项目　　　　264页

生长动画项目　　　　267页

前言

你想进入3D行业吗？你想学好3ds Max吗？

很多人对3D行业有兴趣，想入门，却被很多客观原因阻碍：教程太多、太乱，不知道怎么选；想报班学习，又没那么多时间和金钱；3D领域那么多行业，不知道该从事哪个具体行业；年纪大了，怕自己学不会；没人带，害怕学不会；自学又怕学的东西在工作中用不上……

针对这些问题，我编写了这本书，一本真正能让零基础读者"光速"踏入3D相关行业的图书。我希望想学好这门技术和想进入3D相关行业的每一位读者都抛开那些所谓的阻碍。只要你有决心且愿意努力，事实上并没有那么难。本书从实用角度出发，让零基础读者一步步入行，直接进入真实的工作项目。本书没有浮夸的技术，没有多余的命令，更没有呆板的教科书式讲解，只有实用的工作技巧、经验、思路、方法和流程。当你打开本书，就相当于一只脚踏入了3D领域。如果你希望继续往前走，希望在3D相关行业有所发展，那么，这本书会陪着你前行。

我们在打拼事业的时候，在寻找自己未来道路的时候，有时会感到迷茫。或许，你听到身边很多朋友说"好迷茫""好难学""好累"等，但是既然你愿意打开本书，而且能看到最后，相信你一定有自己的目标。请记住，每个行业、每个领域，在任何时候都会有强者，而那个强者为什么不能是你？

本书内容安排如下。

学前导读：让读者了解学习3ds Max后能进入哪些主流行业，明白哪些行业适合自己。

第1章：全面介绍3ds Max的基础命令，以及行业通用的基础知识。

第2章：介绍建模技法，以及当今主流的建模手段。

第3章：介绍材质与贴图。

第4章：介绍灯光技术和打光思路。

第5章：介绍摄影机构图与镜头效果。

第6章：介绍动画与动作。

第7章：介绍渲染参数的设置方法。

第8章：进行主流行业的项目实训。

感谢叶志文提供部分素材，感谢周贤学堂所有学生的支持，感谢所有读者的认可，感谢人民邮电出版社每一位工作人员的努力。最后要特别感谢一个人——江碧云，感谢你一直以来对我的支持。

编者

2021年12月

学前导读

当你决定学习3ds Max的时候，是否已经有了想从事的行业，还是正在与3ds Max相关的行业中徘徊，或是完全不知道3ds Max能应用在什么行业，只是想先学好一门技术？无论是哪种情况，在学习之前，都必须先看一看，想一想。在学习的道路上、在自己选择的职业道路上，不可能一直顺畅无阻，真正适合自己的路总需要自己一步步探索出来。很多前辈在回首刚入行时都会感慨"我以前为什么那么傻呢"。笔者希望通过本书让读者尽可能少走弯路，使读者对行业选择、学习方法、学习内容、学习侧重点等都有所了解。

3ds Max主流应用行业分析

3ds Max的应用领域非常广，各个领域之间既有技术交叉，又有各自独有的需求。接下来介绍3ds Max的行业应用及其特点。

能用到3ds Max的主流行业有哪些

3ds Max的应用范围很广，目前从事3ds Max相关行业的人非常多，可以说它的市场非常大。其实，很多相关行业利用3ds Max制作出来的东西完全可以用其他软件制作，但3ds Max这么多年以来还是在市场中占据着重要地位，可见3ds Max有着很深的底蕴。对于那些担心3ds Max会被市场淘汰的读者，笔者想说，一个软件经过这么多年的锤炼，经过无数同质软件的冲击，经过市场多年的洗礼，还能一直处在主流地位，证明市场需要它。

3ds Max的应用领域很广，其中主流的有室内设计方向、建筑设计方向、游戏设计方向、产品设计方向和动画影视方向。而大多非主流行业只应用了3ds Max的部分功能，并不以3ds Max作为主要应用软件，这里就不多阐述了。本书将从上述五大主流相关行业出发，进行3ds Max相关技术教学，让读者清晰地了解不同行业中3ds Max应用的侧重点。

如何选择适合自己的行业及发展方向

如果读者有了非常肯定的行业选择，那么请坚持；如果还没有选择好自己的发展方向，这里给读者一些建议。

第1点：考虑自身爱好，然后进行行业选择。有一句老话说得很好：兴趣是最好的老师。我们学习知识的时候，肯定会遇到一些难题。在某些地方卡住了，如果不是真正喜欢这个行业的人，其大脑很可能会发出一种信号——要攻破这个"关卡"，这是一个任务，该过程可能是痛苦的。但如果是真正喜欢这个行业的人，其大脑则会发出另一种信号——发现了一个新的知识点，要尽快把它掌握，这并不是一个任务，这是一个很快乐的过程。一旦学习变成痛苦的过程，学习效率肯定不会高，学习效果一般也不会好；相反，如果学习过程是快乐的，那么学习的效率和效果将会好得多。选择一个感兴趣的行业，你的学习之旅会非常愉快和高效。

第2点：考虑与自身特长的匹配性，然后进行行业选择。如果读者并没有对哪个行业十分感兴趣，或者说对上面几个主流行业都感兴趣，不知道如何选，那么接下来就应该看看自身的特长与行业的匹配性，选对了会让读者的学习更加轻松。首先要清楚自己在上述几个主流行业中有哪些相匹配的特长。例如，有些人对空间很敏感，每次到朋友家或者到公共场所等都会不自觉地观察装修效果，能时不时挑出一些好的点和一些不好的点，那么这种人就非常适合进入室内设计行业。又如，有些人很爱运动，对肢体控制得非常好，能做出很多优美的动作，懂得欣赏各种肢体动作，那么这种人就非常适合从事动画动作设计工作。仔细地"审读"自己，总能发现自己的某些特点是能与一些职业产生关联的，这些关联体现的正是自身特长与行业的匹配性。

第3点：考虑所在城市的大环境，然后进行行业选择。例如，我们所在的城市室内设计行业非常成熟，其他的行业相对比较落后，而我们又不想离家太远，那就只能根据大环境做选择。其实路是要靠自己走的，不需要被太多的外界因素影响。只要你做好了，做到一定的高度了，你的事业就可以发展得很好。

少走弯路：3ds Max功能总述

3ds Max有很多功能，我们要根据选择的行业方向进行相关功能的学习。例如，读者选择室内设计方向，那么动画帧、骨骼等功能基本用不到。在选择好行业后，其他行业的相关功能可能不会用到，可暂时不学。

室内设计方向

3ds Max在室内设计方向的发展分析

3ds Max在室内设计方向的应用可以说非常广泛。在计算机绘图普及之前，设计师都用手绘图。随着时代的发展和计算机绘图的普及，3ds Max从开始就在室内设计绘图软件中占据着主导地位。如今，这个市场已经非常庞大和成熟，市场需求量极大。现在互联网飞速发展，在互联网上进行工作交接让很大一部分人在家就能完成工作，摆脱了地域限制。

利用3ds Max从事室内设计一般分为两个方向：第1个是室内设计师，第2个是效果图制作师。这两个方向入行时的工作几乎是一样的，但后续发展却是完全不同的。

室内设计方向的学习侧重点和行业细分

在室内设计师和效果图制作师两个方向里还存在一定的行业细分。这不是说一定要单独钻研某一个细分项，而是告诉读者有这样的细分。在不同的公司里，这些细分项可能不一样。所以我们最好把大项里面的知识都学会，以应对不同公司的细分工作。

室内设计师基本分为家装和工装两大类，在这两大类中又有专门做硬装的、专门做软装的、专门做人体工学布局的、专门做整装定制的等。对于用3ds Max进行室内设计，其充当的是一个门槛，目的是让读者"走进来"。先从效果图做起，在这个过程中慢慢地学会室内设计的其他相关知识，最后细化。到了一定程度后，几乎不用自己画效果图了，而是把图交给专门画效果图的人去做。室内设计师路线的学习重点应该放在设计相关知识上，如专业设计知识、各种风格的把控、人体工学、软装配搭、谈单技巧、客户心理等。至于3ds Max软件本身，学到够用即可。

效果图制作师的学习路线一般分为模型专攻和渲染专攻（渲染加后期）。其实很多人模型和渲染都会做，一般的公司也要求相关工作人员都会。某些分工很精细的专业公司才会分模型部和渲染部，让他们独立完成相应的部分。笔者建议读者不管是模型还是渲染都得会。效果图制作师的学习侧重点是软件技术，一般不需要掌握谈单技巧，也不需要太高的设计水平（因为效果图制作师的客户是设计师，要按照设计师的要求把图做出来）。效果图制作师追求的是高效，熟练掌握软件的各种操作手法，作图的手法，图像的把控，材质、灯光、构图的要求。所以，3ds Max中一切与室内设计相关的功能都是学习的侧重点。

给室内设计方向的新手一些意见

从新手到老手是需要一定时间的。很多新手在入门之后发现不知道自己该怎么继续往下走了，这就是通常说的"遇到了瓶颈"。这时候建议读者多找好作品看看，也可以看看身边的设计。多关注身边的设计，让自己即时学习，一直保持热情。

建筑设计方向

3ds Max在建筑设计方向的发展分析

3ds Max在建筑设计方向的应用与室内设计方向的差不多，且它们联系紧密，相互依存。但从市场需求来看，室内设计会多一些，建筑设计会少一些，因为室内的装修可以经常换，而建筑外观不可能经常改动。但是从含金量来说，建筑设计师会更高一些，因为相对来说其专业性更强，市场中的人才更为稀缺。

可用3ds Max制作建筑外观效果图。建筑设计能否像室内设计一样通过3ds Max入门，即先画建筑效果图，再转做建筑设计呢？可以，但相对室内设计来说难得多。因为进行建筑设计需要具备专业知识，要经过专业的学习才能慢慢地成为建筑设计师。如果对这个行业非常感兴趣，但是没有学习过或者没条件学习专业建筑知识，那么专门做建筑效果图是非常好的选择。

建筑设计方向的学习侧重点和行业细分

建筑设计的表现基本分为两大类：一类是建筑外观，另一类是园林外观。

建筑外观表现里面也有一些细分，如别墅外观、厂房外观等，它们都以"石"为主。读者学习的重点是3ds Max的建模部分（该行业对建模的要求非常高），同时需要多学一些建筑结构的相关知识作为辅助。虽然工作内容只是对建筑外观进行表现，但懂和不懂结构设计，工作效率相差很大。

园林外观表现则以"植物"为主。需要在3ds Max层面建模，但工作重点在后期处理上。几乎所有园林效果图都需要经过大量的后期处理。在画图的时候，园林设计师一般会把结构安排好，而这部分结构在3ds Max中制作起来相对简单。

给建筑设计方向的新手一些意见

无论是建筑外观表现还是园林外观表现，建议读者全部学会。因为做建筑外观表现的一般都会做园林外观表现，做园林外观表现的一般也会做建筑外观表现。希望读者不要"偏科"。与室内设计一样，建议读者多留意身边的建筑，让建筑设计知识融入生活，以保持热爱。

游戏设计方向

3ds Max在游戏设计方向的发展分析

随着科技的发展，游戏行业的发展速度很快，超过了很多传统行业，大批年轻人涌入这个行业。虽然说发展前景很好，但该行业的门槛相对较高，大多数人需要储备相当多的知识才能进这个行业。利用3ds Max进行游戏设计有两个方向，即人物和场景的建模（游戏场景建模是门槛相对比较低的一个工种）。当然除了门槛高，该行业后续对从业人员的知识更新要求更高。随着时代的变化，游戏行业的技术迭代非常快，竞争非常激烈。

游戏设计方向的学习侧重点和行业细分

游戏行业有非常多的细分工种，然而利用3ds Max进行游戏设计就是进行相关的建模工作，一般分为角色建模和场景建模。角色建模包括人物、各种生物、道具、装备、武器等的建模。场景建模跟室内和建筑设计中的建模有点相似。对于这两个大方向，3ds Max的建模技术就是学习的侧重点。除了学习软件技术以外，还需要学习、了解游戏的文化背景，因为它们有不同的背景故事。在制作的时候，角色的刻画、道具的细节表现（如战国时代和三国时期剑的细节不同）和不同时代建筑背景的表现都是难点。

给游戏设计方向的新手一些意见

从3ds Max技术层面来说，游戏设计行业比室内设计行业和建筑设计行业难得多，其对模型的要求极高。必须把建模技术学到位，否则是进不了游戏行业的。前面说的学习"文化背景"是入门后需要慢慢提升的部分。读者必须保证有大量的练习时间。

产品设计方向

3ds Max在产品设计方向的发展分析

在3ds Max的所有主流应用方向中，产品设计方向可以说是应用较少的一个了。因为产品设计能用很多软件完成，真正把产品设计出来的软件也不是3ds Max，3ds Max多用于进行效果图表现。例如，某款产品已经设计出来了，需要制作一些精美的效果图进行推广，这个时候会用到3ds Max。

这个方向的应用大多会出现在一些广告公司，而不是产品设计公司。一般产品设计公司设计出产品，在需要漂亮效果图的时候再去找广告公司制作。如果你身边有很好的行业环境或者你真的很喜欢，那么从事这个行业是可以的。但如果想得到更好的发展机会，其他主流行业中的机会相对多一些。

产品设计方向的学习侧重点和行业细分

进入该行业需要掌握的建模技术比室内和建筑设计行业难得多，但又比游戏设计行业容易一些（游戏需要"动"，对面的把控要求高；单品一般呈静态，对面的要求不高）。没有掌握太多的额外知识也可以在这个行业做得很好。产品设计行业几乎没有具体细分，其对建模技术的要求很高，有关产品的建模技术都应该掌握。

给产品设计方向的新手一些意见

跟游戏建模一样，必须要多练习。这个方向对建模技术和单品渲染技术的要求很高。对于产品设计方向的学习，建议读者拿生活中的产品进行练习，在现实三维空间中读取模型，然后在3ds Max里表现出来。这是一种能快速提升建模能力的方法，如为自己的手机创建模型。

动画影视方向

3ds Max在动画影视方向的发展分析

动画影视跟随时代的步伐发展得非常快。但动画影视与游戏不一样，游戏行业已经很成熟，国内市场已经十分庞大，动画影视方向的发展还不够成熟。但随着国产动画的崛起，这个市场大概率将越来越庞大，人才需求量也会越来越大。相对其他主流行业来说，这个方向的学习难度极高，人才也极度缺乏。如果使用3ds Max从事动画影视工作，那么3ds Max的技术基本都需要掌握。

动画影视方向的学习侧重点和行业细分

动画影视方向有细分领域，而且不同的细分领域需要掌握的技术不一样。动画影视方向一般分为动漫动画（通常说的动画片）、影视动画（某些真人拍摄的电视里需要的特效、某些怪物模型等）、广告动画（用3ds Max制作的简单广告片）、建筑动画（将动画技术应用在建筑领域）和模拟动画（在其他领域需要演示动画的时候制作，如医疗模拟动画、爆破模拟动画等）。

该方向的学习侧重点在于"全能"，即建模、展UV、贴图、调材质、灯光、烘焙、骨骼、蒙皮、动作和输出动画，每一个环节都很重要。虽然现在某些公司会把建模交给专门建模的人去做，这样会节省很多时间，但笔者还是建议新手扎实掌握建模技术。

给动画影视方向的新手一些意见

动画影视方向的细分领域很多，而且各细分领域的相关性不大，所以不需要掌握所有细分领域的知识。在入门之前，先选好细分领域，之后再进行学习。虽然它们需要掌握的软件知识都差不多，但后续的辅助知识、制作的手法和应用的领域是不同的。

因为动画影视方向需要学习的东西很多，建议读者一步一个脚印，走得相对慢一些，做好长期学习的准备。

本书所有案例均采用3ds Max 2021（以下简称3ds Max）制作，建议读者采用此版本学习。

资源与支持

本书由"数艺设"出品,"数艺设"社区平台(www.shuyishe.com)为您提供后续服务。

配套资源

实例文件
场景文件
PPT课件
教学视频
功能讲解视频

资源获取请扫码　　　扫码观看教学视频
　　　　　　　　　　　及功能讲解视频

"数艺设"社区平台,为艺术设计从业者提供专业的教育产品。

与我们联系

我们的联系邮箱是 szys@ptpress.com.cn。如果您对本书有任何疑问或建议,请您发邮件给我们,并请在邮件标题中注明本书书名及ISBN,以便我们更高效地做出反馈。

如果您有兴趣出版图书、录制教学课程,或者参与技术审校等工作,可以发邮件给我们。如果学校、培训机构或企业想批量购买本书或"数艺设"出版的其他图书,也可以发邮件联系我们。

如果您在网上发现针对"数艺设"出品图书的各种形式的盗版行为,包括对图书全部或部分内容的非授权传播,请您将怀疑有侵权行为的链接通过邮件发给我们。您的这一举动是对作者权益的保护,也是我们持续为您提供有价值的内容的动力之源。

关于"数艺设"

人民邮电出版社有限公司旗下品牌"数艺设",专注于专业艺术设计类图书出版,为艺术设计从业者提供专业的图书、视频电子书、课程等教育产品。出版领域涉及平面、三维、影视、摄影与后期等数字艺术门类,字体设计、品牌设计、色彩设计等设计理论与应用门类,UI设计、电商设计、新媒体设计、游戏设计、交互设计、原型设计等互联网设计门类,环艺设计手绘、插画设计手绘、工业设计手绘等设计手绘门类。更多服务请访问"数艺设"社区平台www.shuyishe.com。我们将提供及时、准确、专业的学习服务。

目录 CONTENTS

第 5 章

摄影机构图与镜头效果 145

第 6 章

动画和动作 159

第 **1** 章

3ds Max通用基础知识

本章将对 3ds Max 的工作界面及重要的操作要领进行介绍。在使用 3ds Max 时，要求精、简、准，即精确的设置、简化的工具和准确的操作，抛弃烦琐的工具和命令，尽可能提高工作效率。本章内容是学习 3ds Max 的基础，也是掌握 3ds Max 界面和功能的必学内容。

本章学习要点

- 掌握 3ds Max 常规设置
- 掌握视图的操作方法
- 掌握工具栏的操作方法

1.1 3ds Max常规设置

在工作前，我们都会对3ds Max进行一系列的设置，不同的行业会有一些差异，但基本的常规设置是一样的，不同之处是各行业为提高操作效率而改变的一些设置。此外，每个人都有自己的习惯，读者可以根据自身的习惯进行合理的调整。

1.1.1 单位设置

单位设置是完成所有工作的基础，它直接影响空间尺寸、灯光参数、贴图大小等，其设置方法如下。

01 启动3ds Max，执行"自定义 > 单位设置"菜单命令，如图1-1所示，打开"单位设置"对话框。

02 在打开的"单位设置"对话框中设置"公制"为"毫米"，将系统的显示单位设置为毫米制。单击"系统单位设置"按钮 系统单位设置，打开"系统单位设置"对话框。设置"系统单位比例"为"毫米"，使其与显示单位统一。设置完成后分别单击两个对话框中的"确定"按钮 确定，如图1-2所示。

图1-1

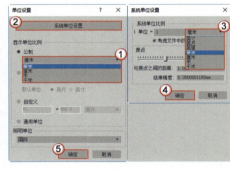
图1-2

📋 **提示** ---

在工作中，普遍以毫米（mm）为单位，以上设置适合大多数行业，读者在工作之前应根据实际工作性质和工作需求调整单位。

1.1.2 视图快捷键设置

3ds Max中有默认的快捷键，这些快捷键都比较符合大众操作习惯，建议不要随意调整和更换，以免对同事的工作造成不便。当然，如果你的计算机是长期个人使用的，那可以根据使用习惯进行设置。

在"顶"视图中单击左上角的"顶"字，会弹出一个菜单，其中有视图默认的快捷键，如图1-3所示。读者要记住这些快捷键，以便后续的操作。细心的读者会发现，"后"视图和"右"视图没有默认的快捷键。为了操作方便，我们可以为它们设置快捷键，方法如下。

图1-3

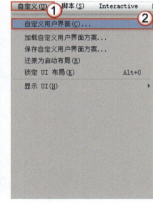
图1-4

01 执行"自定义 > 自定义用户界面"菜单命令，如图1-4所示。

02 弹出"自定义用户界面"对话框，在默认的"键盘"选项卡中单击左侧列表框中的"视口"选项，按V键指定快捷键，单击"指定"按钮 指定，如图1-5所示。

03 设置好快捷键后，在任意视图中按V键，系统会弹出"视口"菜单，如图1-6所示，从中可以看到所有视图的快捷键。以后视图为例，先按V键，然后按K键，即可切换到后视图。

图1-5　　　　　　　　　　　　图1-6

1.1.3 修改器按钮设置

3ds Max中的修改器非常多，修改器的应用是学习的重点，不同的行业用到的修改器不一样。选中一个物体，在3ds Max工作界面右侧的命令面板中可以进入"修改"面板，该面板中有一个"修改器列表"，如图1-7所示。打开"修改器列表"，可以看到所有的修改命令，如图1-8所示。本书后续讲到的所有修改命令（如"挤出""车削"等）就是在修改器列表中找到的。

图1-7　　　　　　　　　　　　图1-8

这么多的修改命令，如果在工作的时候每次都要展开"修改器列表"去找，效率太低。我们可以根据实际情况设置一些常用的修改器按钮，以方便使用。

01 进入"修改"面板，会发现对应界面是空白的。单击右下角的"配置修改器集"按钮，执行"显示按钮"命令，如图1-9所示。

02 在"修改"面板中单击"配置修改器集"按钮，执行"配置修改器集"命令，如图1-10所示。打开"配置修改器集"对话框，设置"按钮总数"为8，并在"修改器"列表框中找到"挤出"修改器，将其选择并拖曳到右边8个按钮的任意一个上。用同样的方法依次设置"弯曲"、FFD 2×2×2、"车削"、"倒角剖面"、"UVW贴图"、"编辑网格"、"编辑多边形"，完成后单击"确定"按钮，如图1-11所示。返回"修改"面板，此时，8个核心修改器都出现在面板中了，如图1-12所示。

图1-9

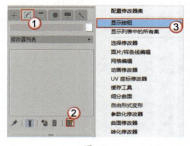

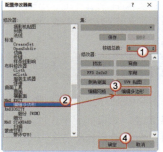

图1-10　　　　　　　　　　图1-11　　　　　　　　　　图1-12

1.1.4 材质编辑器设置

"材质编辑器"窗口是制作和编辑材质的专用窗口（快捷键为M），包含"精简材质编辑器"和"Slate材质编辑器"两个模式。初次打开3ds Max时，系统默认为"Slate材质编辑器"模式。按M键打开"材质编辑器"窗口，执行"模式>精简材质编辑器"菜单命令，如图1-13所示，即可转换为"精简材质编辑器"模式，如图1-14所示。

图1-13

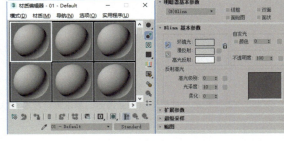

图1-14

📝 提示 ⋯⋯⋯ ⟩

"材质编辑器"窗口中默认显示6个材质球，这显然不能满足实际操作的需要。在任意材质球上单击鼠标右键，在弹出的快捷菜单中执行"6×4示例窗"命令，即可把材质球的显示从"3×2示例窗"转换为"6×4示例窗"，如图1-15所示。

在3ds Max中，材质球的数量是无限的，只是显示的个数有限。因此，读者不用担心材质球不够用，在后续材质章节会介绍无限创造材质球的方法。

图1-15

执行"自定义>自定义UI与默认设置切换器"菜单命令，如图1-16所示。打开"为工具选项和用户界面布局选择初始设置"对话框，在"工具选项的初始设置"列表框中选择MAX.vray选项，单击"设置"按钮 ▍设置▍，如图1-17所示。重启3ds Max，材质球就会默认以VRay材质显示，VRayMtl材质球会显示出五颜六色的效果，如图1-18所示。

图1-16

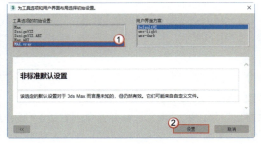

图1-17

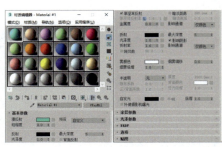

图1-18

📝 提示 ⋯⋯⋯ ⟩

如果采用默认的标准材质，那么在实际操作中，每个材质球要切换成VRay材质都需要单独进行设置，这样会非常麻烦。在实际操作时，提前设置可以减少很多工作量，提高工作效率。

1.1.5 捕捉设置

3ds Max中有很多可以捕捉的单元，读者可以根据自身习惯自由设置。激活捕捉功能后，鼠标指针一旦接触到捕捉单元就会变成黄色。如果捕捉单元过多，会影响操作速度和工作效率。因此，捕捉设置越简单越好，勾选比较核心的捕捉功能即可，至于其他功能，可以即用即设。下面介绍设置方法。

在"捕捉开关"工具 📐 上单击鼠标右键，打开"栅格和捕捉设置"窗口，切换到"捕捉"选项卡，勾选"顶点"和"中点"复选框，如图1-19所示。切换到"选项"选项卡，勾选"显示"复选框，在下面勾选"捕捉到冻结对象""启用轴约束""显示橡皮筋"复选框，如图1-20所示。

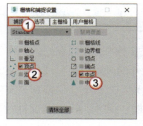
图1-19

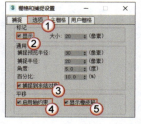
图1-20

📝 **提示**

捕捉设置对新手很友好，读者熟悉了软件操作之后可根据自身的需要进行设置。

🔧 **技术专题：微调器捕捉设置**

微调器捕捉是捕捉的一种，适当对其进行调整，可以让建模工作的效率提高不少，下面具体讲解。

当创建基本体后，"创建"面板 ➕ 中会显示基本体的"长度""宽度""高度"参数，这些参数均保留至小数点后3位，如图1-21所示。然而，在实际设计中，这些参数是不会出现小数的。

在"微调器捕捉切换"工具 📐 上单击鼠标右键，打开"首选项设置"对话框，切换到"常规"选项卡，设置"精度"为0，以保证建模时不会出现小数，设置完成后单击"确定"按钮 确定 即可保存设置。

注意，在进行材质创建和渲染操作时，必须将"精度"设置为3，因为在创建材质和渲染时某些参数需要细化到小数点后3位（后续章节会详细讲解）。此外，勾选"使用捕捉"复选框后，"捕捉"参数可调整。"捕捉"参数通常默认设置为1，单击其数值框右侧的微调按钮，数值框中的数值就会增大或减少1，读者可以根据自身需求进行调整，如图1-22所示。

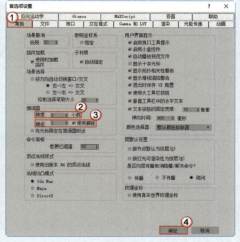

图1-21

图1-22

1.1.6 渲染器设置

安装VRay渲染器后，需要对其进行设置才能正常使用。按F10键打开"渲染设置：扫描线渲染器"窗口，在"公用"选项卡中打开"指定渲染器"卷展栏，单击"产品级"右侧的"加载"按钮 ，在弹出的"选择渲染器"对话框中选择V-Ray 5选项，单击"确定"按钮 确定 ，如图1-23所示。

完成这些操作后，渲染器会切换为V-Ray渲染器，且窗口的名称中还会显示当前渲染器的版本信息。注意，请务必单击"保存为默认设置"按钮 保存为默认设置 ，如图1-24所示。

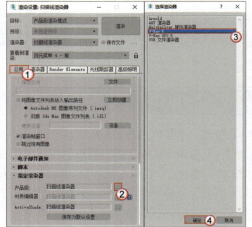
图1-23

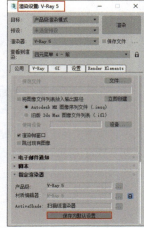
图1-24

1.1.7 文件存档设置

文件存档设置是非常重要的，它为我们的工作保驾护航，能大大降低工程文件出现意外的风险。执行"自定义 > 首选项"菜单命令，打开"首选项设置"对话框，切换到"文件"选项卡，勾选"保存时压缩"复选框，并对"Autobak文件数"（自动备份的文件数）和"备份间隔（分钟）"进行设置，完成后单击"确定"按钮 确定 ，如图1-25所示。

勾选"保存时压缩"复选框会在保存时压缩文件，从而减小计算机的存储压力，同时也方便将文件转移到其他计算机。

"Autobak文件数"通常设置为5，不宜太多，目的是避免给计算机带来存储压力。但也不能太少，假设需要同时打开两个3ds Max文件，并且对这两个场景同时跟进，计算机不会因为打开了两个3ds Max文件而自动多备份几个。对于"备份间隔（分钟）"的设置，根据计算机配置决定即可，配置较高的计算机备份间隔可以设置得短一些。

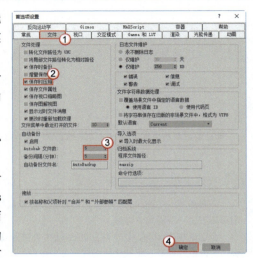

图1-25

1.1.8 Gamma值设置

设置图像的Gamma值就是优化调整曲线，即提高亮度和对比度等。设置Gamma值可以让绘制面的明暗层次产生细微的变化，以控制整个绘制面的明暗关系。

是否使用Gamma值是一个困扰很多人的问题：若是不用，渲染的面会显得又暗又灰；若是用了，渲染的面又有可能显得太白，同时未保存的图和保存的图色调是不一样的。因此，建议新手尽量保持默认设置。在"渲染设置"窗口中调整Gamma的方法在后续章节会详细介绍，下面先介绍设置方法。

执行"自定义 > 首选项"菜单命令，打开"首选项设置"对话框，切换到"Gamma和LUT"选项卡，取消勾选"启用Gamma/LUT校正"复选框，单击"确定"按钮 确定 ，如图1-26所示。

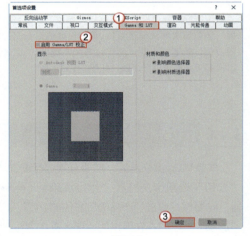

图1-26

1.1.9 四元菜单设置

在视图中单击鼠标右键，会弹出一个菜单，这个菜单就是四元菜单，如图1-27所示。我们可以在四元菜单中定义一些常用的命令，需要的时候直接单击鼠标右键即可找到对应命令。建议新手使用默认的菜单设置，因为默认的菜单设置适合各大类别的工作。读者可以在深入某个工作领域后，再去设置该工作领域常用的命令。

执行"自定义 > 自定义用户界面"菜单命令，在弹出的"自定义用户界面"对话框中选择"四元菜单"选项卡，如图1-28所示。

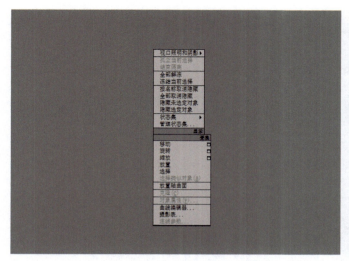

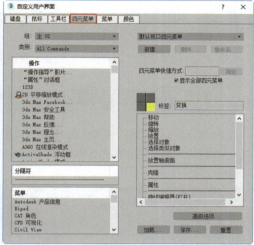

图1-27 图1-28

下面进行设置。在①处选择目标命令放在哪一格，默认选择右下角那格（黄色为选中），这里②区域中的所有命令和图1-27中的命令是对应的。在③区域里找到想要添加的命令，再将其拖曳到②区域中，该命令就会被添加到②区域中，如图1-29和图1-30所示。设置好之后，在任意视图中单击鼠标右键就可看到添加的命令。

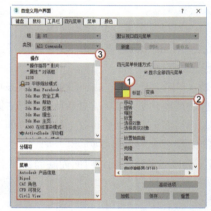

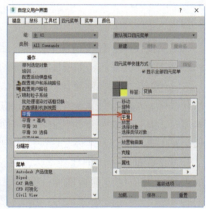

图1-29 图1-30

📝 提示 --- >

在不同状态下单击鼠标右键，可用的命令有所不同。例如，选中物体和未选中物体的可用命令是不同的，选择灯光和选择模型的可用命令也是不同的。读者不用太纠结这项设置，默认的四元菜单已经够用了。

对于四元菜单，新手还需要进行字体调整。不同的显示器、不同的3ds Max版本的字体有所不同，有些版本的字体很小、很难看，需要进行调整。单击"四元菜单"选项卡中的"高级选项"按钮，如图1-31所示。在弹出的"高级四元菜单选项"对话框中找到字体选项就可以调节字体大小了。笔者一般用15号字体，如图1-32所示，读者可以根据自己的显示器调节。

📝 提示 ------------ >

"高级四元菜单选项"对话框中的调整不会对工作产生太大的影响，主要影响四元菜单的显示效果。其他命令就不做介绍了，读者可以自行尝试。

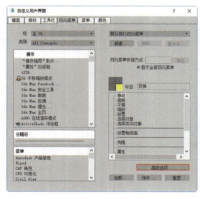

图1-31 图1-32

1.2 视图操作

本节将介绍视图的一系列操作和设置。视图操作的核心即快速切换，方便查看模型和在各个视图里编辑模型。

1.2.1 认识三视图

3ds Max默认为"3+1"视图模式，包括三视图（顶视图、前视图、左视图）和透视视图，如图1-33所示。每个视图的左上角都会显示当前视图的名称和状态。透视视图主要用于查看模型，在初学阶段不建议读者直接使用透视视图编辑模型。

图1-33

正常情况下，建模是从顶视图开始的。用3ds Max创建的物体都是以地平面作为基准的。所谓地平面，就是3ds Max中z=0的平面，即透视视图栅格所在的平面。

以长方体为例，创建长方体的方法是：单击"长方体"按钮 长方体 ，按住鼠标左键拉出长方体的长和宽，松开鼠标，然后按住鼠标左键拉出长方体的高度，松开鼠标，最后单击鼠标右键完成创建。在通过顶视图创建基本体时，其长和宽将自动创建在地平面（栅格面）上，然后再往上拉出高度即可。这样创建基本体，系统判定的长、宽、高才会与基本体在透视视图中的位置一致，如图1-34所示。

若是在前视图中创建基本体，系统则会以当前视图的正对面为底面，那么这个基本体在"创建"面板 + 中的长和宽对应的是前视图中的长和宽，而高度则对应左视图中的高度。因此，长、宽、高的参数无法对应基本体在透视视图中的位置，如图1-35所示。

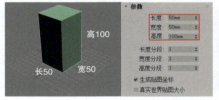

图1-34

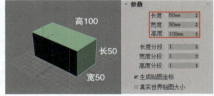

图1-35

综上可知，在顶视图中创建基本体，基本体在透视视图中的位置可与"修改"面板 中的参数对应，而在其他视图中创建则无法对应。因此，新手在学习创建基本体时，建议从顶视图开始创建，这样可以使面板参数和视图位置对应。对三维空间熟悉后，在哪个视图中创建都可以。

1.2.2 常用视图模式

在3ds Max中，视图模式有很多。下面介绍工作时常用的一些视图模式。

首先我们应根据计算机配置来选择显示质量，单击视图左上角的"标准"选项，如图1-36所示。一般选择"标准"选项即可，如果计算机配置高的话可以选择"高质量"选项，其他的不建议选择。

设置好显示质量后，工作中切换的视图模式主要包括"线框""默认明暗处理""明暗处理+边面"3种。

在视图左上角的"标准"选项左边有个"顶"选项，右边有个"线框"选项，其中"顶"选项用来切换视图，"线框"选项用来切换视图模式。单击"顶"选项，会弹出切换视图的菜单，如图1-37所示。单击"线框"选项，会弹出切换视图模式的菜单，如图1-38所示。

图1-36　　　　　　　　　　　图1-37　　　　　　　　　　　图1-38

视图的切换需要我们熟练地应用快捷键，而不能单纯依靠鼠标来切换。至于视图的模式，实体显示用"默认明暗处理"模式即可。当需要在"线框"模式下工作的时候，按F3键就可进入"线框"模式，再按一次就可从"线框"模式返回"默认明暗处理"模式。当需要以实体加上线框的形式观察模型的时候，按F4键就可进入"明暗处理+边面"模式。除了这3种显示模式，其他的模式是不常用到的。

重要参数介绍

线框：通常在建模的时候使用该模式，用于观察模型线条的分布，查看控制点、线和面的关系，以便建模，如图1-39所示。

默认明暗处理：实体显示模式，在该模式下可以查看对象的实物效果，方便观察对象的最终效果。通常在"线框"模式下创建了对象后，都会切换到"默认明暗处理"模式观察对象效果，再做进一步的完善和处理，如图1-40所示。

明暗处理+边面：同时选择"默认明暗处理"和"边面"的模式，该模式可以在实体上显示出线框结构，只有在创建复杂模型时才会使用，如图1-41所示。

图1-39　　　　　　　　　　　图1-40　　　　　　　　　　　图1-41

读者可以多切换使用这3种模式，感受一下哪种模式适合哪种情况。除这3种模式外，其他的视图模式用得不多，此处不做介绍。

1.2.3 视图的基本操作方法

下面介绍视图的基本操作方法。先看一下相关的快捷键，如表1-1所示。（下面是把"视口"快捷键设置为V键的情况。）

表1-1 常用视图操作的快捷键

操作名称	快捷键
切换到顶视图	T
切换到底视图	B
切换到左视图	L
切换到右视图	V+R
切换到前视图	F
切换到后视图	V+K
切换到透视视图	P
切换到摄影机视图	C
取消网格线	G

默认情况下，在任意视图模式下都可以看到栅格及一组特别黑的十字线，这组十字线的交点为原点，其坐标为（0,0,0），如图1-42所示。

在作图时，无论绘制什么，请尽量靠近原点绘制。因为在建模时，所创建的物体都是在原点的对应平面上产生的。如果在离原点很远的地方建模，每一个新建的模型都会产生在原点对应的平面上，但主要的模型场景都在远处，需要将新建模型移动到远处的模型场景中。也就是说，每次创建新的模型都要重复这一步骤，这样就变相地增加了工作量。

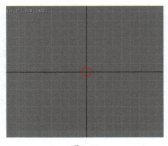

图1-42

另外，视图中的栅格是可以去掉的，快捷键为G键。当我们在原点位置创建好模型之后，空间中已经有了参考，此时就没必要再保留栅格了。

下面介绍常见的基本视图操作。

缩放视图：滚动鼠标滚轮可以缩放当前选择的视图。注意，视图的缩放改变的只是观察的距离，模型本身的大小是不会发生变化的，如图1-43所示。

平移视图：在视图中，按住鼠标滚轮并移动鼠标指针，可以将视图平移，如图1-44所示。此时，鼠标指针会变成一只手掌的形状。平移视图改变的只是观察位置，模型相对于世界坐标系的位置并没有发生变化。

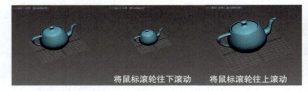

图1-43

图1-44

旋转视图：按住Alt键的同时按住鼠标滚轮，移动鼠标指针，可以让视图围绕世界坐标系的中心自由旋转，如图1-45所示。

图1-45

✍ **提示**

以上3种操作中，"缩放视图"和"平移视图"可以在任意视图中进行，"旋转视图"只能在透视视图中进行。

另外，在视图操作中，还有Z键操作。Z键是工作中使用非常多的一个键，也是必须掌握的一个快捷键。当未选中对象时，该快捷键可以让整个场景在当前视图中完全显示，无论模型处于何种视图显示状态；当选中某个对象时，该快捷键只针对该对象，即最大化显示该对象。

1.2.4 视图操作的核心技巧

下面介绍一些视图操作的核心技巧。记住这些核心技巧，并有意识地去养成对应的操作习惯，会让我们后续的工作变得更加简单。

第1点：作图时建议用一个大视图。在练习过程中，可以任意选一个视图，将其最大化，然后就用这个视图来作图。在这个视图中，可以尝试先创建一个物体，然后练习用快捷键切换视图，一定要做到非常熟练。

第2点：在对视图切换操作熟练后，配合Z键进行练习。每切换一次视图，就按一下Z键。因为进行视图切换后，视图显示效果不一定都是合理的，通过Z键可以让场景完全显示在当前视图中，方便读者查找对象。

第3点：当创建对象时，先按P键切换到透视视图，然后按Z键将对象完全显示，接着旋转视图观察模型。若模型比较复杂，仅通过某个视图无法感知模型的真实效果，可采用这种方式快速地查看模型的具体情况，以便发现问题并及时解决。

1.2.5 视图在主流行业的应用

对于视图的应用，其实每个主流行业都差不多，并没有哪个行业规定必须要用哪种视图操作方法。视图的切换、基本操作和核心技巧都是一样的，但视图的布局是不一样的，视图在默认情况下的布局是4个平均的区域，如图1-46所示。

在任何行业中几乎都不会用这种默认的布局，因为操作时只会在一个视图中操作，其他3个视图只是用来观察的。如果操作的视图太小，会很不利于我们工作。另外，其他的视图可以直接在最大的视图中进行切换。

室内设计和建筑行业一般都只会用一个视图，选中任意一个视图，按快捷键Alt+W将其最大化，整个工作过程中几乎不会用到多视图布局。室内设计和建筑行业的从业者对三维空间的把握相对较好，所以观察和理解模型相对更容易。至于产品、游戏和影视动画行业，在制作模型的时候很多人习惯于将一个视图最大化，但也有部分人会用"一大三小"的布局。在3ds Max工作界面左下角有一个"创建新的视口布局选项卡"按钮▶，单击后会弹出"标准视口布局"对话框，在此可以看到一些标准的视口布局，如图1-47所示。

视图的操作归根结底还是要根据个人的操作习惯来决定，千万不要被某些视图模式限制了，灵活变化才能让我们进步得更快。

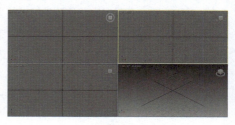

图1-46

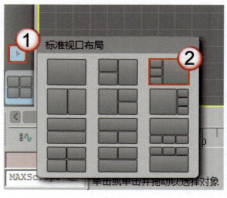

图1-47

📋 **提示** --- 〉

在"标准视口布局"对话框中，"一大三小"的布局和只有一个大视口的布局都是很常用的，读者可以根据当前工作的需要进行调整。

当我们选择了"一大三小"的布局时，如果觉得大视口不够大，可以将鼠标指针移动到该视口的边界线上，按住鼠标左键并拖曳即可自由地调整视口的大小。

1.3 工具栏操作

对于软件运用来说，所有的技术都建立在工具操作基础之上。下面对工作中一些常用的3ds Max工具进行介绍。

1.3.1 选择模式

在3ds Max的工具栏中有4种常用选择工具，从左到右依次为"选择对象"工具🔲、"按名称选择"工具🖻、"矩形选择区域"工具组🔲和"窗口/交叉"工具🔲，如图1-48所示。

图1-48

单击"选择对象"工具■（快捷键为Q），选中视图中的对象，选中的对象将高亮显示，同时对象上面会出现一个坐标轴，如图1-49所示。按键盘上的+键和－键，可以自由调整该坐标轴的大小。

如果不习惯高亮效果，可以把高亮效果关掉，使用原始显示模式。执行"自定义 > 首选项"菜单命令，在弹出的"首选项设置"对话框中选择"视口"选项卡，取消勾选"选择/预览亮显"复选框，单击"确定"按钮 ■确定■ 完成设置，如图1-50所示。关掉高亮效果后，选中的物体就会显示为白色的线框，如图1-51所示。

图1-49

使用"按名称选择"工具■可以按照模型的名称来选择模型，这个工具在模型非常多或者非常乱的时候相当好用。单击"按名称选择"工具■，弹出"从场景选择"对话框，如图1-52所示，场景中所有模型的名称都会显示在其中。现在场景中只有一个长方体和一把茶壶，单击要选择模型的名称，再单击"确定"按钮 ■确定■ ，就能选中想要的模型，如图1-53所示。

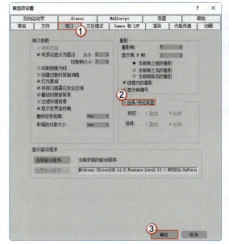

图1-50

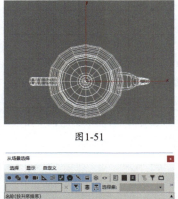

图1-51

图1-52

图1-53

📋 提示 --

当场景中模型不多的时候，读者不需要用到这种方法。但如果场景中的模型很多、很乱的话，做好模型之后都会重新命名，这时使用这个工具就可以直接通过名称找到模型，如图1-54所示。

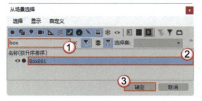

图1-54

使用"矩形选择区域"工具组■可以更改选择区域的方式，默认的是"矩形选择区域"工具■。在"矩形选择区域"工具■上按住鼠标左键不放，会出现一个下拉工具栏，其中包含了所有选择区域的工具，如图1-55所示。

📋 提示 --

按Q键激活"选择对象"工具■时，第1次按Q键，"选择对象"工具■被正式激活；连续按Q键，系统会自动切换选择区域的工具。在制作室内效果图时，常用的选择区域的工具是"矩形选择区域"工具■。

图1-55

"窗口/交叉"工具■需要灵活使用。激活"窗口/交叉"工具■之后，只有把整个对象框在选区内才会选中该对象；如果不激活该工具，选框碰到对象的任意位置，该对象都能被选中。例如，视图中有1张桌子和3把茶壶，现在只需要选中3把茶壶，如图1-56所示。要实现该操作，只需单击"窗口/交叉"工具 ，然后拖曳鼠标，对3把茶壶进行框选。如果没有激活"窗口/交叉"工具 ，则会将桌子一起选中。

图1-56

📝 **提示** --->

　　在单独修改室内场景中的某个对象时，可以按快捷键Alt+Q将对象单独从场景中"孤立"出来。该快捷键的具体操作方法会在后续章节中介绍。

1.3.2 坐标

　　坐标与"选择并移动"工具 ✛（快捷键为W）、"选择并旋转"工具 ↻（快捷键为E）和"选择并均匀缩放"工具 （快捷键为R）是密不可分的。

1.黄色坐标法则

　　当选中一个对象时，对象上会出现一个坐标轴，而移动、旋转和缩放这3个操作都是基于坐标轴完成的，这种情况被称为"黄色坐标法则"。

　　当x轴和y轴都呈黄色时，如图1-57所示，表示对象可以自由地在xy平面内移动，这是常见的移动状态。

　　当只有y轴呈黄色时，如图1-58所示，表示对象只能沿y轴方向移动，也就是只能上下移动，不能左右移动。该状态是通过勾选"栅格和捕捉设置"窗口中的"启用轴约束"复选框实现的。如果不想要这种约束效果，取消勾选"启用轴约束"复选框即可，如图1-59所示。

　　当只有x轴呈黄色时，如图1-60所示，表示对象只能沿x轴方向移动，也就是只能左右移动，不能上下移动。

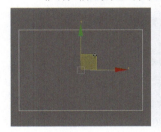

图1-57

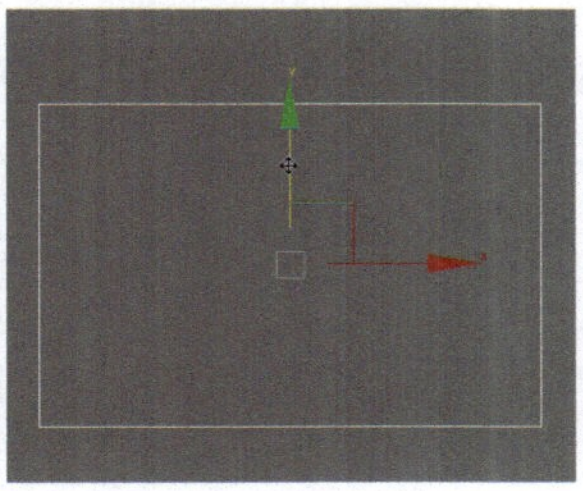

图1-58

图1-59

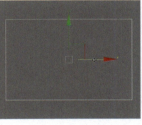

图1-60

　　旋转操作、缩放操作和移动操作一样，都要根据"黄色坐标法则"完成。无论在哪个视图中，该法则都适用。

💡 **疑难问答**

　　问：如何将轴激活（使之变为黄色）？

　　答：如果想要将x轴或y轴激活，单击对应的轴即可；如果想要将x轴和y轴一起激活，需要将鼠标指针移动到x轴和y轴相交的区域并单击，如图1-61所示。

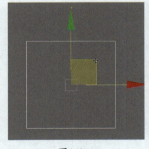

图1-61

2.精准移动操作

　　如果想在操作时精准地实现移动、旋转或缩放，只需在对应的工具上单击鼠标右键，然后在弹出的对话框中进行设置即可。

进行移动操作时，在"选择并移动"工具 ✛ 上单击鼠标右键，弹出"移动变换输入"窗口，如图1-62所示。

该窗口中有"绝对:世界"和"偏移:世界"两个选项组，对应的是绝对值和偏移值的设置。

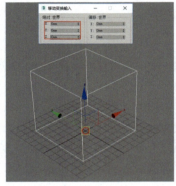

图1-62

"绝对:世界"坐标是以原点为基础的，当"绝对:世界"坐标为（0,0,0）时，物体的中心就在原点（0,0,0）处，如图1-63所示。这时可以直接调整"绝对:世界"选项组中的坐标值以调整物体的位置。不过，这种情况一般很少。导入其他模型后，该模型离原点很远时，可以通过这个办法把模型移动到原点。

设置"偏移:世界"坐标值是精准移动的一种方法。例如创建一个物体，然后设置其"绝对:世界"坐标为（0,0,0），那么该物体的轴心就在原点处。当我们在"偏移:世界"选项组里将x轴的参数设置为50mm并按Enter键后，"绝对:世界"的x轴参数就会显示为50mm，而"偏移:世界"的x轴参数为0mm，即物体的中心在x轴距离世界坐标系原点50mm的位置，如图1-64所示。

简单来说，"偏移:世界"选项组中是相对移动的值，是即时的，而"绝对:世界"选项组中是相对于原点的绝对坐标值。

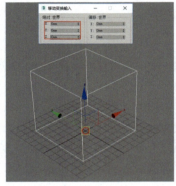
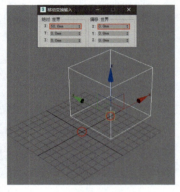

图1-63　　　　　　　　图1-64

3.精确旋转操作

旋转操作也有"绝对:世界"和"偏移:世界"两个选项组，设置原理跟精准移动类似。"绝对:世界"坐标也是以世界坐标系原点为基础的，也就是说，透视视图中的地平面就是xy平面。

在顶视图中绘制一把茶壶，茶壶的底面就是xy平面。这是一个标准的视图状态，在"旋转变换输入"窗口里的"绝对:世界"坐标值是（0,0,0），如图1-65所示。

当我们在前视图中绘制一把茶壶时，茶壶的底面是不在"绝对:世界"的xy平面上的，"绝对:世界"坐标的x轴参数显示为90（单位为°），如图1-66所示。把"绝对:世界"中的x轴参数设置为0，就可以实现图1-65所示的位置效果。

📝 提示 ------------------------>

这里的"偏移:世界"选项组的参数设置与移动操作中的"偏移:世界"选项组的参数设置原理类似，想让对象在哪个轴旋转多少度，直接在对应的轴上输入相应的数值即可。

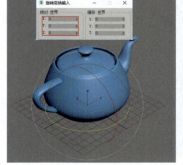
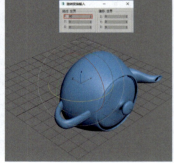

图1-65　　　　　　　　图1-66

4.精确缩放操作

在"选择并均匀缩放"工具组 ⬛ 上按住鼠标左键不放，会显示几种不同的缩放工具，如图1-67所示。

第1种工具为"选择并均匀缩放"工具 ⬛ 。在该工具上单击鼠标右键，弹出"缩放变换输入"窗口，如图1-68所示。在该窗口中只能对对象进行缩放操作，其中"绝对:局部"选项组中的参数是对象的原始比例，即（100,100,100），表示缩放的百分比。

图1-67

切换到另外两种工具，分别在相应工具上单击鼠标右键，弹出相应的窗口。在弹出窗口的"偏移:世界"选项组中可以单独设置x轴、y轴和z轴的数值，如图1-69所示。应注意，如选择了另外两种工具，可以不均匀缩放，它们的参数值仍然以百分比表示。

📝 提示 ----------------------------------- ⟩

在工作中，经常使用的是"选择并均匀缩放"工具▣，读者要熟练掌握这个工具。

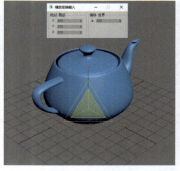
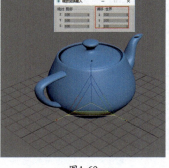

图1-68　　　　　　　　　　图1-69

1.3.3 选择并放置

一般情况下，模型的制作都在平面进行，几乎所有的建模都是基于平面的（不会在球面上建模）。但有时候，我们在平面建立好模型后，要把它们放到曲面上，如果单纯地用移动、旋转等基本操作工具，精度往往不够，这时就要用到"选择并放置"工具组🌑，如图1-70所示。

图1-70

场景中有一把茶壶和一个球体，现在我们要把茶壶放置在球体上。单击"选择并放置"工具🌑，然后移动鼠标指针到茶壶上，这时会看到视图中的鼠标指针发生了变化，如图1-71所示。按住鼠标左键并拖曳茶壶到球体表面，茶壶就放置在球体上了，如图1-72所示。

在"选择并放置"工具组🌑上按住鼠标左键不放，会弹出下拉工具栏，除"选择并放置"工具🌑外，还有"选择并旋转"工具🌑，如图1-73所示，使用这个工具可以让茶壶粘在球体的表面上并实现旋转。

图1-71　　　　　　　图1-72 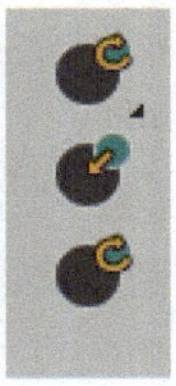　　　　　　图1-73

1.3.4 轴心

轴心是影响建模效率的一个重要因素，合理地运用轴心可以使建模效率提高不少。所谓轴心，就是坐标轴的中心，即对象x轴、y轴与z轴的交点。常用的轴心模式有两个：轴点中心和选择中心。

在顶视图中创建基本体，然后在"使用轴点中心"工具组🔲上按住鼠标左键不放，会弹出下拉工具栏，其中的轴心工具如图1-74所示。

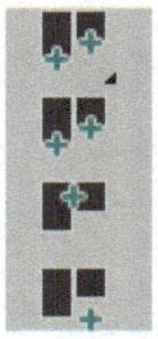

选中对象后，单击"使用轴点中心"工具🔲，进入轴点中心模式，此时轴心中心会出现在对象的底面，如图1-75所示。这种情况下，对象的操作都是以底面为基准进行的。

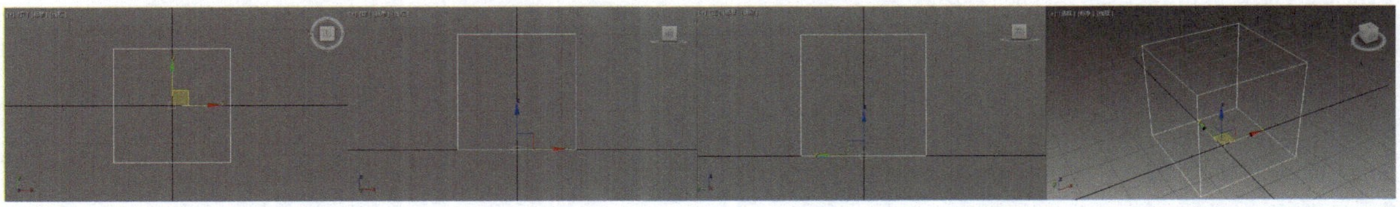

图1-74

图1-75

如果单击第2种工具，即"使用选择中心"工具▣，进入选择中心模式，轴心位置会产生在对象的几何中心，如图1-76所示。

图1-76

至于第3种工具，即"使用变换坐标中心"工具 ，是直接以坐标原点为物体轴心的。这种模式使用的机会不多，此处不做详细介绍。

1.3.5 捕捉模式

3ds Max的捕捉模式有3种，分别是2D、2.5D和3D。根据工作需要，读者掌握2.5D和3D模式的操作就足够了，尤其是2.5D，它是使用频率极高的一种捕捉模式。下面主要介绍2.5D和3D模式的区别。

在"捕捉开关"工具组 上按住鼠标左键不放，会弹出下拉工具栏，包含3种"捕捉开关"模式（快捷键为S），分别是2D、2.5D和3D，如图1-77所示。

创建两个长和宽均为50mm的长方体，设置它们的高度分别为50mm和80mm，如图1-78所示。下面用这两个长方体进行捕捉演示。

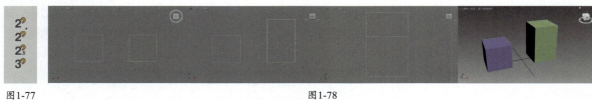

图1-77   图1-78

01 激活2.5D"捕捉开关" ，单击"矩形"按钮 矩形 ，在顶视图中捕捉50mm高的长方体右上角的点和80mm高的长方体左下角的点，创建一个矩形，如图1-79所示。

02 按P键，切换到透视视图。观察创建效果，可以发现使用2.5D"捕捉开关" 创建的矩形是"粘"在地面上的，如图1-80所示。

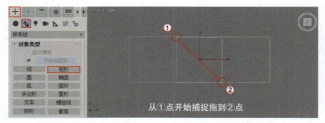

从①点开始捕捉拖到②点

图1-79

03 激活3D"捕捉开关" ，用步骤02的方法创建一个矩形。切换到透视视图，此时矩形离地平面50mm，如图1-81所示。

根据上述演示可知，2.5D模式会基于被捕捉点对应的地平面进行捕捉，而3D模式会基于被捕捉点的真实位置进行捕捉。下面再进行一个测试，同样的场景，我们将捕捉顺序互换一下，从80mm高的长方体开始捕捉。操作后观察结果可知，先使用2.5D"捕捉开关" 进行捕捉，其结果毫无变化；再使用3D"捕捉开关" 进行捕捉，矩形在离地面80mm高处，如图1-82所示。

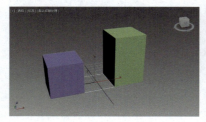
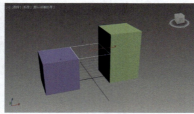
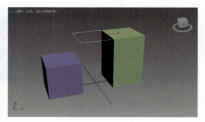

图1-80   图1-81   图1-82

📝 提示 --- >

在本次测试中，单击的是"矩形"按钮 ▨矩形 。因为矩形是不能弯曲的，所以在使用3D捕捉时，从哪个点开始，矩形就会出现在该点所对应的平面。如果进行3D捕捉时单击的是"线"按钮 ▨线 ，那么绘制出来的效果将如图1-83所示。

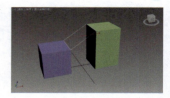

图1-83

1.3.6 角度捕捉与百分比捕捉

"角度捕捉切换"工具 🔄 用于精确旋转操作，"百分比捕捉切换"工具 % 用于精确缩放操作。在"角度捕捉切换"工具 🔄 或"百分比捕捉切换"工具 % 上单击鼠标右键，打开"栅格和捕捉设置"窗口，在"选项"选项卡中可以分别对"角度"和"百分比"进行设置，如图1-84所示。

设置好这两个参数后，用户在使用"角度捕捉切换"工具 🔄 或"百分比捕捉切换"工具 % 时，无论是进行旋转操作还是缩放操作，都是以设置的参数为最小增量来进行的。例如，设置"角度"为45，在使用"角度捕捉切换"工具 🔄 时，旋转将以45°的倍数进行。

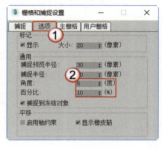

图1-84

1.3.7 轴心配合捕捉

建模必须规范，模型之间不能重面，精密的模型之间不能有缝隙。要达到这些效果，就要用到捕捉功能。本小节将介绍轴心和捕捉功能的综合运用。下面列举两个新手经常犯的建模错误。

第1个：重面。重面是指两个面完全重叠在一起。在建模过程中，如果出现了重面的问题，如图1-85所示，重面部分在渲染时会产生很多噪点，甚至发黑，渲染效果如图1-86所示。这是一种非常严重的重面渲染效果，出现了无数的噪点和大面积的黑块。

📝 提示 ----------------------------- >

为了方便读者查看，图1-86中的重面效果制作得较为夸张。实际工作过程中，这类问题可以通过细心观察来避免。另外，在特殊情况下，重面现象是可以接受的，例如摄影机看不到的部分。

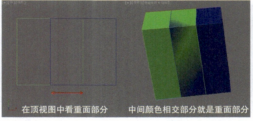

在顶视图中看重面部分　中间颜色相交部分就是重面部分

图1-85

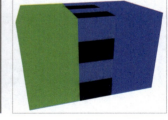

图1-86

第2个：缝隙。在做一些精密的模型时（如室内建筑的墙体结构），如果捕捉不准确，墙体之间会出现缝隙，渲染图就会有漏光的风险。另外，有的缝隙是不容易被发现的，需要把视图放大很多倍才能发现，如图1-87和图1-88所示。

📝 提示 --- >

重面和缝隙都是初学者在建模时常犯的错误，一定要引起重视。

感觉没有缝隙

图1-87

放大多倍后发现缝隙

图1-88

要解决上述问题其实很简单，通过拼合就可以。下面介绍如何使用轴心与捕捉功能进行拼合。图1-89所示为案例场景，该场景包含一个吊顶和一个墙体，需要将吊顶拼接到墙体上。

01 选择吊顶部分，如果此时使用的是"使用选择中心"工具 🔳，轴心会在吊顶的中心位置，如图1-90所示。按W键激活"选择并移动"工具 ✛，按S键激活2.5D"捕捉开关" 🎯，然后将鼠标指针放在y轴上，y轴会变为黄色（建议开启轴约束），直接往下拖曳直至捕捉到墙体上面的点，如图1-91所示。

📝 **提示** ---------------------------- >

要设置捕捉对象元素，在2.5D"捕捉开关" 🎯 上单击鼠标右键，在弹出的对话框中勾选要捕捉的元素即可，此处应勾选"轴心"和"边/线段"元素。

图1-89   图1-90   图1-91

02 观察上一步操作的结果，这时吊顶有一半被穿插到墙体中，因此这是失败的操作。使用"使用轴点中心"工具 🔳 的话，轴心将会在吊顶的底部，如图1-92所示。继续步骤01的操作，这时吊顶和墙体就会完美地拼合在一起，如图1-93所示。

图1-92   图1-93

在捕捉过程中，除了以上的操作外，还可以考虑设置捕捉元素为"顶点"和"中点"，以某一个点为捕捉基准，捕捉到另一个点上，即点对点的捕捉。以图1-94所示情况为例，在y轴和x轴同时变为黄色的前提下，将鼠标指针移动到吊顶左下角的点，当鼠标指针变为黄色十字时，将该点拖曳到墙体左上角的点处进行捕捉拼合，这就是点对点的捕捉。

📝 **提示** ---------------------------- >

在进行捕捉操作的时候，要注意随时观察轴约束的状态。有不少新手在进行捕捉操作的时候会问图像为什么动不了，出现这种情况很可能是因为处于轴约束状态，导致一个轴向的移动失效。活用"轴约束+点对点"的捕捉方式，可以拼合效果图中涉及的大部分对象，非常实用。

图1-94

1.3.8 镜像

镜像可以简单理解为镜子成像，通过镜像功能可以将对象镜像化，或进行镜像复制操作。下面介绍镜像的操作方法。

在顶视图里创建一把茶壶并将其选中，单击"镜像"工具 🔳，打开"镜像:屏幕 坐标"对话框，此时茶壶会有相应的镜像变化。设置"镜像轴"为x轴，"偏移"为200mm，"克隆当前选择"为"复制"，单击"确定"按钮 ▭ 确定，即可完成镜像效果的制作，如图1-95和图1-96所示。

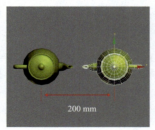

图1-95   图1-96

重要参数介绍

镜像轴：对象镜像的方向。

偏移：初始对象和镜像对象的距离。

复制：依照对象，镜像复制一个相同的对象。

实例：镜像复制一个相同的对象，对其中一个对象进行编辑的，另一个对象会一起变化。

参考：用户对复制出来的那个对象不能做任何改变，其只能作为参考。

☑ 提示 --->

要注意，除了前面讲到的点对点捕捉形式外，"偏移"的距离一般以轴心（坐标轴）为基准，而不以模型为基准。

镜像操作是以轴心为对称中心进行复制的，在多数情况下，我们不会去调整"偏移"参数。当没有精准的尺寸，又需要做出准确对称的效果时，可以考虑调整轴心位置。图1-97所示为案例对象，现在要把此案例对象精准地分布到矩形的4个角。下面介绍具体方法。

01 选中对象，进入"层次"面板，单击"轴"按钮，然后单击"仅影响轴"按钮，如图1-98所示。

02 此时，视图中会出现另一个样式的坐标方向。在这个样式下，我们可以自由地调节对象的轴心。当前对象现在的轴心位置如图1-99所示，使用捕捉和轴约束功能分别捕捉吊顶的x轴方向和y轴方向的中点，将造型对象的轴心移动到吊顶中心，如图1-100所示。

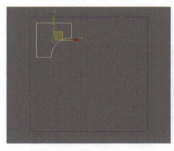 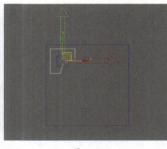 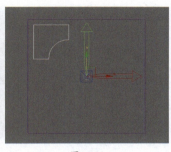

图1-97　　　　　图1-98　　　　　图1-99　　　　　图1-100

03 返回"修改"面板，退出修改轴心状态，修改完轴心后的视图效果如图1-101所示。

04 使用"镜像"工具对案例对象进行复制，此时不需要设置"偏移"参数，只需要控制镜像轴，如图1-102所示。

☑ 提示 ------------------------------------->

配合"镜像"工具修改轴心的操作在室内吊顶的制作中十分常用，读者一定要牢记。

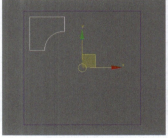 

图1-101　　　　　图1-102

1.3.9 对齐

对齐操作是使用频率非常高的一种操作。在"对齐"工具上按住鼠标左键不放，弹出下拉工具栏，如图1-103所示，其中常用的是"对齐"工具和"快速对齐"工具。

选中一个对象，单击"对齐"工具，这时鼠标指针会变成对齐图标。单击需要对齐的目标对象，打开"对齐当前选择"对话框，如图1-104所示。在该对话框中，有"对齐位置（屏幕）""对齐方向（局部）""匹配比例"几个选项组，每个选项组中都有多个选项，读者可以自由地绘制一些物体，并逐个进行设置，以了解相关功能。

图1-103　　　　　图1-104

选中一个对象，单击"快速对齐"工具▦，此时将鼠标指针移动到另一个对象上，会出现快速对齐图标▦，如图1-105所示。单击需要对齐的目标对象，两个对象的轴心完全重合，如图1-106所示。

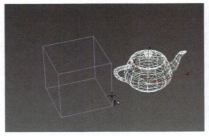
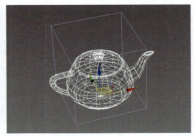

图1-105 图1-106

显而易见，使用"快速对齐"工具▦对齐的其实是两个对象的轴心。在上一小节镜像对象的操作中，我们是通过捕捉吊顶中心的方式来处理的。如果吊顶是圆形的，如图1-107所示，不便于捕捉中点，又该怎么处理呢？

因为圆的轴心和中心是同一个，所以可以使用"快速对齐"工具▦对齐轴心进行处理。用上一小节的方法使对象进入修改轴心的模式，单击"快速对齐"工具▦，接着单击圆形，如图1-108所示，对齐效果如图1-109所示。此时对象的轴心已经与圆的中心重合，剩下的工作就是进行正常的镜像操作。

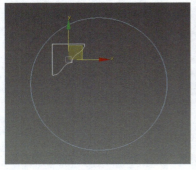
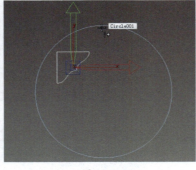
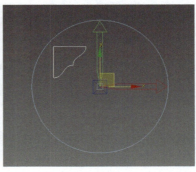

图1-107 图1-108 图1-109

☑ 提示 --->

无论是镜像操作，还是快速对齐操作，都是以轴心为基准的，掌握轴心的操作是重中之重。

1.3.10 渲染工具

室内设计、建筑设计和产品设计最终效果图的渲染输出都会在3ds Max中进行，游戏设计最终效果的输出不在3ds Max中而在游戏引擎中，动画设计最终效果图的渲染输出很多时候也在3ds Max中进行，有时候也会在别的软件中进行。单击"渲染设置"工具▦可以调出"渲染设置"窗口，快捷键是F10；单击"渲染帧窗口"工具▦可以把上一次渲染的帧窗口调出来，以便观看上一次的渲染效果；单击"渲染产品"工具▦可以开始渲染，快捷键为F9。

1.4 技术汇总与解析

本章主要介绍了针对工作的相关设置和3ds Max工具栏中的常用工具。

常规的设置：根据个人习惯和行业特点对3ds Max进行设置，可以让工作更加顺利，通常在默认情况下稍作修改即可。

视图的操作：读者对三视图必须非常熟悉，懂得三维空间的关系与视图的切换方法，能使用基本的操作命令结合各行业所需来配置视口，最终实现较好的学习效果与较高的工作效率。

工具栏的使用：工具栏中的工具是整个3ds Max的基础，移动、旋转、缩放、捕捉、轴心、镜像、对齐、渲染等功能是玩转3ds Max的核心，读者务必要把握相应工具的用法。

第 **2** 章

主流行业建模技法解析

本章将通过技法配合行业案例实训的方式，详细地讲解 3ds Max 的建模技法，让读者清晰地知道哪些建模技法可以用在哪些领域。此外，在建模的过程中还将讲解建模的思路、技法的核心思考点与操作点，读者在学习的过程中要注意多观察、多思考、多练习。

本章学习要点

▶ 掌握基础建模和二维线建模的思路和技法

▶ 掌握复合建模和 Surface 建模的思路和技法

▶ 掌握面片建模和 NURBS 建模的思路和技法

▶ 掌握多边形建模的思路和技法

2.1 3ds Max建模技法与主流行业应用总述

　　建模毫无疑问是3ds Max的核心功能，3ds Max之所以能在三维应用领域屹立不倒，正是因为其强大的建模功能。室内设计、建筑设计、产品设计、游戏或者动画影视设计，它们的某些渲染输出部分或许会在其他软件中进行，但模型的制作部分大多数需要在3ds Max中进行。

　　3ds Max的建模技法有很多，不同的建模技法适用于不同的设计领域。例如，室内设计用二维线建模多一些，游戏建模用多边形建模多一些。在第1章中讲过，需要根据不同的行业需求来配置3ds Max，那么在建模技法层面上是否也需要选择性地去学呢？能否先选好某一个行业，然后重点学习该行业相应的建模技法呢？其实，在整个3ds Max的层面上，读者的确要根据自己的行业进行相应的学习。但是，在建模技法上，最好还是能够全部掌握。因为无论从事哪个行业，建模的技法虽有轻重之分，但其共通性很强，只有将其全部掌握，才能越用越精。当然，读者完全可以边用边学，在做中学，这样的学习效果比死记硬背要好得多。下面讲解3ds Max建模技法的原理和应用，以及各种技法在主流行业的相关应用。

2.2 基础建模

　　基础建模是一切建模的根基，任何建模技法都需要基础建模的支撑。

2.2.1 直接创建几何体

　　在3ds Max工作界面右边的命令面板中进入"创建"面板 ，如图2-1所示。该面板中包括3ds Max可以直接创建的所有对象，按照从左到右的顺序分别是"几何体" 、"图形" 、"灯光" 、"摄影机" 、"辅助对象" 、"空间扭曲" 和"系统" 。

　　单击"几何体"按钮 ，下面默认显示"标准基本体"下拉列表框，打开"标准基本体"下拉列表框，其中有3ds Max能直接创建的所有几何体类型。选择相应的类型（以"标准基本体"为例），再选择想要创建的"对象类型"，如图2-2所示，在视图中拖曳即可创建几何体。

　　对于基础建模来说，只需要用到"标准基本体"和"扩展基本体"两种类型，下拉列表框中的其他类型在基础建

图2-1　　　　　　　　图2-2

模中基本用不上。"创建"面板 中的几何体都是可以直接拖曳创建的，读者可以自行尝试创建一种几何体对象。

2.2.2 拆分与组合

　　"拆分与组合"的建模思路是大部分行业的基本建模思路，它非常重要，而且应用极其广泛。建模之前，应该分析对象的结构，观察对象的组成部分，然后将对象拆分成多个简单的单体。这样在建模时，只需要分别创建各个单体，然后将所有单体拼合成为整体对象即可，这就是"拆分与组合"。图2-3所示为展示案例，它是两个长方体的组合模型。

图2-3

3ds Max中有很多内置的基本几何体，读者可以直接使用它们绘制长方体、圆柱体和球体等简单对象。大多数模型都是复杂的，它们都是由多个几何体编辑组合而成。图2-4所示为展示案例，这是一个展示架，将其拆分可以发现，它是由多个长方体组成的。

下面讲解复杂对象的拆分方法。图2-5所示为展示案例，这个模型的左侧是一个中间半镂空的长方体，初学者在初次接触该对象时会不知从何入手。在建模时，可以将其拆分为两个部分，一部分是由二维线挤出并镂空的长方体，另一部分是常规长方体。

当遇到同类型模型时，如图2-6所示，分析可知该模型两面都有开孔，可以先将开孔部分拆分出来，拆分成两个有镂空造型的长方体和一个规则的长方体，再将3个对象分别创建并组合在一起。由此可知，在创建模型的时候，拆分数量是随机的，只要方便建模，拆分的具体形式可以灵活判断。这也是"拆分与组合"建模思路的关键所在。

图2-4

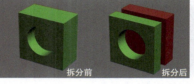
图2-5

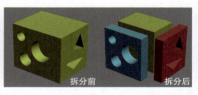
图2-6

"拆分与组合"是各种建模技法的核心思路，以后会用到很多不同的建模技法（如多边形建模、曲面建模等），"拆分与组合"是这些建模技法的基础。单个模型能直接用对应的几何体来创建；复杂的模型必须先拆分，再用对应的几何体创建，最后将它们组合起来。在后面的案例实训中会结合"拆分与组合"进行相关的讲解和练习，以帮助读者掌握建模思路。

2.2.3 基础建模在主流行业中的应用

基础建模在主流行业中被广泛应用，因为它是基础，所有建模技法都建立在基础模型之上。

室内设计和建筑设计行业： "墙"几乎都是基础建模里的长方体，观察一下身边的墙体，是不是3ds Max中的长方体呢？除了"墙"，大多装修和建筑的造型都是"方方正正"的，"方方正正"的造型在3ds Max中都可以通过创建基本体实现，而异形与变形的造型则需要用到后续的各种建模技法。

产品设计行业： 产品设计中的很多造型都不是基本体的形状，各种异形与变形的造型是基础建模不能完成的，但是很多零部件却是用基础建模完成的，或者说是从基础模型演变过来的，如一些电子产品的按钮。

游戏和影视动画行业： 虽然这两个行业中基础建模的应用相对少一些，但是也是需要用上的；这两个行业大多数的模型都比较复杂，基础建模显然做不了，但很多静态模型还是可以由基础建模完成，如游戏与动画中的场景部件，这其实跟室内设计和建筑设计中的建模是一样的。

总的来说，各大行业都会用到基础建模，但是因为其功能比较有限，所以都是在一些特定情况下使用。各大行业将基础建模作为基本的结构来用，用得不多，但不可或缺。

案例实训： 通过基础建模制作电视柜

场景文件	无
实例文件	实例文件＞CH02＞案例实训：通过基础建模制作电视柜
教学视频	案例实训：通过基础建模制作电视柜.mp4
学习目标	掌握基础建模的思路和技法

电视柜模型是很典型的基础建模模型。将电视柜一块一块地拆下来，细心观察，是不是每一块都是基本的几何体呢？只需创建这些基本的几何体，将它们拼起来就可得到电视柜。电视柜效果如图2-7所示。

图2-7

01 创建一个长方体，尺寸为300×800×20（分别对应"长度""宽度""高度"，单位为mm，后同），将其作为顶部的木板。按住Shift键并拖曳鼠标，复制一个新长方体，将其作为底部的木板。让两块木板相距340mm，如图2-8所示。

02 切换到左视图，创建两个长方体，尺寸分别为100×300×20和340×30×20，将它们放在相应的位置，如图2-9所示。

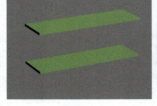
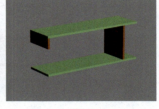

图2-8   图2-9

03 创建柜体木板。创建长方体，左边柜体的红色长方体尺寸为300×800×20，右边柜体的红色长方体尺寸为300×440×20，蓝色长方体尺寸为200×300×20，将它们放到相应的位置，如图2-10所示。

04 切换到前视图，按S键激活捕捉功能，创建长方体作为抽屉，创建两个小长方体作为抽屉的把手，如图2-11所示。

05 切换到顶视图，创建4个圆柱体作为柜脚，并将它们放到相应的位置，如图2-12所示。

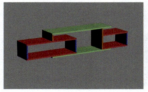
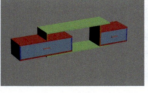
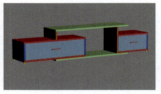

图2-10   图2-11   图2-12

📝 提示 --- >

读者以后无论要创建什么样的模型，都可以先将模型拆开，看看其是否能用最简单的基本体组合而成。如果不行，再去想别的建模方法。再复杂的模型，总有能被简化为基本体的部分。我们应尽可能地让工作变得简单，而不是使用一些看上去很高端但会将建模过程变得很复杂的技巧。

2.3 二维线建模

二维线建模是全行业都广泛应用的建模技法，也是制作大部分模型的方法。

2.3.1 建模原理

二维线建模的原理就是先将与造型相关的二维线画出来，然后在二维线的基础上执行一个可以让二维线变成实体的命令（如"挤出"），从而产生实体。在这个过程中，如何画出与造型相关的二维线就是重点。这里用到了两个非常重要的能力，一个是找出二维线的能力，另一个是操作二维线的能力。

操作二维线的能力可以通过熟悉相关的命令来提升，而提升找出二维线的能力需要进行大量的练习。读者平时应该多观察物体，慢慢地养成将物体看作模型的习惯。例如，看到某些物体，要去找出构造它的二维线，思考如何将它画出来。

二维线建模根本的技术要点是：通过加点、删点和修改点的操作，画出想要的二维线。

2.3.2 "顶点"层级

进入"创建"面板 ，单击面板中的"图形"按钮 ，在下拉列表框中选择"样条线"选项就可以看到默认的图形按钮，如图2-13所示。只靠这些基本的图形不能满足用户的需求，所以在工作中还需要将这些基本的图形变成想要的二维线。

创建任意基础图形之后，选中该图形，单击鼠标右键，在弹出的四元菜单中执行"转换为 > 转换为可编辑样条线"命令，如图2-14所示，将其转换为可编辑样条线。

进入"修改"面板 ，可以看到已经转换的可编辑样条线，单击"可编辑样条线"左侧的小三角形按钮 可以将"可编辑样条线"的层级打开，可以看到"可编辑样条线"有3个层级，分别是"顶点""线段""样条线"，如图2-15所示。

📑 提示 ----------------------------

按快捷键1键可以快速进入"顶点"层级，按2键可以快速进入"线段"层级，按3键可以快速进入"样条线"层级。进入某个层级后，再按一次相应的快捷键就可以返回父级。在工作的时候要养成使用快捷键的习惯，以提高工作效率。

图2-13　　　　　　图2-14　　　　　　图2-15

无论在哪个层级，都可以看到"修改"面板 中有非常多的修改工具，然而在实际工作中并不会应用到全部的修改工具。本书以案例实训为主，所以对很少用到的工具不进行介绍，本书介绍的都是工作中常用的核心工具。制作二维线的核心就是通过加点、删点和修改点的操作画出想要的二维线，下面重点介绍加点、删点和修改点的相关操作。

1.顶点类型

顶点的4种类型是修改点的基础。选中一个可编辑样条线，进入"修改"面板 ，按1键进入"顶点"层级，如图2-16所示。选中任意一个顶点并单击鼠标右键，在弹出的四元菜单中可以看到顶点有4种可切换类型，分别是"Bezier角点"、Bezier、"角点"和"平滑"，如图2-17所示。

选择"角点"类型可以对两条直线之间的夹角点进行编辑，可以生成直线和转角曲线，如图2-18所示。图中二维线对象的4个顶点都属于角点，所以它们之间的连接线都是直线，用户可以任意移动这些点。如果同时选中两个或两个以上的角点，还可以对该二维线对象进行旋转和缩放操作。若要生成转角曲线，就需要与其他类型的顶点配合操作。

图2-16　　　　　　图2-17

选择"平滑"类型可以让两条线的连接处转变为平滑的曲线，如图2-19所示。选中二维线对象右下角的顶点，单击鼠标右键，在弹出的四元菜单中执行"平滑"命令，这时候通过该点的线会转换为平滑的曲线。此时，右上角的角点与右下角的平滑点之间的线就是转角曲线。

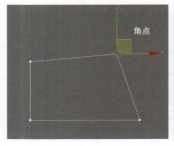

图2-18 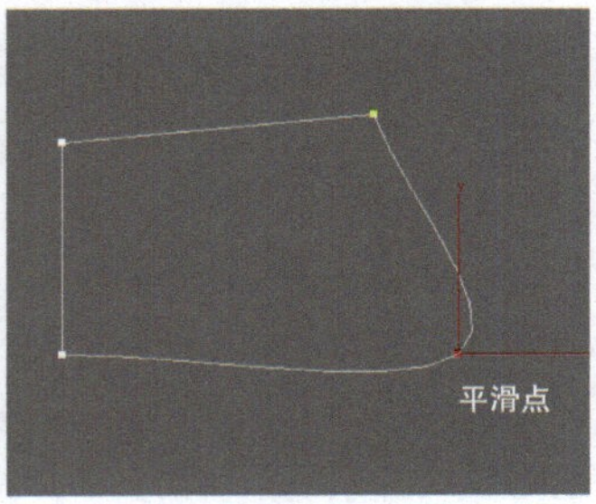　　　　　　　　　　　　　　图2-19

将视图放大可以发现，这里所谓的平滑曲线是由许多短直线构成的，如图2-20所示。通过观察可以发现，3ds Max中的"平滑"是通过将折角无限分段来实现的，相当于数学中的正多边形，边数越多，越接近于圆。也就是说，要得到更平滑的角点，可以通过设置更大的分段数来实现。例如，在"修改"面板的"插值"卷展栏中将"步数"值适当调大（从原来的6调整为36），如图2-21所示，调整后角点处变得更加平滑，如图2-22所示。

图2-20　　　　　图2-21　　　　　图2-22

📋 **提示** --

在工作中，"插值"卷展栏中"步数"选项的使用频率很高。一些圆形或带弧度的造型，轮廓不够平滑会直接影响到整体效果。在效果图中，圆的东西出现锯齿感会给客户留下很不好的印象，因此读者务必掌握平滑操作。

此外，当在"插值"卷展栏中勾选"自适应"复选框时，3ds Max会自动让轮廓圆滑起来。究竟是手动调整"步数"值还是自动调整"步数"值，读者可以根据需求选择。

记住，"步数"值越小，样条线的默认分段数就越少，线条的平滑度就越低，反之则平滑度就越高。

Bezier类型的作用是控制曲线的形状。用前面相同的操作方法，设置"顶点"的类型为Bezier，顶点上会出现两个控制柄，如图2-23所示。调整任意一个控制柄，另一个控制柄也会相应地发生变化，以此方法调整出需要的平滑效果，如图2-24所示。

注意，Bezier与"平滑"类型的不同之处在于："平滑"属性的点是不能调整弧度的，其弧度是由两个顶点的位置决定的；而Bezier属性的点是可以自由调整弧度的。

📋 **提示** --

因为Bezier类型是通过调整控制柄来完成弧度调整的，所以"黄色坐标法则"对其完全适用。同时，初学者在调整控制柄时可能会遇到控制柄动不了的情况，这一般是因为勾选了"启用轴约束"复选框。在调整控制柄之前，要确保x轴和y轴都已变为黄色。

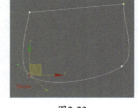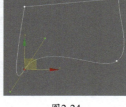

图2-23　　　　　　　　图2-24

"Bezier角点"结合了Bezier和"角点"类型的功能与属性。选择Bezier类型可以控制曲线的形状，而选择"Bezier角点"类型可以控制转角曲线的形状。用前面的操作方法将"顶点"设置为"Bezier角点"类型，与Bezier属性的顶点相同，顶点上会出现两个控制柄，如图2-25所示。不同于Bezier属性的顶点，"Bezier角点"属性的两个控制柄是相互独立的，即当调整其中一个控制柄时，另一个控制柄是不动的，每个控制柄控制的区域以顶点为界，相互独立，一个控制柄管理一边的转角曲线，如图2-26所示。

顶点的4种类型是重中之重，读者务必掌握。

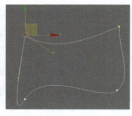

图2-25　　　　　　　　图2-26

2.焊接

绘制好一个二维线对象后，如果发现该对象不是完全封闭或连续的，可以利用"焊接"按钮 焊接 将断开的顶点连接起来。进入"修改"面板，"焊接"按钮 焊接 在"几何体"卷展栏中，如图2-27所示。下面以具体样条线为例讲解"焊接"按钮 焊接 的使用方法，如图2-28所示。

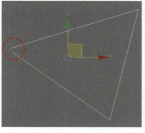

图2-27　　　　　　　　图2-28

01 选中二维线对象，按1键进入"顶点"层级，在视图中选中断开的两个顶点，如图2-29所示。

02 设置"修改"面板 中的"几何体"卷展栏中"焊接"按钮 焊接 右侧的参数为50mm，单击"焊接"按钮 焊接 ，如图2-30所示，效果如图2-31所示。

图2-29 图2-30 图2-31

✍ 提示 ————————————————————>

"焊接"按钮 焊接 右侧的参数是焊接距离，即两个顶点间的距离。如果操作后两个点依然没有闭合，可以将参数值继续调大，直到这两个点焊接成功为止。

在工作当中，当导入的二维图形不能挤出正常的立体对象时，很有可能就是对象没有完全闭合。这时就要检查点是否闭合，如果确实没有闭合，就用"焊接"按钮 焊接 使其闭合。

3.设为首顶点

"设为首顶点"按钮 设为首顶点 如图2-32所示。当绘制一个对象时，其起点默认为首顶点且显示为黄色，如图2-33所示。使用"设为首顶点"按钮 设为首顶点 可以让任意顶点变成首顶点。该按钮不是单独使用的，通常会配合其他按钮一起使用，如后面介绍的"倒角剖面"按钮 倒角剖面 。

4.圆角/切角

在"修改"面板 中，"圆角"按钮 圆角 和"切角"按钮 切角 经常一起使用，如图2-34所示。在室内设计建模中，"圆角"按钮 圆角 和"切角"按钮 切角 是属于同一范畴的常用按钮，所以这里将它们放在一起介绍。

"圆角"按钮 圆角 和"切角"按钮 切角 的使用方法比较简单，效果也很直观。圆角和切角效果可以直接通过按钮后面的参数值来设置（与"焊接"按钮 焊接 相同），也可以先选中二维线对象中要调整的点，然后单击"圆角"按钮 圆角 或"切角"按钮 切角 ，再用鼠标指针在视图中进行调整。圆角效果如图2-35所示，切角效果如图2-36所示。

图2-32 图2-33 图2-34 图2-35 图2-36

✍ 提示 ————————————————————————————————————>

在使用"圆角"按钮 圆角 时，如果出现不对称的情况，说明该顶点是Bezier或"Bezier角点"类型，它们的控制柄会对"圆角"按钮 圆角 的效果产生影响。用户可以将顶点转换成"角点"后进行操作，因为"角点"没有控制柄，不会影响最终效果。

2.3.3 "线段"层级

在"线段"层级，对"加点、删点和修改点"这个原则有用的就是"优化"按钮 优化 ，使用"优化"按钮 优化 可以给对象添加需要的顶点。选择样条线，按2键进入"线段"层级，在"几何体"卷展栏中就能找到"优化"按钮 优化 ，如图2-37所示。下面介绍"优化"按钮 优化 的具体使用方法。

单击"线"按钮 线 ，创建一个三角形，按2键切换到"线段"层级，单击"优化"按钮 优化 。此时，将鼠标指针移动到任意线段上，鼠标指针会发生变化，单击即可在对应的线段上添加顶点，如图2-38所示。

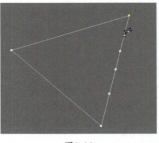

📝 **提示** --->

使用"优化"按钮 优化 添加的顶点同样也可以进行移动和旋转，配合"顶点"层级的相关按钮，就可以不断地为二维线创造新的造型，这是构造复杂二维线对象的基本思路。如果在绘制过程中发现某个点是多余的，可以按Delete键将其删除。

图2-37　　　　　　　　　图2-38

2.3.4 "样条线"层级

"样条线"是二维图形的最后一个层级，可以将其理解为整个样条线，其主要工具是"轮廓"按钮 轮廓 和"布尔"按钮 布尔 。

1.轮廓

按3键进入"样条线"层级，在"几何体"卷展栏中就可以找到"轮廓"按钮 轮廓 ，如图2-39所示。

这里通过一个常见的室内吊顶设计案例进行讲解。这个案例非常经典。除了室内设计行业，其他行业也会应用到该按钮。

01 使用"矩形"按钮 矩形 在"顶"视图中创建一个尺寸为300×300的矩形。选中矩形并单击鼠标右键，在弹出的四元菜单中执行"转换为 > 转换为可编辑样条线"命令，如图2-40所示，将矩形转换为可编辑样条线。

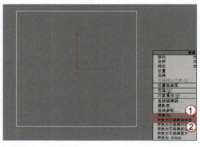

图2-39　　　　　　　　　图2-40

02 按3键切换到"样条线"层级，选中样条线对象，设置"轮廓"按钮 轮廓 右侧的参数为50，按Enter键，在视图中可以实时看到效果，矩形内会生成一个与原矩形相似的新矩形，如图2-41所示。

03 为了让读者更好地理解两个相似矩形的关系，按3键退出"样条线"层级，然后为其加载一个"挤出"修改器，效果如图2-42所示。

04 以这个模型为基础，假如要将其制作成一个灯槽，可以将其复制一个并放到原模型上面，如图2-43所示。

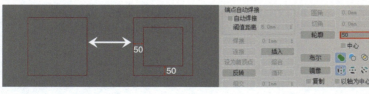
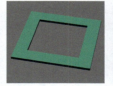
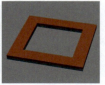

图2-41　　　　　　　　　图2-42　　　　　图2-43

05 选中复制出来的对象，进入"修改"面板。注意，现在仍处于"挤出"层级。单击"可编辑样条线"，按3键切换到"样条线"层级，选中内部矩形，设置"轮廓"按钮 轮廓 右侧的参数为20.0mm，如图2-44所示。设置完成后的效果如图2-45所示。

06 完成上一步操作后，原本的两个矩形之间会生成一个新矩形，将中间的矩形选中并删除。按3键退出"样条线"层级，返回"挤出"层级，效果如图2-46和图2-47所示。

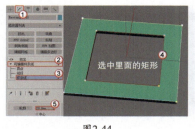 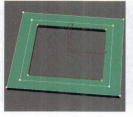 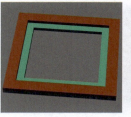 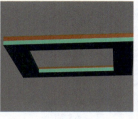

图2-44　　　　　　　　　图2-45　　　　　　　　　图2-46　　　　　　　　　图2-47

📝 提示 --- ⟩

　　这是一个室内设计中很常见的吊顶模型，利用"轮廓"按钮 ▆轮廓▆ 可以快速、精准地做出灯槽位。其他行业的设计中也经常会创建类似的模型，读者要举一反三。

2.布尔

　　进入"样条线"层级，"布尔"按钮 ▆布尔▆ 在"轮廓"按钮 ▆轮廓▆ 的下方，如图2-48所示。该按钮有3种运算模式，分别为"并集" 🟢、"差集" ◐ 和"交集" ⊘。

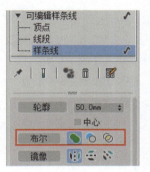

图2-48

📝 提示 --- ⟩

　　在介绍"布尔"按钮 ▆布尔▆ 的使用方法之前，先说明一下使用"布尔"按钮 ▆布尔▆ 的必要条件。首先，进行布尔运算的每条样条线必须在同一平面上；其次，进行布尔运算的样条线必须是附加在一起的同一条样条线；最后，进行布尔运算的对象必须都是封闭对象。

　　在顶视图中分别绘制一个矩形和一个圆形，将它们移动到合适位置，使它们相交。选中矩形并单击鼠标右键，在弹出的四元菜单中执行"转换为 > 转换为可编辑样条线"命令，如图2-49所示。将圆形转换为可编辑样条线，单击"附加"按钮 ▆附加▆，将圆形附加到矩形上，如图2-50所示。

图2-49　　　　　　　　　　　　　图2-50

　　并集：在"样条线"层级下选中矩形，此时矩形会变为红色，如图2-51所示。在"修改"面板 ☑ 中单击"布尔"按钮 ▆布尔▆，然后单击"并集"按钮 🟢，如图2-52所示。将鼠标指针移动到圆形上面，鼠标指针会发生明显的变化，如图2-53所示。单击圆形，矩形就会加上圆形，效果如图2-54所示。

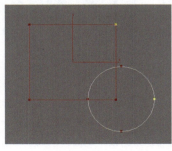  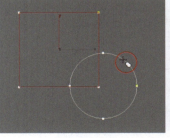 

图2-51　　　　　　　　图2-52　　　　　　　　图2-53　　　　　　　　图2-54

　　差集：用相同的方法进行操作，此处单击"差集"按钮 ◐，如图2-55所示，矩形会减去圆形，效果如图2-56所示。

　　交集：同理，此处单击"交集"按钮 ⊘，如图2-57所示，系统只保留矩形与圆形相交的部分，效果如图2-58所示。

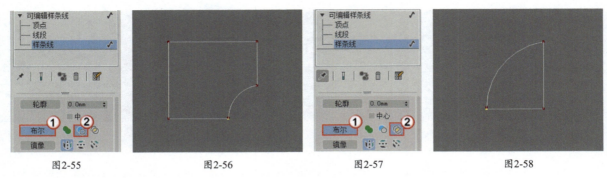

| 图2-55 | 图2-56 | 图2-57 | 图2-58 |

至此，二维线中用到的所有核心命令就介绍完了，下面介绍配合二维线建模的命令。

2.3.5 挤出

"挤出"修改器 挤出 是二维线建模技术中常用的修改器，它可以将二维对象转换为三维几何体。下面介绍具体操作方法。

01 切换到顶视图，在"创建"面板 + 中单击"图形"按钮 ，接着单击"线"按钮 线 ，如图2-59所示。

02 在不同位置单击，以锚点的方式在顶视图中绘制一个封闭的二维图形，当终点与起点重合时，系统会弹出"样条线"对话框询问"是否闭合样条线"，单击"是"按钮（如果单击"否"按钮，意味着样条线没有闭合，挤出后的对象是不能成为实体的），如图2-60所示。完成绘制后，单击鼠标右键退出"线"的创建状态。

03 进入"修改"面板 ，单击"挤出"修改器 挤出 （在第1章中已经介绍了如何配置修改器），设置"数量"为50.0mm，"分段"为1，如图2-61所示，效果如图2-62所示。

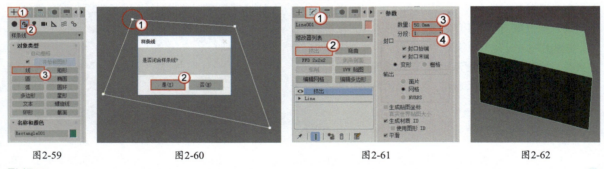

| 图2-59 | 图2-60 | 图2-61 | 图2-62 |

☑ 提示 ⟶

通过上述操作，读者应该明白了"数量"就是挤出的深度，那么"分段"是什么呢？将"挤出"修改器的"分段"设置为5，对象在挤出的深度上就会被均分为5段，如图2-63所示。

"分段"是建模技术中非常重要的概念，无论哪种建模技术，其参数都包含"分段"。它可以决定模型在带弧度时的造型效果和模型内部结构面数的多少，在之后的学习中读者会深入地学习其原理。

图2-63

通过前面的操作，会发现"图形" 中有大量的二维线对象。其中"线"按钮 线 比较特殊，使用该按钮可以绘制各种可编辑的二维样条线对象，用户可以直接编辑其顶点、边等元素。

对于其他二维线对象，要编辑它们，则需要将它们转换为样条线对象。在创建好的二维线对象上单击鼠标右键，执行"转换为 > 转换为可编辑样条线"命令，即可将其转换为可编辑样条线对象，如图2-64所示。创建一个矩形，进入"修改"面板 ，显示该矩形为Rectangle，不能直接编辑其点和线。将其转换为可编辑对象后，就可以发现"可编辑样条线"，如图2-65所示。

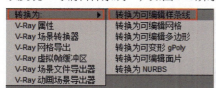

图2-64　　　　　　　　　　　　　　　　　　　　图2-65

2.3.6 倒角剖面

有许多典型的模型需要使用"倒角剖面"修改器 倒角剖面 来创建，如图2-66和图2-67所示，它们大多应用于建筑结构。当然，这里讲的案例并不是只能应用在用于举例的行业中，它其实在所有主流行业中都可以应用，只是因为本书并不能将所有行业的应用案例都讲一遍，所以就拿相对简单、典型的案例来进行讲解。

"倒角剖面"修改器 倒角剖面 的核心原理是：截面的起点围绕着路径"走"一圈，形成一个立体对象。因此，在利用"倒角剖面"修改器 倒角剖面 建模时，要先绘制好模型截面和路径，然后设置好截面的起点，再使用"倒角剖面"修改器 倒角剖面 建模。前面介绍的石膏线截面效果如图2-68所示，路径是吊顶的轮廓，也就是截面要"走"的矩形路径，如图2-69所示。

将截面的起点附着在路径上，这个起点会沿着路径"走"一圈以生成实体，也就是石膏线造型，如图2-70所示。

图2-66　　　　　　　图2-67　　　　　　　图2-68　　　　　　　图2-69　　　　　　　图2-70

☑ 提示 ------

注意，不能在同一个视图中绘制截面和路径。如果路径是在顶视图中绘制的，那么截面就应该在前视图中进行绘制。要根据真实空间的概念来选择位置，这样做出来的效果会比较直观，也能减少后续调整的工作量。

在使用"倒角剖面"修改器 倒角剖面 建模时，先创建路径样条线，然后在"修改"面板 里单击"倒角剖面"修改器 倒角剖面 ，如图2-71所示。选择"参数"卷展栏中的"经典"选项，单击"拾取剖面"按钮 拾取剖面 ，如图2-72所示。在视图里，将鼠标指针移动到截面上，鼠标指针会发生变化，如图2-73所示。单击截面，确认操作，生成的倒角剖面效果如图2-74所示。

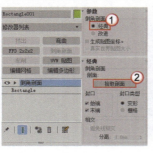
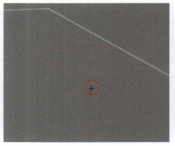
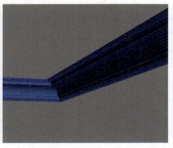

图2-71　　　　　　　图2-72　　　　　　　图2-73　　　　　　　图2-74

⚙ **技术专题：模型的方向调整** 🔍

在使用"倒角剖面"修改器 倒角剖面 制作模型时，最终模型的方向可能会出现错误。如图2-75所示，石膏线方向反了，正确的方向应该是向内。

此时，可以在"修改"面板 ✍ 中单击"倒角剖面"修改器 倒角剖面 ，然后单击"倒角剖面"层级左侧的小三角形按钮 ▶ ，选择"剖面Gizmo"层级，如图2-76所示。可以在该层级调整模型，将其方向调正。按A键激活"角度捕捉开关"并设置为180°，旋转一下轴心，改变其截面方向，如图2-77和图2-78所示，调正后的效果如图2-79所示。

| 图2-75 | 图2-76 | 图2-77 | 图2-78 | 图2-79 |

2.3.7 车削

说起车削，读者第一时间可能会想到机械加工中的车削。车削加工是在车床上利用刀具旋转对工件进行切削加工的方法。3ds Max中的"车削"修改器 车削 的原理与之非常相似，也是利用"旋转"制作物体。图2-80所示为一个利用"车削"修改器 车削 制作的物体。无论在哪个行业，只要看到类似圆柱状的物体，都可以利用"车削"修改器 车削 来做。当知道当前物体的截面后，将截面画出来，使用"车削"修改器 车削 制作，截面会绕着轴心转一圈，形成实体。

画出需要的截面，如图2-81所示，单击"修改"面板 ✍ 中的"车削"修改器 车削 ，如图2-82所示。

选择"车削"修改器 车削 后，要注意一些参数的设置，如"度数""焊接内核""分段""方向""对齐"，具体参数设置如图2-83所示。

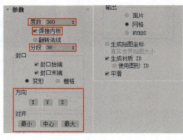

| 图2-80 | 图2-81 | 图2-82 | 图2-83 |

"方向"和"对齐"这两个参数是最重要的。用"车削"修改器 车削 建模后，模型是不完整的，可能会出现一些奇怪的形状，如图2-84所示。这是刚使用"车削"修改器 车削 建模后默认的效果，很明显，这个效果是不理想的。单击"对齐"中的"最小"按钮，效果如图2-85所示。很明显，这就是想要的效果，它是以截面左侧的竖线为轴旋转一圈形成的实体。单击"对齐"中的"中心"按钮，效果如图2-86所示，它是以截面的中心线为轴旋转一圈形成的实体。单击"对齐"中的"最大"按钮，效果如图2-87所示，它是以截面最右边的点所在的垂直线为轴旋转一圈形成的实体。"方向"中的X、Y和Z用于调整轴的方向，读者可以自行试验一下。

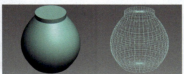

| 图2-84 | 图2-85 | 图2-86 | 图2-87 |

注意，旋转360°就是旋转一圈，前面都是以360°作为例子，如果设置"度数"为300，效果如图2-88所示。

"焊接内核"复选框一般都会勾选，如果不勾选会导致轴的旋转位置不能闭合，如图2-89所示，这时会产生一些黑面。

"分段"的设置跟二维线中的一样，数值越大，模型越圆滑、越接近圆形。如果要做类似圆柱状的物体，那么应尽可能地将"分段"参数值调大；如果要做一些并不是圆柱状的旋转物体，如做五边形的旋转体，那么设置"分段"为5，效果如图2-90所示。在车削中，分段不但能将物体变圆滑，还能做出很多边数较少的旋转物体。

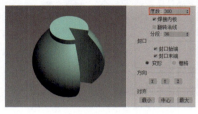

图2-88

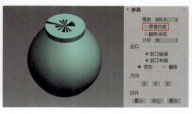

图2-89

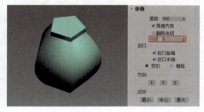

图2-90

2.3.8 二维线建模在主流行业中的应用

二维线建模跟基础建模一样，其应用遍布全行业，且两者都是3ds Max建模技法的根基，它们的性质和地位几乎是一样的，需要读者完全掌握。

案例实训：使用二维线建模制作罗马柱

场景文件	无
实例文件	实例文件 > CH02 > 案例实训：使用二维线建模制作罗马柱
教学视频	案例实训：使用二维线建模制作罗马柱.mp4
学习目标	掌握二维线建模的思路和技法

分析一下模型，将模型拆开之后，可以发现模型是由几个用二维线创建的模型组合而成的，如图2-91所示。

01 制作顺序并不是固定的，但推荐模型哪部分相对比较复杂就先做哪部分，具体原因会在后续做大案例的时候说明，这里先制作中间部分。在前视图中创建线，画出初步的横截面轮廓，如图2-92所示。这时候点都是角点，线都是直线，很快就能画出来。下面考验的就是二维线的建模能力了，将初步的轮廓修改为正式的轮廓。

图2-91

02 选中倒角中间的点并单击鼠标右键，将它转换成"Bezier角点"，调整控制柄，让边产生弧度，如图2-93所示。其他需要变圆滑的地方都一样，改变点的类型，调整控制柄，图形最终调整效果如图2-94所示。完成后为其添加"车削"修改器 车削 ，效果如图2-95所示。

03 在顶视图中画一个矩形，为其添加"挤出"修改器 挤出 ，将它放到车削物体上面。将其复制一个并放到模型底部，将底部的挤出物体的挤出"数量"增加一些，如图2-96所示。

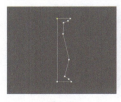

图2-92

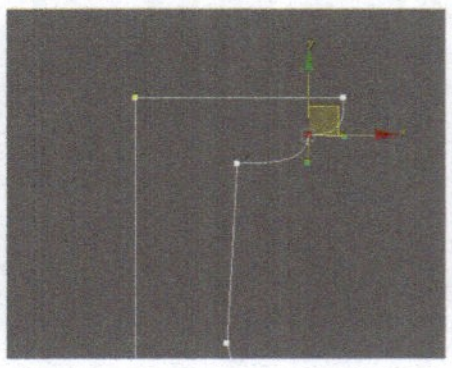

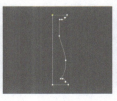

图2-93

图2-94

图2-95

图2-96

✔ 提示 --->

这里直接创建长方体更好，这样就不必用二维线挤出，只是本小节是在讲二维线建模，所以才用这个方法，读者在工作时应灵活选择建模方法。

04 底部的长方体周围有一圈线条，要用"倒角剖面"修改器 倒角剖面 制作。在前视图中画出横截面的轮廓，如图2-97所示，切换到顶视图，按S键激活捕捉功能，在底部长方体上画一个矩形作为路径，如图2-98所示。选择矩形路径，单击"倒角剖面"修改器 倒角剖面 ，选择"参数"卷展栏中的"经典"选项，单击"拾取剖面"按钮 拾取剖面 ，如图2-99所示。在视图中拾取截面，成型后的效果如图2-100所示。将所有部件都放到对应位置，如图2-101所示。

图2-97

图2-98

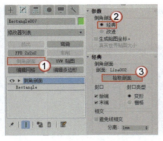

图2-99

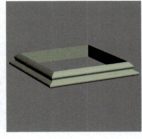

图2-100

图2-101

2.4 复合建模

复合建模与其他的建模技法相比应用并不广泛，但偶尔还是会被用到，所以还是需要掌握。在"创建"面板 + 中单击"几何体"按钮 ● ，在下拉列表框中选择"复合对象"选项，然后单击"对象类型"卷展栏中的对应按钮，即可进行复合建模，如图2-102所示。

图2-102

2.4.1 散布

"散布"按钮 散布 可以理解为高级版的"放置"，它可以让一些物体规则或不规则地散布在某个物体上面。如果说放置是将一个东西放上去，那么散布就是将一堆东西放上去。

创建一个球体和一把茶壶，如图2-103所示。选中茶壶，在"创建"面板 + 中单击"几何体"按钮 ● ，然后单击"散布"按钮 散布 ，如图2-104所示。单击"拾取分布对象"卷展栏中的"拾取分布对象"按钮 拾取分布对象 ，如图2-105所示。拾取球体，效果如图2-106所示。

图2-103

图2-104

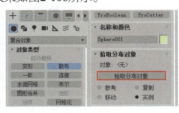

图2-105

图2-106

现在茶壶就散布在球体上面了，进入"修改"面板 ，可以看到"散布"按钮 散布 有很多不同的参数可供设置，如图2-107所示。

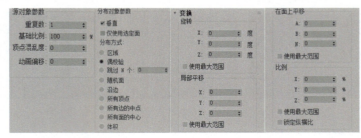

图2-107

将"源对象参数"中的"重复数"设置为10，茶壶就会变成10把；在"分布对象参数"中选择"随机面"单选项，茶壶就会随机分布；设置"变换"中"旋转"的X为90°，茶壶就会沿x轴旋转90°，效果如图2-108所示。通过这些参数可以调整散布物体的细节，类别很多，读者可以自行尝试，这里就不逐个演示了。

图2-108

2.4.2 变形

"变形"按钮 变形 主要用于制作动画中的变形效果，下面通过动画展示一个物体变形的过程——物体A到物体B的变化过程。使用这个按钮有两个前提条件。

第1个：物体A和物体B必须是网格、面片或多边形。

第2个：两个物体的点和面的数目必须相同。

创建一个长方体，设置其"分段"为1，将其转换为可以编辑的多边形，按住Shift键并拖曳，将其复制一个，如图2-109所示。将右边长方体的一个顶点往上拖曳，让其发生变形，效果如图2-110所示。

现在物体A是没有变形的物体，物体B是已经变形的物体，并且它们的点和面的数量相同，满足了使用"变形"按钮 变形 的前提条件。选中物体A，进入"创建"面板 ，单击"几何体"按钮 ，单击"变形"按钮 变形 ，如图2-111所示。

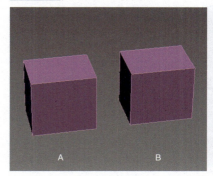

图2-109

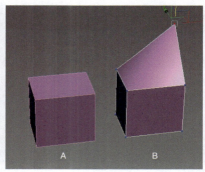

图2-110

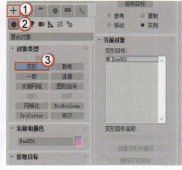

图2-111

将时间轴滑块拖曳到第30帧处，如图2-112所示，单击"拾取目标"按钮 拾取目标 ，设置模式为"实例"，如图2-113所示。将鼠标指针移动到已经变形的物体B上面，鼠标指针会发生变化，如图2-114所示。单击未变形的物体A，效果如图2-115所示。

图2-112

图2-113

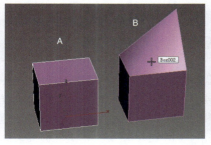

图2-114

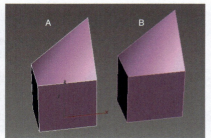

图2-115

至此，物体A就变形成物体B了，单击时间轴上的"播放"按钮▶，如图2-116所示。在播放动画时就可以看到物体A从原来的长方体演变成物体B的过程。另外，读者可以手动调节帧，在1~30帧中的任意帧处都可以看到物体A在每帧的变形。

图2-116

2.4.3 一致

使用"一致"按钮 一致 可以将某个对象的顶点投影到另一个对象的表面，从而创建新的曲面。这个按钮的经典用法就是制作山路，下面就以山路的制作为例介绍该按钮的使用方法。山的形态如图2-117所示，路的形态如图2-118所示。

01 将道路模型放到山的上方，如图2-119所示。想象一下，现在要在山的表面打造一条这样的道路，那模型肯定是需要"粘"在山上的。

  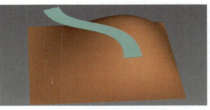

图2-117　　　　　　　　　图2-118　　　　　　　　　图2-119

02 选中道路模型，单击"创建"面板➕中的"一致"按钮 一致 ，如图2-120所示，然后单击"拾取包裹对象"按钮 拾取包裹对象 ，如图2-121所示，拾取山脉模型，效果如图2-122所示。

03 现在的模型根本不是想要的效果，需要调整一些参数。进入"修改"面板，选择"沿顶点法线"单选项，勾选"隐藏包裹对象"复选框，如图2-123所示。最终效果如图2-124所示。

图2-120　　　　图2-121　　　　图2-122　　　　图2-123　　　　图2-124

现在道路就"粘"在山脉上了，山路是个典型的例子，这一功能在其他行业中偶尔也会用到。例如，在某些带弧度的墙体上面添加一些不同的装饰材料就需要用到"一致"按钮 一致 。

2.4.4 连接

"连接"按钮 连接 根据字面意思来理解就是将物体相互衔接在一起。要使用"复合对象"中的"连接"按钮 连接 也有前提条件，即物体之间必须要有"缺口"。例如，一个球体和一个正方体，如图2-125所示，现在它们是连接不了的。将两个物体都转换为可编辑多边形后，分别将它们的某一个面删掉，如图2-126所示，现在它们就可以用"连接"按钮 连接 进行连接了。选中正方体，在"创建"面板➕中单击"几何体"按钮●，单击"连接"按钮 连接 ，如图2-127所示。单击"拾取运算对象"按钮 拾取运算对象 ，如图2-128所示。在视图上拾取球体，效果如图2-129所示。

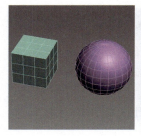
图2-125

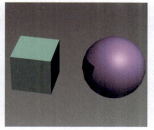
图2-126

图2-127

图2-128

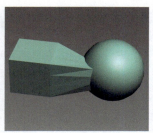
图2-129

此时，两个物体的缺口就连接在一起了。这里还需要用到的参数是"分段"和"张力"，设置"分段"为10，"张力"为1，如图2-130所示，效果如图2-131所示。

"分段"可以改变模型分段数，"张力"可以改变连接模型的张力状态。连接常用于一些动画或游戏的场景中，将一些大区域模型连接起来，如一些科幻的场景，在两个星球之间连接某些轨道，产品设计领域中某些零部件的连接等。

图2-130

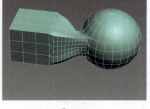
图2-131

2.4.5 图形合并

使用"图形合并"按钮 图形合并 能够将图形与物体合并，常用于在一些曲面上写字或者印上某些图案。如果在平面上印图案或写字是不需要用到"图形合并"按钮 图形合并 的，可以用常规的二维线建模技法。下面就来看看怎么在曲面上写字和印图案。

01 创建一个球体和一个二维线文本，将文本放到球体的前面，如图2-132所示。现在要做的就是将文本"打印"在球体上。球体的分段数必须要多，文本是直接投影到球体表面上的，如果分段数不够的话，模型会出现不圆滑与破面的情况。设置球体的"分段"为100，效果如图2-133所示。

图2-132

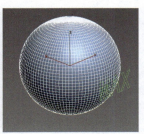
图2-133

02 选中球体，在"创建"面板 中单击"几何体"按钮 ，单击"图形合并"按钮 图形合并 ，如图2-134所示。单击"拾取图形"按钮 拾取图形 ，如图2-135所示，拾取视图中的文本，效果如图2-136所示。

03 此时，文本已经打印到球体上面了，这是默认的状态。如果要在球体上打印图案，那么在"修改"面板 中选择"饼切"单选项，效果如图2-137所示，这时文本会被切去。此时，若勾选"反转"复选框，如图2-138所示，球体会被切去而留下文本。

图2-134

图2-135

图2-136

图2-137

图2-138

2.4.6 布尔和超级布尔

"复合对象"中的布尔运算就是三维对象的布尔运算。在大多数情况下,很多行业都不建议使用该按钮,因为该按钮在计算一些复杂模型的时候很容易导致模型破面;在做一些单帧效果图的时候偶尔会用它来做简单的模型,但如果模型需要运动则很少会用到它。

01 创建一个球体和一个长方体,将它们放置到图2-139所示的位置,让它们相交。接下来进行布尔运算,"布尔"按钮 布尔 有3种运算模式,分别是"并集""交集""差集"。

02 选中长方体,在"创建"面板➕中单击"几何体"按钮●,单击"布尔"按钮 布尔 ,如图2-140所示。单击"添加运算对象"按钮 添加运算对象 ,在视图里拾取球体,单击"并集"按钮● 并集 (默认选项为"并集"),如图2-141所示,效果如图2-142所示,并集的效果相当于将两个物体相加。

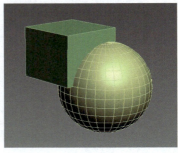   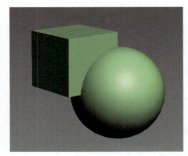

图2-139　　　　　　　　图2-140　　　　　　　　图2-141　　　　　　　　图2-142

03 单击"运算对象参数"卷展栏中的"交集"按钮 ● 交集 ,如图2-143所示,效果如图2-144所示。交集相当于取两个物体相交的地方产生新的物体。

04 单击"运算对象参数"卷展栏中的"差集"按钮 ● 差集 ,如图2-145所示,效果如图2-146所示。差集相当于用先选的物体减去与后选物体相交的部分,从而产生新的物体。

 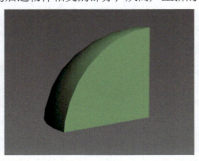  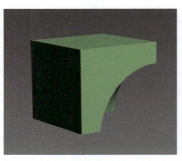

图2-143　　　　　　　　图2-144　　　　　　　　图2-145　　　　　　　　图2-146

✏ **提示** --

"运算对象参数"卷展栏中的"合并""附加""插入"按钮这里不会用到,这些功能会在多边形建模中详细介绍。

超级布尔和布尔的运算结果是一样的,用法也是一样的,这里就不做重复讲解了。在"创建"面板➕中单击"几何体"按钮●,单击ProBoolean(超级布尔)按钮 ProBoolean ,如图2-147所示。两者的不同之处在于超级布尔的计算方法更好,其线的分布更简洁、合理,在某种程度上可以避免模型在进行运算的时候因运算错误而产生破面,但对于太复杂的模型,使用超级布尔还是会出现运算错误,导致模型坏掉。

图2-147

2.4.7 地形

"复合对象"中的"地形"按钮 地形 也用得很少，因为现在地形基本都用插件或者在别的软件中做，"复合对象"中的"地形"按钮 地形 局限性很大，只能做简单的一些地形模型。

在顶视图中画出要成型的地形线，顶视图如图2-148所示，透视视图如图2-149所示。现在地形的外轮廓和等高线都有了，在"创建"面板 中单击"几何体"按钮 ，然后单击"地形"按钮 地形 ，如图2-150所示，效果如图2-151所示。

   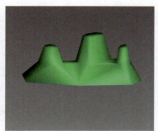

图2-148　　　　　　　　图2-149　　　　　　　　图2-150　　　　　　　　图2-151

📝 提示 --->

现在山脉地形的雏形就出来了，它是按照地形的轮廓和等高线产生的实体。该按钮目前也仅能达到这个效果，如果在画地形轮廓时多画一些顶点，那么最终出来的效果会精细一些。不建议读者在做地形结构的时候使用"复合对象"中的"地形"按钮 地形 ，但读者应该了解其作用。

2.4.8 放样

"放样"按钮 放样 的原理就是让图形跟着路径"走"成实体，它与二维线的"倒角剖面"修改器 倒角剖面 有点相似。做一些简单、规则的线条状模型的时候会用"倒角剖面"修改器 倒角剖面 ，但做带变形效果的线条状模型时就需要用到"放样"按钮 放样 了。

01 绘制一条曲线作为路径，另外绘制3个图形，分别为圆形、三角形和正方形，如图2-152所示。选中路径，在"创建"面板 中单击"几何体"按钮 ，单击"放样"按钮 放样 ，如图2-153所示，然后单击"创建方法"卷展栏中的"获取图形"按钮 获取图形 ，如图2-154所示，在视图中拾取圆形，效果如图2-155所示。

   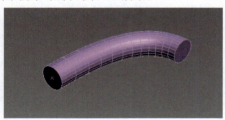

图2-152　　　　　　　　图2-153　　　　　　　图2-154　　　　　　　　图2-155

02 进入"修改"面板 ，设置"路径"为50.0，单击"获取图形"按钮 获取图形 ，在视图中拾取三角形，如图2-156所示，效果如图2-157所示。这里的意思就是在路径的50%处，让截面变成三角形，从路径开始的圆形到路径的50%就是圆形到三角形的变化过程。

 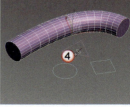 

图2-156　　　　　　　　　　　图2-157

03 进入"修改"面板 ，设置"路径"为100.0，拾取正方形，如图2-158所示，效果如图2-159所示。现在从路径开始到路径的50%处，截面从圆形变成三角形，然后从路径的50%处到路径的100%处，截面从三角形变成正方形。这就是"放样"按钮 放样 的基本用法，读者可以随意地加入不同的图形来进行练习。

04 掌握其基本用法后，下面看看它的变形用法。为了简单直观，这里就用一个图形的截面来讲解，如图2-160所示。进入"修改"面板 ，展开"变形"卷展栏，如图2-161所示。

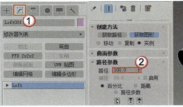
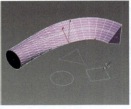

图2-158　　　　　　　　　　　图2-159

05 单击"缩放"按钮 缩放 ，这时候会出现"缩放变形"窗口，如图2-162所示。同理，单击"变形"卷展栏中的其他按钮都会出现相应的窗口。

06 现在可以看到，在100的位置有一条红线，红线左右两端各有一个顶点，左边的点是路径的开始端，右边的是路径的末端，100的意思是缩放比例为100%，也就是说现在从

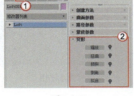

图2-160　　　　　　　　　　　图2-161

开始端到末端都是100%的比例，并没有任何的缩放。现在将左边的点往上移动到200的位置，如图2-163所示，即将模型的开始端放大到200%，效果如图2-164所示。现在可以看到模型的开始端变大了一倍，然后慢慢地变回圆形。

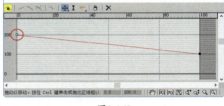
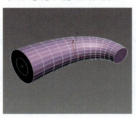

图2-162　　　　　　　　　　　图2-163　　　　　　　　　　　图2-164

07 在红线上也可以自由地加点、删点和修改点，以实现细节的控制。单击"插入角点"按钮 ，在红线上单击添加一个角点，如图2-165所示。单击"移动控制点"按钮 ，将新添加的点往上移动，如图2-166所示，一直移动到新加的点超过了200%后停止，效果如图2-167所示。

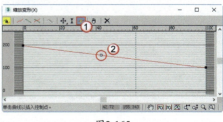

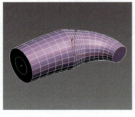

图2-165　　　　　　　　　　　图2-166　　　　　　　　　　　图2-167

08 可以观察到改动的红线跟模型的外围轮廓是一样的，因为新加的点是角点，所以模型的边缘也是尖的。可以将新加的点变成圆滑的，在新加的点上单击鼠标右键，转换其类型为"Bezier-平滑"，如图2-168所示，效果如图2-169所示。

📝 提示 ------------------------------- ⟩

在这个窗口中可以随意地画出想要的形状，从而让模型发生变形。

图2-168　　　　　　　　　　　图2-169

1.扭曲

为了方便演示"扭曲"按钮 扭曲 的用法，下面以一个截面方正的模型为例，如图2-170所示。在"变形"卷展栏中单击"扭曲"按钮 扭曲 ，弹出"扭曲变形"窗口，如图2-171所示。此时也有一条红线，且其左右两个顶点在0处，意思是没有扭曲。

剩下的基本操作跟缩放操作是一样的，将左边的顶点移动到100的地方，如图2-172所示，效果如图2-173所示，表示模型在起点处扭曲了100%，从而带动模型变化。另外，加点、删点和修改点的操作与缩放变形中的是一样的，读者可以自行尝试。

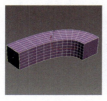  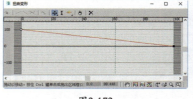 

图2-170　　　　　　　　　　　图2-171　　　　　　　　　　　图2-172　　　　　　　　图2-173

2.倾斜

换一个角度看模型，如将截面放得比较正来看，如图2-174所示，跟前面的操作一样，在"变形"卷展栏中单击"倾斜"按钮 倾斜 ，在弹出的"倾斜变形"窗口中，将左边的顶点上移一些，到50左右，如图2-175所示，效果如图2-176所示，这就是倾斜50%的效果。

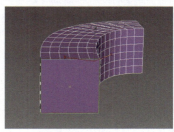 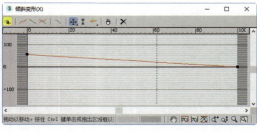 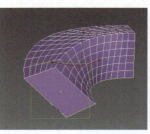

图2-174　　　　　　　　　　　　图2-175　　　　　　　　　　　图2-176

3.倒角

"倒角"按钮 倒角 与"缩放"按钮 缩放 的最终效果有点像，"缩放"按钮 缩放 是百分比值变小，模型往里缩小；"倒角"按钮 倒角 的效果是相反的，百分比值变大，模型变大。在"变形"卷展栏中单击"倒角"按钮 倒角 ，在弹出的"倒角变形"窗口中将左边的顶点往下移动一点，大概到-100，如图2-177所示，效果如图2-178所示。

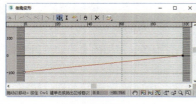 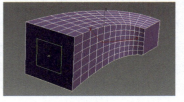

图2-177　　　　　　　　　　　图2-178

4.拟合

"拟合"按钮 拟合 跟前面的按钮有点不同，前面都是通过调整红线完成的，需要在红线上进行加点、删点和修改点的操作。"拟合"按钮 拟合 则需要预先画出一个二维线对象，然后将其拟合进去。

01 在"变形"卷展栏中单击"拟合"按钮 拟合 ，弹出"拟合变形"窗口，如图2-179所示，"拟合变形"窗口中没有初始的红线，用户需在视图中画一个图形，然后直接地将该图形拟合在变形器中。在视图中画一个圆形，单击"拟合变形"窗口中的"获取图形"按钮 ，如图2-180所示，拾取视图中的圆形，如图2-181所示。

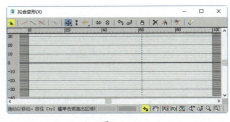

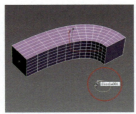

图2-179 图2-180 图2-181

02 此时，"拟合变形"窗口中会出现一个圆形，它就是拾取的图形，如图2-182所示。前面的都是用直线控制，而拟合用现有的图形控制，模型效果如图2-183所示。

03 "拟合变形"窗口中圆形的左右顶点对应的就是模型的起始点和终点，这与前面的红线是一样的。观察模型，模型的侧面与这个圆形进行了拟合计算。有人可能会问，为什么现在模型看上去不像圆形呢？因为这是拟合的而不是百分百复制的。将"拟合变形"窗口中的圆形下面的点做一下调整，将它变成角点，再往下移动一些，如图2-184所示，效果如图2-185所示。很明显，模型的中下部跟随拟合图形的变形而发生了改变。

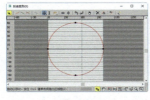

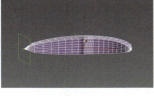

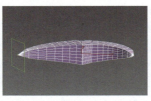

图2-182 图2-183 图2-184 图2-185

2.4.9 专业切割

ProCutter（专业切割）按钮 `ProCutter` 主要用于切割模型。

01 在透视视图中创建一个长方体作为一把刀，创建一个球体作为一块原料，调整它们的位置，如图2-186所示。

02 想象一下，长方体一刀切过去，球体会变成什么样子？选中长方体，单击"创建"面板 ➕ 中的"几何体"按钮 ●，单击ProCutter按钮 `ProCutter`，如图2-187所示，单击"切割器拾取参数"卷展栏中的"拾取原料对象"按钮 `拾取原料对象`，如图2-188所示。在视图中拾取球体，效果如图2-189所示。

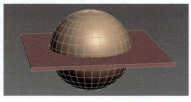

图2-186 图2-187 图2-188 图2-189

03 进入"修改"面板 ，ProCutter按钮 `ProCutter` 的参数也有很多，常用的是"切割器参数"卷展栏中的"剪切选项"选项组。图2-189所示为默认的勾选"被切割对象在切割器对象之外"复选框的效果；当只勾选"被切割对象在切割器对象之内"复选框时，如图2-190所示，效果如图2-191所示；当只勾选"切割器对象在被切割对象之外"复选框时，如图2-192所示，效果如图2-193所示。

图2-190 图2-191 图2-192 图2-193

2.4.10 复合建模在主流行业中的应用

复合建模在主流行业中不算常用的建模技法，属于偶尔会应用的技法。因为复合建模中的技巧其实基本都可以被别的技法取代，而且使用各种插件可以更加快速地做出复合对象。但是它作为一种建模技法，还是需要读者熟练掌握。

室内设计：几乎用不上复合建模。

建筑设计：一些异形建筑有时候会用到"连接"按钮 连接 ，如建筑与建筑间的某些连接造型，其他按钮用得非常少。

产品设计：有时会用到"放样"按钮 放样 ，如制作零件、瓶子等。

游戏行业：几乎用不上复合建模。

动画：一些简单的片子偶尔会用到"变形"按钮 变形 ，其他时候很少用到。

案例实训： 通过复合建模制作可乐瓶

场景文件	无
实例文件	实例文件 > CH02 > 案例实训：通过复合建模制作可乐瓶
教学视频	案例实训：通过复合建模制作可乐瓶.mp4
学习目标	掌握复合建模的思路和技法

复合建模中的按钮其实很难单独应用，许多时候，它们只在工作中制作某一个小东西时才会被用到。而能作为单独建模技法的只有"放样"按钮 放样 ，所以本实训就通过"放样"按钮 放样 来训练读者复合建模的能力，案例效果如图2-194所示。

01 观察瓶子的横截面，既然要用到"放样"按钮 放样 ，那么必须画出整个瓶子每一个阶段的横截面图形，然后进行放样操作。在顶视图中画两个圆形，一个半径为25mm，作为瓶子底部的横截面；另一个半径为20mm，作为瓶子顶部的横截面。在前视图中画一条长200mm的直线，作为放样的路径。为了方便观察，将20mm的圆形对齐到直线的顶端，25mm的圆对齐到直线的底部，如图2-195所示。

图2-194

图2-195

02 将瓶身所有的横截面画出来。这一步是最难的，也最考验操作者对模型的理解，可以先观察瓶子的边缘，再根据边缘的形态确定横截面。这里横截面只有两种，一种是圆形，另一种是瓶子中间部分的星形。从底部开始按顺序往上画。

1号横截面，半径为25mm的圆形，在直线最底部。

2号横截面，半径为30mm的圆形，距离底部5mm。

3号横截面，半径为30mm的圆形，距离底部30mm。

4号横截面，半径为23mm的圆形，距离底部34mm。

5号横截面，星形，尺寸如图2-196所示，距离底部90mm。

6号横截面，星形，尺寸跟5号横截面一样，距离底部138mm。

7号横截面，半径为15mm的圆形，距离底部173mm。

8号横截面，半径为20mm的圆形，距离底部175mm。

9号横截面，半径为20mm的圆形，距离底部177mm。

10号横截面，半径为15mm的圆形，距离底部179mm。

11号横截面，半径为20mm的圆形，距离底部180mm。

12号横截面，半径为20mm的圆形，距离底部200mm，也就是顶部的圆形。

所有的横截面效果如图2-197和图2-198所示。

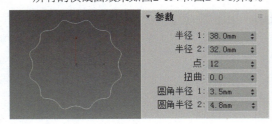
图2-196

图2-197

图2-198

03 选中直线，在"创建"面板 + 中单击"几何体"按钮 ●，在下拉列表框中选择"复合对象"选项，单击"放样"按钮 ◼ 放样 ，然后单击"获取图形"按钮 ◼ 获取图形 ，拾取视图中底部的图形，如图2-199所示。

04 在"修改"面板 ◪ 中选择"路径参数"卷展栏中的"距离"单选项，如图2-200所示。这样就可以按照距离来选择路径了，以对应前面为何要按距离绘制每个图形。设置"路径"为5.0mm，单击"创建方法"卷展栏中的"获取图形"按钮 ◼ 获取图形 ，拾取视图中的2号横截面，如图2-201所示。

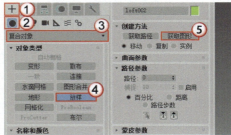

图2-199

图2-200   图2-201

05 重复步骤04，对应地设置"路径"参数，拾取对应的横截面，全部都拾取完后的效果如图2-202所示。

06 此时的瓶身效果并不是很理想。在前视图中进入"修改"面板 ◪，单击"图形"按钮 ◪，选中图2-203所示的图形，将其往上移动到距离底部50mm左右处，效果如图2-204所示。开始时图形画不准也没关系，在"修改"面板 ◪ 的子层级中可以对这些图形进行移动、缩放等修改操作。将5号和6号横截面也修改一下，让它们靠近点，让瓶身圆滑一些，如图2-205所示。

图2-202

图2-203

图2-204

图2-205

07 单击"修改"面板 ◪ 的"变形"卷展栏中的"扭曲"按钮 扭曲 ，如图2-206所示，弹出"扭曲变形"窗口，如图2-207所示。

08 将右边的顶点移动到100处，如图2-208所示，让其扭曲一圈，扭曲后的模型效果如图2-209所示。

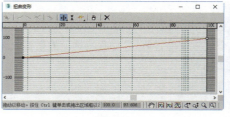

图2-206　　　　　　　　图2-207　　　　　　　　　　　　　图2-208　　　　　　图2-209

2.5　Surface（曲面）建模

Surface建模是一种非常经典的建模技法，同时也是对三维空间能力要求相当高的一种技法，下面详细介绍。

2.5.1　Surface建模原理

Surface建模的原理是：先用二维线画出目标模型的三维轮廓，然后通过Surface操作将其处理成实体。另外，通常还需要为实体添加一个"网格平滑"修改器才能得到最后的效果，这跟多边形建模的做法一样。

2.5.2　Surface修改器

Surface修改器的用法其实非常简单。画好二维线之后，在"修改器列表"下拉列表框中选择"曲面"修改器，为其添加一个Surface（曲面）修改器即可。Surface修改器面板如图2-210所示，其中常用的是"阈值"和"面片拓扑"选项。Surface建模的重点在于如何画好二维线，也就是如何将目标模型的三维轮廓用二维线描绘出来。

图2-211所示为一个已经画好的苹果二维线，二维线上所有的点必须都连起来，不能出现单独的点。选中这个二维线，进入"修改"面板 ，在"修改器列表"下拉列表框中选择"曲面"修改器，如图2-212所示，初始效果如图2-213所示。

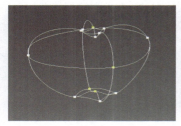

图2-210　　　　　　　　图2-211　　　　　　　　图2-212　　　　　　　　图2-213

勾选"翻转法线"复选框，如图2-214所示。现在这个苹果并不圆，因为其二维线比较简单，且线条比较少。各行业对模型都会有自己的布线要求，有时候需要让线多一些，以让模型足够细腻；有时候需要在控制面数的情况下让模型足够平滑；有时候需要让面数很少，以节省资源。这里保持"阈值"为默认的1.0mm，"步数"为10，效果如图2-215所示。

图2-214　　　　　　　　　图2-215

可以看出，"步数"值越大，模型就越平滑，但缺点也是显然而见的，苹果的上端因为拓扑多了而显得生硬。Surface建模一般都会用到"网格平滑"修改器。选择"步数"为1的苹果，在"修改"面板■的修改器列表中选择"网格平滑"修改器，如图2-216所示，设置"迭代次数"为3，如图2-217所示。设置完成后的效果如图2-218所示，这个效果就非常好了。如果将曲面的拓扑"步数"改为10，再设置"网格平滑"修改器的"迭代次数"为3，效果如图2-219所示。因为拓扑"步数"参数设置得太大而产生的褶皱可能会影响后续操作，所以一般在用Surface建模的时候拓扑"步数"不会设置得太大，很多时候设置为默认值1即可，配合"网格平滑"修改器就能达到想要的效果。

   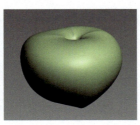

图2-216　　　　　　　图2-217　　　　　　　图2-218　　　　　　　图2-219

📝 提示 --

Surface建模本身很简单，难点在于画出初始的二维线，下面的案例实训将讲解Surface建模的完整过程。

2.5.3　Surface建模在主流行业中的应用

Surface建模作为一种经典的建模技法，其优点是容易修改。如果添加"网格平滑"修改器后对模型不满意，可以随时对二维线进行修改，所以它对于要经常改动模型的建模人员来说是一个很不错的建模技法。其缺点是要求建模人员具有较强的三维建模能力，因为需要将二维线画出三维状态。一旦攻破这个难点，那么这种建模技法也会是工作中非常好的一种选择。在主流行业中，现在使用Surface建模的人也不少，但最常用的仍是多边形建模。

室内设计：基本不用。

建筑设计：一些异形的建筑建模会用到，如一些地标建筑，但普通的楼房建模不会用到。

产品设计：常用于一些简单的建模，如一些简单的玩偶、小动物造型的配件或产品，复杂的模型还是需要用多边形建模。

影视动画：跟产品设计一样，会用在一些简单模型的制作上。对模型精度要求不高的时候，Surface建模的确很方便；但对模型精度要求高的话，就不适合用Surface建模了。

下面用前面的苹果作为案例实训的基础模型，用Surface建模制作一个平滑的模型，如图2-220所示。

案例实训：使用Surface建模制作苹果

场景文件	无
实例文件	实例文件＞CH02＞案例实训：使用Surface建模制作苹果
教学视频	案例实训：使用Surface建模制作苹果.mp4
学习目标	掌握Surface建模的思路和技法

01 在前视图中画出苹果的二维线轮廓，如图2-221所示。这一步要注意的是点的分布，用适量的点画出二维线即可，不要加太多的点。

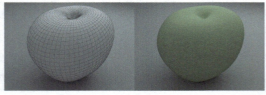 

图2-220　　　　　　　　　　　　　　　图2-221

02 按A键激活角度捕捉功能，选择二维线，按住Shift键将其旋转90°，得到一个新的二维线，如图2-222所示，这样正面和侧面的轮廓就都有了。单击"几何体"卷展栏中的"附加"按钮 [附加]，将复制出来的二维线附加起来，让它们成为同一条样条线，效果如图2-223所示。

03 将顶部和底部的顶点拼接来。放大视图可以看到顶部的点，如图2-224所示。这些轮廓线的相交处的点必须是拼在一起的，只需要位置拼在一起就可以，不需要焊接，读者可以按S键激活3D捕捉功能，将点拼在一起，对底部也进行相同的处理，如图2-225所示。

图2-222 　　　　　　　　图2-223 　　　　　　　　图2-224 　　　　　　　　图2-225

04 调整轮廓造型和连接点。苹果是不规则的，但两个轮廓是一样的，不修改一下的话做出来的造型就比较呆板。读者可以微调轮廓，目的是让苹果的轮廓更加生动。调整完之后单击"修改"面板 中的"创建线"按钮 [创建线]，如图2-226所示。按S键激活3D捕捉功能，在顶部的4个点处画线，让它们连起来，如图2-227所示。

05 同理，将苹果中部的4个点和底部的4个点分别连起来，如图2-228所示。连好之后，将这些线调整成弧线。选中其中一个点并单击鼠标右键，将它转换成"Bezier角点"，然后调整苹果的轮廓，使其更加真实。透视视图效果如图2-229所示，顶视图、前视图和左视图中的效果分别如图2-230~图2-232所示。

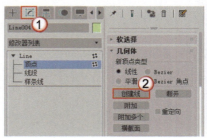  

图2-226 　　　　　　　　　　图2-227 　　　　　　　　　　图2-228

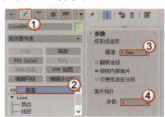  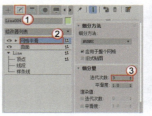 

图2-229 　　　　　　　图2-230 　　　　　　　图2-231 　　　　　　　图2-232

06 在"修改"面板 中为二维线加载"曲面"修改器，设置"阈值"为1.0mm，"步数"为1，如图2-233所示，效果如图2-234所示。

07 在"修改"面板 中为二维线加载"网格平滑"修改器，设置"迭代次数"为3，如图2-235所示，最终效果如图2-236所示。

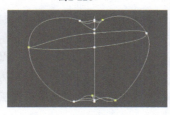

图2-233 　　　　　　　图2-234 　　　　　　　图2-235 　　　　　　　图2-236

2.6 面片建模

不少人会将面片建模和Surface（曲面）建模搞混，以为面片建模就是曲面建模，其实两者是不同的，曲面建模就是Surface建模，面片建模指的是编辑面片。编辑面片也是个比较有局限性的技法，所以不算常用的建模技法。

2.6.1 面片建模原理

面片建模就是先通过创建面片做出与目标模型相似的模型，然后通过调整面片的控制柄直接得出最终的模型。它并不需要通过加载"网格平滑"修改器来得到实体模型，而是通过自身特有的控制柄直接创建模型。相对于Surface建模和后面会讲的多边形建模来说，它可以算是"直接得到"模式，而Surface建模和多边形建模都是先将简单的雏形做出来，然后加载"网格平滑"修改器得到实体的"间接得到"模式。

2.6.2 "顶点"层级

面片建模的每个层级中用到的工具其实并不多，该建模技法的难点在于调点和调控制柄，如何调出想要的造型是关键。下面将讲解每一个层级要用到的工具。

01 创建一个平面，如图2-237所示，单击鼠标右键，在弹出的四元菜单中执行"转换为 > 转换为可编辑面片"命令，如图2-238所示。进入"修改"面板，可以看到普通的平面已经变成可编辑面片了，单击"可编辑面片"左侧的小三角形按钮，打开子层级目录，如图2-239所示。

02 按1键进入"顶点"层级，选中任意顶点后会看到这些顶点上有一些控制柄，就像二维线的Bezier控制柄。细心观察，还可以看到如果顶点上有两条边，就有两个控制柄；顶点上有3条边，就有3个控制柄；顶点上有4条边，就有4个控制柄，如图2-240所示。

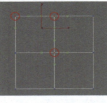

图2-237　　　　　　图2-238　　　　　　图2-239　　　　　　图2-240

03 二维线中的Bezier控制柄可以控制弧度，可编辑面片的控制柄与之类似。可以将可编辑面片的控制柄理解成三维版的Bezier控制柄，它能让面片直接产生弧度。选中上面的边中间的点，将其往上移动一些，效果如图2-241所示。用户可以单独调整每个控制柄，方法在后面的"控制柄"层级中会详细介绍。

04 目前是平面的效果，透视视图效果如图2-242所示。选中中间的点，将其往上移动一些，随着顶点的移动，模型呈现为山峰造型，如图2-243所示。可以说，可编辑面片所有的点都能使其所在的模型产生弧度。选中山峰上的点，将它放大，效果如图2-244所示。

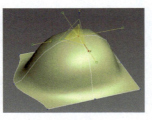

图2-241　　　　　　图2-242　　　　　　图2-243　　　　　　图2-244

📝 提示 ....

由上可知，通过对可编辑面片的顶点进行基本操作（移动、旋转和缩放），可让模型产生弧度，从而做出想要的造型。它的顶点类型是固定的，并不像二维线建模那样可以将顶点转换成别的类型。这里面片的顶点就只有一个类型，读者掌握其基础操作方法即可。

05 现在模型看上去并不是很平滑，在"修改"面板 中找到"曲面"选项组，设置"视图步数"为36，如图 2-245所示，效果如图2-246所示，现在在模型变得非常平滑了。"视图步数"越大，模型越平滑，这跟二维线建模 中的"步数"是一样的，"渲染步数"控制渲染时的平滑度。

"顶点"层级中除了基础操作，比较常用的还有"隐藏""全部取消隐藏""断开""焊接"按钮，下面分别介绍。

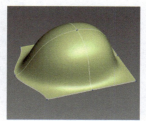

图2-245　　　　　　　　　　　　　　　　　图2-246

1. "隐藏"和"全部取消隐藏"

选中模型的一个顶点，如图2-247所示，在"修改"面板 中单击"几何体"卷展栏中的"隐藏"按钮 隐藏 ，如图2-248所示。该顶点关联的部分会被隐藏，如图2-249所示。这个按钮通常在调整一些点数很多且比较复杂的模型时会用到，以便观察局部并修改模型。调整好后单击"全部取消隐藏"按钮 全部取消隐藏 就可以将模型复原。

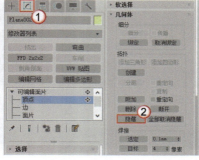

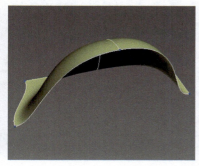

图2-247　　　　　　　　　　　图2-248　　　　　　　　　　　图2-249

2. "断开"和"焊接"

同样，选中图2-247所示的顶点，单击"修改"面板 "几何体"卷展栏中的"断开"按钮 断开 ，如图 2-250所示。该顶点就断开了，现在有两个顶点了，只是它们重叠在一起，移动其中一个顶点即可看到这两个顶点，如图2-251所示。

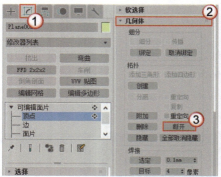

图2-250　　　　　　　　　　　　　　　　　图2-251

"焊接"选项组中有"选定"按钮 选定 和"目标"按钮 目标 ，如图2-252所示。"选定"按钮 选定 的作用是先选定要焊接的顶点，然后在右侧输入数值，让该数值范围内的顶点都焊接起来。选中图2-253所示的顶点，在"选定"按钮 选定 右侧输入数值，这个数值一定要大于两个顶点的距离，这里直接输入100.0mm，单击"选定"按钮 选定 ，如图2-254所示，顶点就被焊接起来了，如图2-255所示。

图2-252　　　　　　　　图2-253　　　　　　　　图2-254　　　　　　　　图2-255

"目标"按钮 目标 的作用是将对象从某一个顶点直接焊接到另一个顶点。单击"目标"按钮 目标 ，如图2-256所示，将鼠标指针移动到一个顶点上，鼠标指针会发生变化，如图2-257所示。按住鼠标左键并往另一个顶点拖曳，如图2-258所示，这样左边的顶点就直接"跑"到右边的顶点位置并焊接起来了。

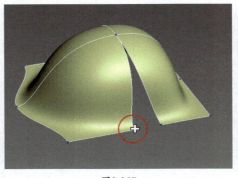

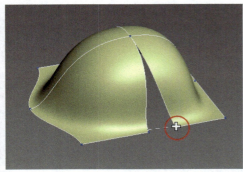

图2-256　　　　　　　　　　　图2-257　　　　　　　　　　　图2-258

2.6.3 "边"层级

"边"层级跟"顶点"层级的核心控制方法一样，基础的操作（移动、旋转和缩放）尤为重要，其"修改"面板 中的按钮用得也不多。下面讲解常用的功能。

1.细分

下面用一个简单的面片来演示该按钮的用法。进入"边"层级，选中图2-259所示的边，在"修改"面板 的"几何体"卷展栏中单击"细分"按钮 细分 ，如图2-260所示，效果如图2-261所示。

边的细分就是利用一条线将选中的边切分成两段。选中图2-262所示的边，再次单击"细分"按钮 细分 ，效果如图2-263所示。

图2-259

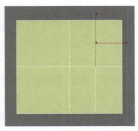

图2-260　　　　　　　图2-261　　　　　　　图2-262　　　　　　　图2-263

可以看出，选中边并单击"细分"按钮 细分 ，新连出来的线不会超过其原本边的相应区域。勾选"细分"按钮 细分 右边的"传播"复选框可以让线传播到相邻的区域。选中图2-264所示的边，勾选"细分"按钮 细分 右边的"传播"复选框，如图2-265所示，单击"细分"按钮 细分 ，效果如图2-266所示。

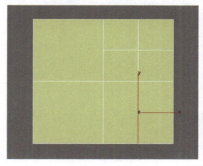
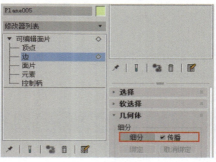
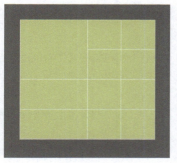

图2-264　　　　　　　　　　　　　　图2-265　　　　　　　　　　　　　　图2-266

2.拓扑

选中一条边，如图2-267所示，在"修改"面板 的"几何体"卷展栏中找到"拓扑"选项组，如图2-268所示。单击"添加三角形"按钮 添加三角形 ，效果如图2-269所示，单击"添加四边形"按钮 添加四边形 ，效果如图2-270所示。

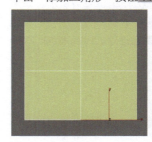

图2-267　　　　　　　图2-268　　　　　　　图2-269　　　　　　　图2-270

> **提示** ··
>
> "拓扑"的原理就是在选中的边上"长"出新的面，可以是三角形或四边形，具体看实际需求。通常需要添加三角形的时候才会用"拓扑"命令，如果要添加四边形，可以选中边，按住Shift键并拖曳，这个方法更方便。

3.隐藏

该按钮的用法与"顶点"层级的"隐藏"按钮 隐藏 一样，这里不再进行重复介绍。

4.焊接

该选项组中工具的用法与"顶点"层级的"焊接"一样，这里不再进行重复介绍。

5.挤出

在"修改"面板 的"几何体"卷展栏中找到"挤出和倒角"选项组，如图2-271所示。选中一条边，如图2-272所示，设置"挤出"为50，单击"挤出"按钮 挤出 ，如图2-273所示，效果如图2-274所示。

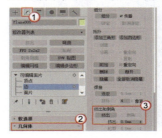
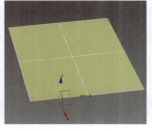

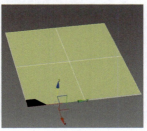

图2-271　　　　　　　图2-272　　　　　　　图2-273　　　　　　　图2-274

这里的挤出效果并不是我们想要的挤出效果，仅出现了一个黑影。其实，这条边已经挤出了，只是没有像之前那样直接地挤出厚度。由此可知，这里的"挤出"按钮 挤出 并不好用。在图2-274的基础上，将挤出的边往上移动一些，效果如图2-275所示。

📋 提示 ──⟩

这个效果是不是跟"拓扑"选项组中的"添加四边形"按钮的效果一样？是不是跟按住Shift键拖曳后的效果一样？读者可以根据自己的需求选择方法。

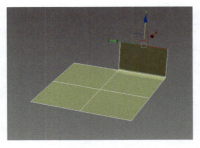

图2-275

2.6.4 "面片"层级

"面片"层级指的就是面，在其"修改"面板🔲中会用到"细分""拓扑""挤出和倒角"选项组，其实它与"边"和"顶点"层级是差不多的。

1.细分

"面片"层级的"细分"与"边"层级的"细分"在原理上是一样的，只不过现在以面作为单位。选中图2-276所示的面，在"修改"面板🔲中找到"细分"选项组，单击"细分"按钮之后的效果如图2-277所示。如果勾选了"传播"复选框，效果如图2-278所示，新产生的线会往相应的其他区域延伸过去。

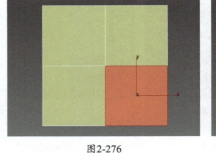

图2-276

图2-277

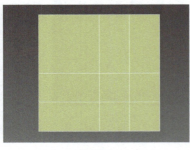

图2-278

2.拓扑

"边"层级的"拓扑"是在选定的边上"长"出三角形或四边形，那么"面片"层级的"拓扑"怎样"长"出新的面呢？在"修改"面板🔲中找到"拓扑"选项组，如图2-279所示。这里的"附加"和"分离"按钮的作用与二维线的"附加"和"分离"按钮是一样的；"隐藏"和"全部取消隐藏"按钮的作用跟前面的"边"和"顶点"层级中的也是一样的，用于处理面数比较多的复杂模型。

"面片"层级的"拓扑"选项组中常用的是"创建"按钮 创建 。单击"创建"按钮 创建 后，鼠标指针会发生变化，如图2-280所示，这时单击即可加点，直接画出想要添加的面，要注意点的添加顺序。按照顺序添加4个点，如图2-281所示，效果如图2-282所示。

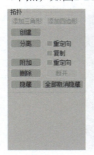

图2-279

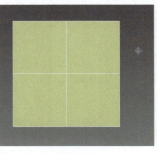

图2-280

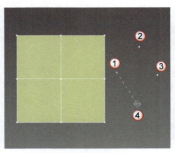

图2-281

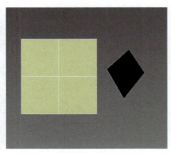

图2-282

添加的面是黑色的，因为其法线方向反了。在"修改"面板 中展开"曲面属性"卷展栏，单击"翻转"按钮 翻转 ，如图2-283所示。

如果改变一下加点的顺序，如图2-284所示，效果如图2-285所示。因此，加点的顺序会影响最终的效果。

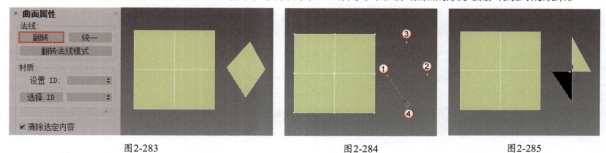

图2-283　　　　　　　　　图2-284　　　　　　　　　图2-285

3.挤出和倒角

选中一个面，如图2-286所示，在"修改"面板 中找到"挤出和倒角"选项组，设置"挤出"为20，如图2-287所示，按Enter键，效果如图2-288所示。

"挤出"下面的"轮廓"选项是做倒角用的，其实倒角就相当于在挤出的基础上添加一个"轮廓"。在图2-288的基础上设置"轮廓"为–10，如图2-289所示，按Enter键，效果如图2-290所示。

图2-286　　　图2-287　　　　图2-288　　　　图2-289　　　　图2-290

要注意的是，无论是"挤出"还是设置倒角的"轮廓"，都可以输入正数和负数，两者只是方向不同而已。如果不输入参数值的话，也可以单击"挤出"按钮 挤出 或"倒角"按钮 倒角 ，然后在视图中用鼠标指针直接推拉成型。

2.6.5 "元素"层级

"元素"层级是指整个元素，如图2-291所示。按4键进入"元素"层级，选中当前物体，整个物体都会变为红色，这就是一个元素。如果重新画一个平面在物体旁边，然后利用附加功能将新创建的平面与其附加在一起，让它们成为一个可编辑面片，就可以得到两个元素，如图2-292所示。

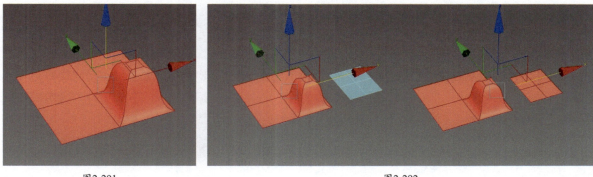

图2-291　　　　　　　　　　　　　　图2-292

📝 提示 --- >

"元素"层级常用的工具与"面片"层级大致相同，读者自行尝试即可，此处不再介绍。

2.6.6 "控制柄"层级

"控制柄"层级是面片建模的核心层级，因为有了"控制柄"层级，所以面片建模才显得特别。在介绍"顶点"层级的时候也出现过控制柄，只不过在"顶点"层级中只有选中顶点才会显示相应的控制柄，而在"控制柄"层级，模型所有的控制柄都会显示出来。按5键进入"控制柄"层级，如图2-293所示。

对于本层级，可以说在"修改"面板 中没有需要用到的命令，其核心就是通过移动、旋转、缩放等操作调整控制柄。下面演示一下，读者要记住这些控制柄是Bezier角点，可用于随心所欲地调整弧度。选中图2-294所示的控制柄，然后沿y轴移动，效果如图2-295所示，沿z轴移动，效果如图2-296所示。

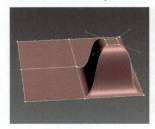
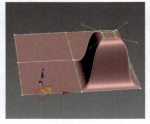
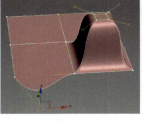
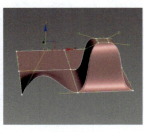

| 图2-293 | 图2-294 | 图2-295 | 图2-296 |

📋 提示

"控制柄"层级中顶点的调整方法跟二维线的Bezier角点的调整方法是一样的，调整控制柄没有什么特别的技巧，关键就是多练。

2.6.7 面片建模在主流行业中的应用

面片建模并不是主流建模技法，其优点是可以自由地在模型上调整出弧度，缺点是对创建复杂模型不友好。对于一些简单的曲面物体，可以用面片建模，先将其直接画出来，再利用控制柄直接制作出想要的模型。但遇到复杂的模型时，如果通过直接调整控制柄来建模，工作量会非常大，而且面片建模中的工具也不能满足建模需求，且不好修改。

室内设计/建筑设计：几乎不怎么用。

产品设计：可以制作一些相对简单的模型，如一些简单的玩具模型、曲面零件等。

游戏行业/影视动画：应用非常少，在一些简单的曲面模型中可能会用到。

面片建模的应用其实跟行业没有太大关系，主要是其计算方法导致它多用于制作一些简单的曲面模型。

案例实训：使用面片建模制作荷叶

场景文件	无
实例文件	实例文件 > CH02 > 案例实训：使用面片建模制作荷叶
教学视频	案例实训：使用面片建模制作荷叶.mp4
学习目标	掌握面片建模的思路和技法

面片建模的重点是控制控制柄的调整方法，利用曲面优势直接调整出形状。荷叶造型的效果如图2-297所示。

01 进入顶视图，创建一个平面，如图2-298所示，单击鼠标右键，在弹出的四元菜单中执行"转换为 > 转换为可编辑面片"命令。

| 图2-297 | 图2-298 |

02 按1键进入"顶点"层级，将平面最外围的顶点调整到接近荷叶的轮廓效果，如图2-299所示，读者可以自由发挥，不用过于规则。

03 调整中间的点，将中间区域也调整得圆一些，但不要过于规则，如图2-300所示。

04 选中最中间的顶点并将其沿着z轴向下移动一点，制作出中间凹进去的效果，如图2-301所示。选中最外围的所有顶点，将它们沿z轴往下移动一点，制作出向外翻的效果，如图2-302所示。

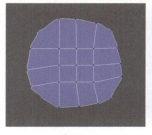
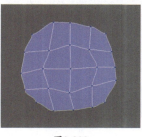
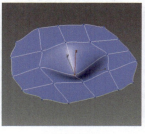
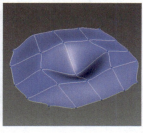

图2-299　　　　　　　　图2-300　　　　　　　　图2-301　　　　　　　　图2-302

05 进入顶视图观察，发现荷叶中间凹进去部分的边缘不是很圆，还有点尖，如图2-303所示。现在可以利用控制柄直接调形状，按5键进入"控制柄"层级，先调整图2-304所示的控制柄，将这个控制柄的左右两边拉长，如图2-305所示。现在中间部分圆了很多，用同样的方法调整余下的3个地方，调整后的效果如图2-306所示。调整的时候要随时观察模型的变化，千万不要只关注控制柄。

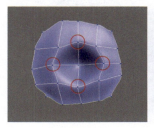
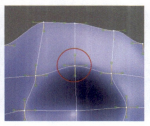
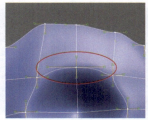
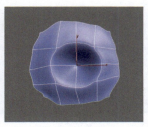

图2-303　　　　　　　　图2-304　　　　　　　　图2-305　　　　　　　　图2-306

06 选中最外围的红色顶点，如图2-307所示，将其沿着z轴往下移动一点，让外沿有一上一下的起伏感，如图2-308所示。至此，荷叶总体的形态制作完成。

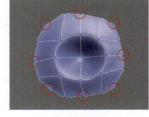
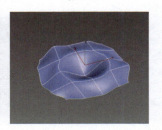

图2-307　　　　　　　　图2-308

07 现在可以给荷叶增加细节，感受调整控制柄带来的直观变化。因为现在细分数是比较少的，所以调整细节的局限性较大。按3键进入"面片"层级，将面全选，然后勾选"传播"复选框，单击"细分"按钮 细分 ，如图2-309所示。有了足够的细分数之后，按5键进入"控制柄"层级，就可以看到非常多的控制柄了，如图2-310所示。

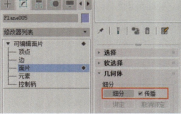
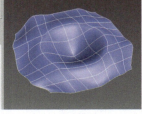
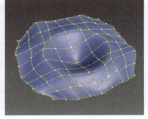

图2-309　　　　　　　　　　　　　　　图2-310

2.7 NURBS建模

这是一种非常优秀的建模技法,对于某些特定的结构,NURBS建模相当好用。它与其他的建模技法相比有着更强大的曲面处理能力,但是在3ds Max中其实很少会用到NURBS建模,因为NURBS建模在3ds Max中的表现并不理想,局限性较大,容易出现问题。广泛应用NURBS建模技术进行工作的软件一般是Rhino3D和Maya,至于3ds Max,读者可以将这种建模技术作为补充。

📝 提示 .... 〉

对于3ds Max建模技术来讲,NURBS建模属于选学内容,受篇幅限制,这里就不具体介绍了。

案例实训: 使用NURBS建模制作手机

场景文件	无
实例文件	实例文件 > CH02 > 案例实训:使用NURBS建模制作手机
教学视频	案例实训:使用NURBS建模制作手机.mp4
学习目标	掌握NURBS建模的思路和技法

手机的模型效果如图2-311所示。

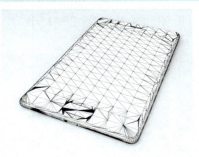

图2-311

2.8 多边形建模

在3ds Max所有的建模技法中,可以说以多边形建模为主,其他建模技法(除基础建模和二维线建模)为辅。多边形建模是3ds Max中应用最广和功能最强的建模技法,它能胜任几乎所有主流行业的建模工作。

2.8.1 多边形建模原理

多边形建模的原理是通过调整点、线和面来达到想要的效果,简单来说就是"找出想要的点、线、面"。例如,想要创建某一个物体,可以先从一个面开始,然后通过多边形的各种功能进行加点、加线或者调点、调线操作,最终创建出物体。如果是规则的几何体,可以用基本体直接创建;如果是不规则的几何体,如动物、人等,可以先做出差不多的轮廓,然后为其添加"平滑"修改器。

多边形模型一共有"顶点""边""边界""多边形""元素"5个子层级,每个子层级中都有相当多的工具,然而这些工具在大多数工作中只会用到一部分,有一些工具是完全用不上的。下面在讲解每个层级的时候也会遵循本书的原则:工作中能用上的就讲,工作中用不上的就不讲。

无论在哪个行业,多边形建模的原理都是一样的,不会因行业的不同而改变。所以读者一定要学好多边形建模,掌握"找出想要的点、线、面"的技巧。下面讲解在工作中能够帮助我们找出想要的点、线、面的工具。

2.8.2 "顶点"层级

在建模时，通过多边形的"顶点"层级可以直观地改变对象的外形，从而达到快速修改模型的目的。创建一个尺寸为2×2×2的长方体，如图2-312所示。选中长方体并单击鼠标右键，在弹出的四元菜单中执行"转换为>转换为可编辑多边形"命令，如图2-313所示。此时，基本体对象就被转换为了多边形对象，在"修改"面板 中可以查看多边形对象的子层级，如图2-314所示。

单击对应的子层级就可以进入子层级进行编辑，在工作中，通常直接按快捷键1、2、3、4和5键快速进入对应子层级，1是"顶点"层级，2是"边"层级，3是"边界"层级，4是"多边形"（面）层级，5是"元素"层级，这与二维线类似。

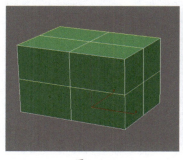

图2-312

图2-313

图2-314

> **提示** ··· ❯
>
> 对于可编辑多边形的转换，除了上述方式，还可以通过为基本体对象加载"编辑多边形"修改器来完成，如图2-315所示。
>
> 这两种操作的区别在于：通过单击鼠标右键转换的多边形对象是不能再恢复到原来的对象效果的；而通过修改器转换的多边形对象，如果对效果不满意，还可以撤销编辑多边形的命令，恢复为原来的效果。

图2-315

当将物体转换为可编辑多边形对象后，可以对可编辑多边形对象的顶点、边、边界、多边形（面）和元素分别进行编辑。下面对可编辑多边形常用的工具进行讲解。

1.连接

在"顶点"层级下，选中两个没有相连且没有阻隔的点，如图2-316所示，展开"编辑顶点"卷展栏，单击"连接"按钮 连接 ，如图2-317所示。此时选中的两个顶点会自然连接起来，如图2-318所示。

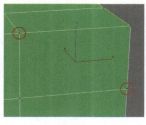

图2-316

图2-317

图2-318

这个按钮很常用。让两个点之间产生连接线，那么一个面就变成两个面了，既产生了新的线，也产生了新的面。其实几乎所有的多边形建模工具都是围绕着"找出想要的点、线、面"工作的，读者在学习的时候可以多思考，看看是不是所有的工具都在围绕这个原则工作。

2.移除

在室内建模中，使用"移除"按钮 移除 可以将某个图形对象的顶点移除。要注意的是，使用"移除"按钮 移除 和直接按Delete键删除的性质是不一样的，下面举个例子。

选中长方体的一个顶点，如图2-319所示。如果直接按Delete键将这个顶点删除，就意味着该顶点是被直接删除的，这个点被删除的同时，与它关联的边和面也会一起消失，如图2-320所示。

　　如果单击"修改"面板█的"编辑顶点"卷展栏中的"移除"按钮 █移除█，如图2-321所示，选中的点和与它关联的边都消失了，但是与它关联的面却没有消失，如图2-322所示。

　　使用"移除"按钮 █移除█是为了删除不要的顶点和与顶点关联的边，但保留顶点所在的面，以便在这个面上重新画一些想要的线段。移除中间的顶点后，再连接4个点，即可生成一个菱形，如图2-323所示。这是一个"移除"按钮 █移除█和"连接"按钮 █连接█配合使用的例子，工作时也一样，可以通过各种按钮的配合来找出想要的点、线、面。

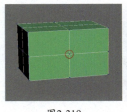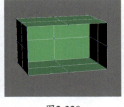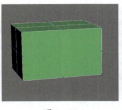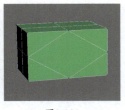

| 图2-319 | 图2-320 | 图2-321 | 图2-322 | 图2-323 |

3.断开和焊接

　　通常，直接创建出来的物体，它们的点和线都是连接好的，拖曳一个点，这个点会带动与之相连的线和面一起移动，从而产生形变，如图2-324所示。

　　选中一个点，先不移动，而是单击"修改"面板█的"编辑顶点"卷展栏中的"断开"按钮 █断开█，如图2-325所示。此时，选中的点所连接的线会全部断开，并在同区域形成4个点（有多少条线相交就形成多少个点），每条线对应一个点，相互独立，如图2-326所示。

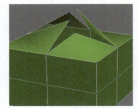

> 📝 **提示** --------------------------->
> 　　这里的"焊接"按钮 █焊接█与二维线建模中的"焊接"按钮 █焊接█的用法一样，不再过多介绍。

| 图2-324 | 图2-325 | 图2-326 |

4.挤出

　　这里的"挤出"按钮 █挤出█与二维线建模中的"挤出"修改器有异曲同工之处。"挤出"按钮 █挤出█在"顶点""边""多边形"层级中都会使用，它是多边形建模技术的核心。

　　在透视视图中创建一个长方体，具体参数和效果如图2-327所示。将其转换为可编辑多边形对象，在"顶点"层级下选中多边形对象的一个顶点，在"编辑顶点"卷展栏中单击"挤出"按钮 █挤出█右侧的"设置"按钮█，如图2-328所示，视图中弹出"挤出顶点"设置界面。设置"高度"和"宽度"均为20.0mm，模型会出现变化，如图2-329所示。

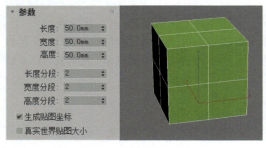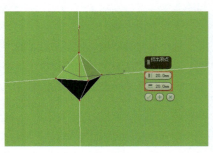

| 图2-327 | 图2-328 | 图2-329 |

　　由此可知，"挤出"按钮 █挤出█是以某个点为基础，让这个点凸起来或者凹进去，从而产生新的造型。下面

介绍"挤出"按钮 挤出 的参数和作用。

选中多边形对象的一个点，然后进行"挤出"操作，设置"高度"为0.0mm，"宽度"为20.0mm，如图2-330所示。这时，点所在的面还是平的，并没有凸起的效果，所以"高度"为0.0mm的时候可以让凹凸效果失效，只保留"挤出"操作产生的线段。

图2-330

> **提示**
>
> 如果将"高度"值调整为负数，会产生什么效果呢？设置挤出的"高度"为-20.0mm，"宽度"为10.0mm，如图2-331所示。这时观察对象，其呈现的是凹陷效果，可知"高度"为负值时，挤出方向相反。
>
> 另外，"宽度"参数必须为非负数。

图2-331

5.切角

在多边形中，"切角"有两种意义。

第1种：将多边形中的线切断。

第2种：将物体的角切掉。

在透视视图中创建一个长方体。单击鼠标右键，并在弹出的四元菜单中执行"转换为 > 转换为可编辑多边形"命令，进入"顶点"层级，选中一个顶点，如图2-332所示。单击"编辑顶点"卷展栏中"切角"按钮 切角 右侧的"设置"按钮 ▣，如图2-333所示。此时，视图中会弹出"切角"设置界面，设置"顶点切角量"为10.0mm，如图2-334所示。

图2-332

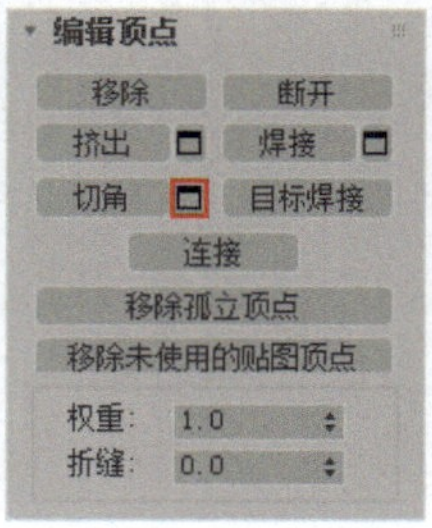

图2-333

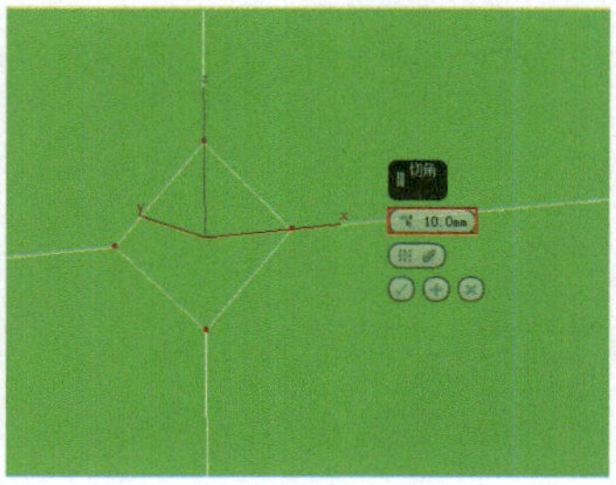

图2-334

此时，使用"切角"按钮 切角 的效果与使用"挤出"按钮 挤出 的效果有点类似，但是使用"切角"按钮 切角 后，界面中间不会留任何的线，因为它直接将线切断了。可以看到原来的4条线都一分为二了，如图2-335所示，这就是将多边形中的线切断的效果。

以图2-336所示顶点为例，该顶点由3条边相交而成。在"切角"设置界面中设置"顶点切角量"为10.0mm，此时与之相连的线就会被切掉一部分，如图2-337所示，这就是将物体的角切掉的效果。

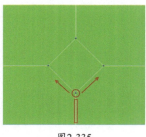

图2-335

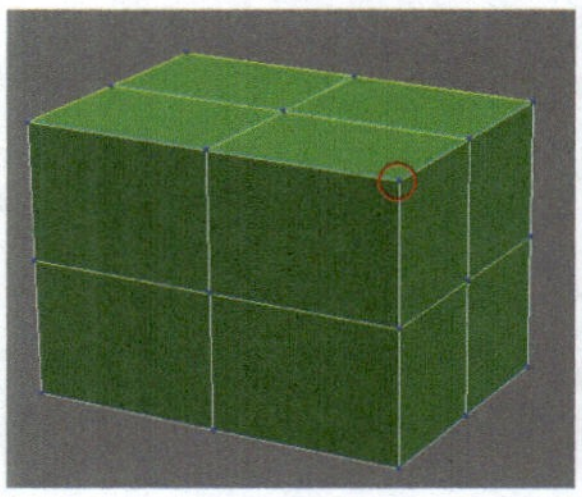

图2-336

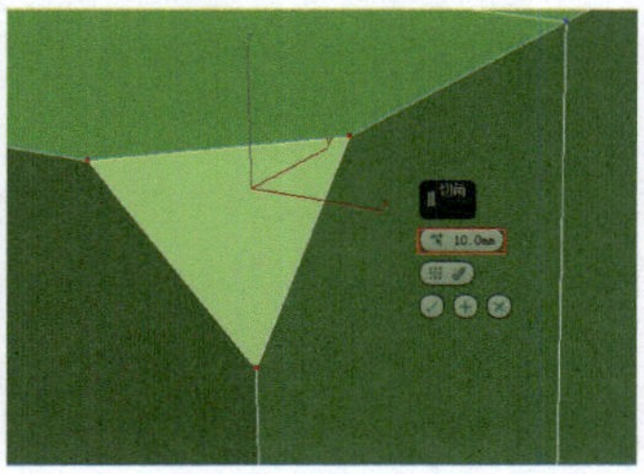

图2-337

6.塌陷

顶点的塌陷处理是指将选中的顶点全部塌陷在一起，使它们成为一个顶点。同时选中3个顶点，如图2-338所示，单击"编辑几何体"卷展栏中的"塌陷"按钮 塌陷 ，如图2-339所示，效果如图2-340所示。

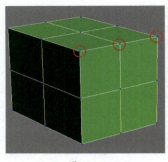

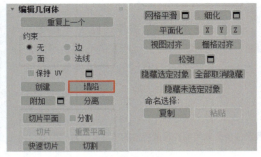

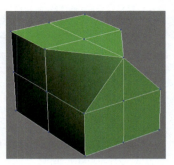

图2-338   图2-339   图2-340

2.8.3 "边界"层级

在"边界"层级中用到的按钮比较少,常用的只有"封口"按钮 封口 和"利用所选内容创建图形"按钮 利用所选内容创建图形 。

1.封口

使用"封口"按钮 封口 可以将模型的缺口封起来。例如,长方体顶部缺了一个面,如图2-341所示,而缺的这个面的边缘就是"边界"。按3键进入"边界"层级,选中缺口的边界,单击"编辑边界"卷展栏中的"封口"按钮 封口 ,如图2-342所示。系统会使用一个平面将缺口封住,如图2-343所示。

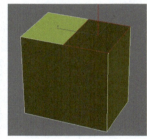

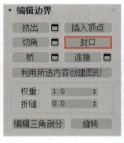

图2-341   图2-342   图2-343

2.利用所选内容创建图形

"边界"层级中的"利用所选内容创建图形"按钮 利用所选内容创建图形 与"边"层级中该按钮的作用相同,只是选中的对象不一样,在下一小节进行介绍。

2.8.4 "边"层级

下面介绍"边"层级中的按钮。

1.连接

使用"边"层级中的"连接"按钮 连接 可以在边之间产生多条边。新建一个长方体,将其转换为可编辑多边形,进入"边"层级,选中其中的两条边,如图2-344所示。单击"编辑边"卷展栏中"连接"按钮 连接 右侧的"设置"按钮 ,如图2-345所示,弹出"连接边"设置界面,从上到下依次是"分段""收缩""滑块"参数。设置"分段"为2,选中的两条边之间会产生两条新的边,如图2-346所示。

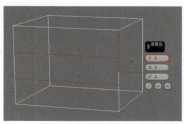

图2-344   图2-345   图2-346

因此，边与边之间可以形成新的边。"连接"按钮 连接 在建模中用得非常多。

2.挤出

使用"边"层级中的"挤出"按钮 挤出 可以将图形挤出一定的深度，使其生长出新的部分。选择一条边，如图2-347所示，单击"编辑边"卷展栏中"挤出"按钮 挤出 右侧的"设置"按钮□，如图2-348所示，视图中弹出"挤出边"设置界面，设置"高度"为10.0mm，"宽度"为3.0mm，效果如图2-349所示。

同"顶点"层级中的"挤出"按钮 挤出 一样，将"边"层级中"挤出"按钮 挤出 的"高度"设置为负数也会产生凹陷效果。下面以具体操作来讲解"连接"按钮 连接 和"挤出"按钮 挤出 的搭配使用方法。

01 在透视视图中创建一个长方体，单击鼠标右键并在弹出的四元菜单中执行"转换为 > 转换为可编辑多边形"命令，按2键进入"边"层级，同时选中长方体的左右两条边，如图2-350所示。单击"编辑边"卷展栏中的"连接"按钮 连接 ，在两条边之间直接生成一条边，如图2-351所示。

   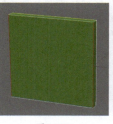 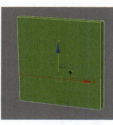

图2-347　　　　图2-348　　　　图2-349　　　　图2-350　　　　图2-351

02 选中顶部的边和刚刚生成的边，如图2-352所示，用同样的方法再生成两条边，效果如图2-353所示。

03 使用"挤出"按钮 挤出 对生成的3条边做相同的处理。设置"高度"为-10.0mm，"宽度"为3.0mm，如图2-354所示，让边凹下去形成缝，效果如图2-355所示。这是装潢设计中常见的砖缝的做法。

图2-352　　　　图2-353　　　　图2-354　　　　图2-355

3.切角

"边"层级的切角是以一条边为基准，通过设置"边切角量"将边切开，从而形成多条边。选中一条边，如图2-356所示，单击"编辑边"卷展栏中"切角"按钮 切角 右侧的"设置"按钮□，如图2-357所示，视图中弹出"切角"设置界面，设置"边切角量"为100.0mm，"连接边分段"为3，如图2-358所示。

  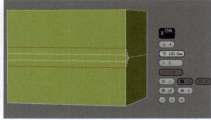

图2-356　　　　图2-357　　　　图2-358

"边切角量"是指以选中的边所在的位置向两边切开的距离范围，最大距离不超过200mm。"连接边分段"是指切角范围内的分段数量。

例如，选中长方体的一条边，如图2-359所示。在弹出的"切角"设置界面中，如果设置"连接边分段"为1，表示切角范围内只有1个分段，即切角范围内没有边，如图2-360所示；如果设置"连接边分段"为2，表示切角范围内有2个分段，切角范围内有1条边，如图2-361所示；如果设置"连接边分段"为12，表示切角范围内有12个分段与11条边，切角效果非常平滑，如图2-362所示。

因此，在使用"切角"按钮 切角 处理棱角的时候，分段数越多，效果越平滑，这跟二维线里制作圆弧效果的原理相同。在多边形建模中处理模型棱角时，必要时会使用"切角"按钮 切角 进行处理。为什么说在必要时呢？因为工作中不会只用多边形建模一种技法。例如，做圆角效果可以用别的建模技法，读者千万不要将某一个技法当成全部，必须灵活选用合适的技法。

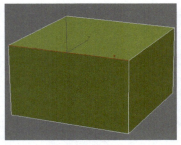

图2-359

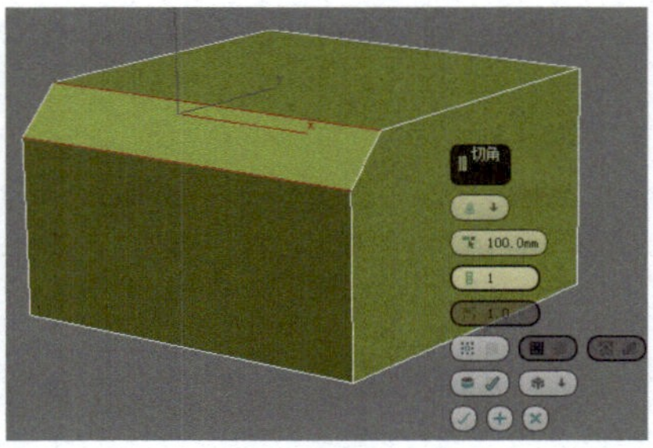

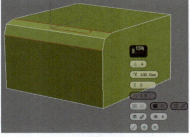

图2-360

图2-361

图2-362

4.移除

在"边"层级中，"移除"按钮 移除 的原理和使用方法与"顶点"层级中的相同。另外，边的删除也可以直接按Delete键完成。在室内设计中，边的移除操作比较常用，通常在修改模型时会移除一些没用的边，具体操作方法会在后面讲解。

5.利用所选内容创建图形

"利用所选内容创建图形"按钮 利用所选内容创建图形 是一个用于处理特殊造型的工具，如用于处理一些不规则石膏线造型、家具的边线造型等。

在前视图中创建一个长方体并将其转换为可编辑多边形，选中其所有边，如图2-363所示，单击"编辑边"卷展栏中的"利用所选内容创建图形"按钮 利用所选内容创建图形 ，在弹出的对话框中选择"线性"单选项，单击"确定"按钮 确定 ，如图2-364所示。视图里会出现一个与选中形状一致的二维线对象，该二维线对象是重叠在模型上的，将其单独移出后的效果如图2-365所示。

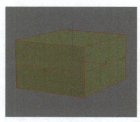

图2-363

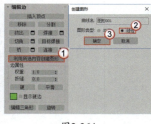

图2-364

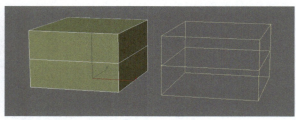

图2-365

📝 提示 --- ⟩

对于"利用所选内容创建图形"按钮 利用所选内容创建图形 中的"平滑"和"线性"单选项，若选择"线性"单选项，则新建出来的二维线和所选内容是一模一样的；若选择"平滑"单选项，则会自动平滑新建出来的二维线。

2.8.5 "多边形"层级

这里的多边形类似通常所讲的面，通过编辑面可以在原有的物体上生成新的部分。在多边形建模中，"多边形"（面）层级的使用频率较高。

1.挤出

　　"多边形"层级类似于"面"层级,为了方便讲解和读者理解,后文都用"面"层级代替"多边形"层级。面的挤出与顶点和线的挤出原理是一样的。创建一个基本体,将其转换为可编辑多边形对象,按4键进入"面"层级,选择对象的任意面,如图2-366所示。

　　选择面后,单击"编辑多边形"卷展栏中"挤出"按钮 挤出 右侧的"设置"按钮□,如图2-367所示。在"挤出多边形"设置界面里,设置"高度"为10.0mm,让面向上挤出,如图2-368所示。

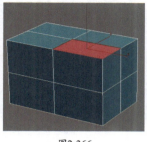

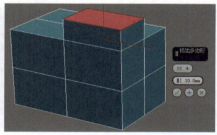

图2-366　　　　　　　　图2-367　　　　　　　　图2-368

技术专题:面的不同挤出类型

　　在"挤出多边形"设置界面里的"高度"数值框上方有个黑色小箭头按钮↓,单击该按钮,会显示"组""局部法线""按多边形"3种挤出类型供用户选择。

　　在挤出多个相邻面时,如果希望这些面保持原来的关联关系,可以选择"组"类型,挤出效果如图2-369所示。这时挤出的面是没有断开的,也就是说,移动其中一个面,其相邻的面也会发生变化,如图2-370所示。

　　如果希望挤出的面互不干扰,相互独立,可以选择"按多边形"类型,挤出效果如图2-371所示。这时的结果在视觉效果上与选择"组"类型的结果相同,但是如果移动其中一个面,可以发现另外的面没有变化,也就是说,这些面是相互断开的,如图2-372所示。

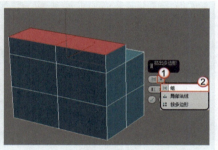

图2-369

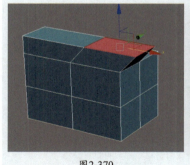

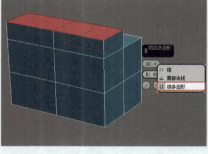

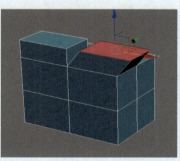

图2-370　　　　　　　　　图2-371　　　　　　　　　图2-372

　　相对来说,选择"局部法线"类型只对面挤出的方向有影响。另外,在该类型下挤出面时,可以手动调整面的方向,从而得到想要的挤出效果。

　　现在需要将两个处于不同平面的面一起挤出,如图2-373所示。如果按"组"类型挤出,效果如图2-374所示;如果按"局部法线"类型挤出,效果如图2-375所示;如果按"按多边形"类型挤出,效果如图2-376所示。读者可以对比3种挤出效果,理解它们的不同之处。

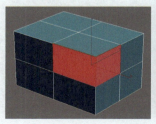

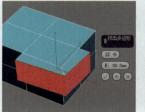

图2-373　　　　　　图2-374　　　　　　图2-375　　　　　　图2-376

2.插入

"插入"按钮 插入 的作用与样条线的"轮廓"按钮 轮廓 的作用非常相似，都是根据选择对象生成相似对象。创建一个长方体，将其转换为可编辑多边形，选中其中一个面，如图2-377所示。单击"编辑多边形"卷展栏中"插入"按钮 插入 右侧的"设置"按钮，如图2-378所示。在"插入"设置界面中设置"数量"为30.0mm，此时，选中的面上会出现一个四边形轮廓，如图2-379所示。

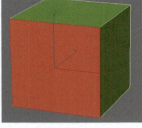  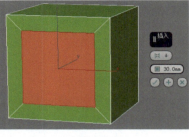

图2-377　　　　　　　　图2-378　　　　　　　　图2-379

3.倒角

"倒角"按钮 倒角 结合了"插入"按钮 插入 和"挤出"按钮 挤出 的核心功能。在透视视图中创建一个长方体，将其转换为多边形，选中其中一个面，如图2-380所示。单击"编辑多边形"卷展栏中"倒角"按钮 倒角 右侧的"设置"按钮，如图2-381所示。在"倒角"设置面板中设置"高度"为50.0mm，"轮廓"为−50.0mm，如图2-382所示。

  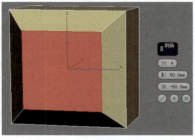

图2-380　　　　　　　　图2-381　　　　　　　　图2-382

4.分离

使用"分离"按钮 分离 可以将选中的面从多边形对象里分离出来。选中多边形对象的一个面，单击"编辑几何体"卷展栏中的"分离"按钮 分离 ，如图2-383所示，弹出"分离"对话框，其中有3种分离情况。

第1种：任何选项都不勾选，直接单击"确定"按钮 确定 。这时，分离出的那个面就是一个独立的多边形对象，跟原来的多边形对象没有联系，如图2-384所示。现在选中的是分离出来的面，它已经是独立的物体了。

第2种：勾选"分离到元素"复选框，然后单击"确定"按钮 确定 。这样，面虽然分离出去了，但它仍然属于原多边形对象，如图2-385所示。

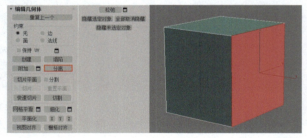

图2-383

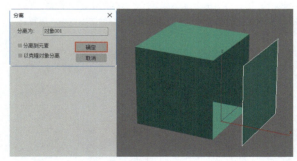 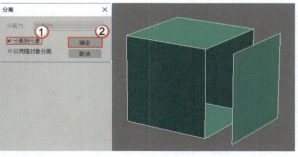

图2-384　　　　　　　　　　　　　　图2-385

第3种：勾选"以克隆对象分离"复选框，然后单击"确定"按钮 确定 。这样，原来的多边形不会发生任何变化，而系统会复制一个被选中的面出来，如图2-386所示。

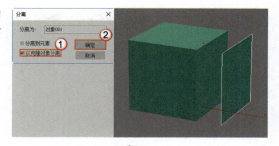

图2-386

2.8.6 "元素"层级

在多边形建模中很少用到"元素"层级，在日常工作中也很少会用到，而且专属"元素"层级的按钮非常少，这里就不介绍"元素"层级了。

2.8.7 各级别共有功能

什么是各级别的共有功能？就是无论哪个层级都拥有的功能。下面用两个面板对比一下看看，图2-387所示为"顶点"层级面板，图2-388所示为"边"层级面板。

图2-387

图2-388

可以看到，除了各层级自己独有的卷展栏，其他部分都是一样的，例如"选择""软选择""细分曲面"等卷展栏。下面介绍其中常用的卷展栏。

1.选择

展开"选择"卷展栏，如图2-389所示。无论在哪个层级展开，该卷展栏中的内容都是一样的，其中有几个层级按钮，单击按钮就可以切换到对应的层级。这里主要介绍有关选择操作的按钮，例如，在一个物体中要选中某些点、线和面，常规的操作方法是按住Ctrl键并单击来加选，按住Alt键并单击来减选，或者直接框选，如果面数多了或场景复杂，就可能会选错，这个时候就需要使用下面的按钮了。

勾选"忽略背面"复选框后，在当前视图中框选对象，对象背面的点、线和面则不会被选中。例如，在用实体加线框显示方式建模的时候，只需要选中正面的一些点、线和面，结果却选中了背面的，只要勾选"忽略背面"复选框，就可以避免这种情况。

"忽略背面"复选框下方有"收缩"按钮 收缩 、"扩大"按钮 扩大 、"环形"按钮 环形 和"循环"按钮 循环 等，下面以"边"层级为例进行讲解。

在"边"层级中选中一条边，选中的边会变为红色，如图2-390所示。单击"环形"按钮 环形 ，如图2-391所示，被选目标环形上的边都被选中了，如图2-392所示。其他按钮的用法读者自行尝试即可。

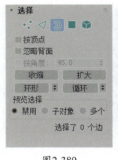
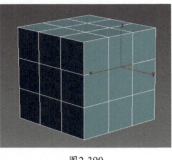

图2-389   图2-390   图2-391   图2-392

2.软选择

这个卷展栏一般用于创建有机体对象，如创建动物类的模型。

创建一个分段数很多的长方体，进入"顶点"层级，以便观察长方体的所有顶点，如图2-393所示。展开"软选择"卷展栏，勾选"使用软选择"复选框，如图2-394所示。选中一个顶点，如图2-395所示。

如果未勾选"使用软选择"复选框，直接选中一个点，该点就会变为红色，用户只能操控选中的点；如果勾选了"使用软选择"复选框，可以看到除了选中的目标点是红色的，该点周围的点也有颜色的变化，这个颜色的变化就是权重强度的变化，越接近红点权重越高，控制效果就越明显。此时将红点往上移动一点，如图2-396所示。

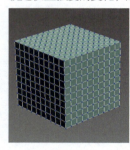
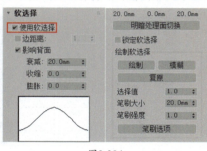
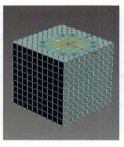
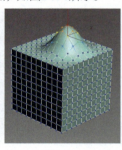

图2-393   图2-394   图2-395   图2-396

📋 提示 --

除了红点能被移动外，它周围有颜色的点也能一起被移动，这就是软选择的效果。在"软选择"卷展栏中，其他的按钮是用来控制权重的，其作用非常直观，读者自行尝试即可。

3.编辑几何体

"编辑几何体"卷展栏如图2-397所示。其中常用的有"附加"按钮 附加 、"分离"按钮 分离 、"切片平面"按钮 切片平面 、"快速切片"按钮 快速切片 、"切割"按钮 切割 、"细化"按钮 细化 及3个隐藏按钮。

附加/分离

无论在多边形的哪个层级展开"编辑几何体"卷展栏，都会有"附加"按钮 附加 和"分离"按钮 分离 ，如图2-398所示。使用"附加"按钮 附加 可以将其他对象附加到当前对象中，使它们变成同一个对象。使用"分离"按钮 分离 可以将一个对象从当前对象中分离出去。这和二维线的"附加"和"分离"按钮的作用是一样的。

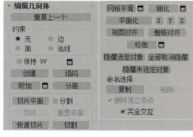
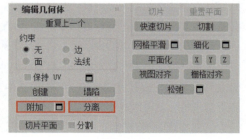

图2-397   图2-398

切割

使用"切割"按钮 切割 可以在对象上自由地绘制出新的线。"切割"按钮 切割 在任何一个层级下都可以使用，其常用于"顶点"层级下。因为"顶点"层级中显示的是顶点，可以很清楚地看到切割后的点线关系。

进入"顶点"层级，单击"编辑几何体"卷展栏中的"切割"按钮 切割 ，如图2-399所示，将鼠标指针移动到物体上，每单击一次，对象上就会新建一个顶点，如图2-400所示，各个点按顺序连接，形成切割路径，最后单击鼠标右键，完成切割操作，效果如图2-401所示。

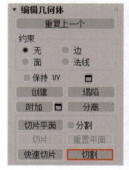 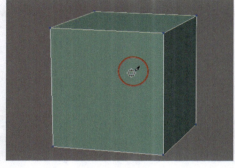 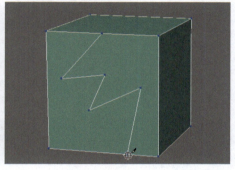

图2-399　　　　　　　　　　　图2-400　　　　　　　　　　　　　　　图2-401

☑ 提示 --- ＞

在对图形进行切割操作的时候，注意一定要从边开始切。因为点要创建在边上，不会在一个面里凭空出现。如果在切割图形时没有从边开始，那么系统会自动连出一条边线。

快速切片

"快速切片"按钮 快速切片 是用来切割模型的按钮，这个按钮也常用于"顶点"层级下，且多在平面视图里操作。

在前视图中创建一个长方体，将其转换成可编辑多边形，进入"顶点"层级，单击"编辑几何体"卷展栏中的"快速切片"按钮 快速切片 ，如图2-402所示。在对象的任意位置单击，并在视图中拖曳出一条虚线，如图2-403所示，确定虚线的终点，单击完成切片，效果如图2-404所示。

如果对象是不规则的，但需要将对象进行均分，可以先创建一个长方体作为参照物（因为长方体自带分段），然后将不规则的对象转换为可编辑多边形，激活捕捉功能，用"快速切片"按钮 快速切片 捕捉长方体的分段来切割对象，如图2-405所示。

 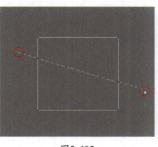 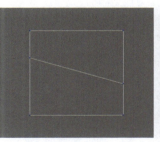 

图2-402　　　　　　　　图2-403　　　　　　　　　图2-404　　　　　　　　　图2-405

☑ 提示 --- ＞

使用"快速切片"按钮 快速切片 时，切割虚线是可以无限延长的，用户可以将捕捉到的长方体切割线延长到对象上，以精准地切割对象，这种方法在工作中十分常用。

切片平面

使用"切片平面"按钮 切片平面 可以切开对象，使其生长出新的顶点、边和面。它的作用跟"快速切片"按钮 快速切片 一样，但它会改变对象的线框模式。在"顶点"层级下，单击"编辑几何体"卷展栏中的"切片平面"按钮 切片平面 ，视图里出现一个由黄色线条构成的平面，如图2-406和图2-407所示。这时，可以用"选择并移动"工具➕和"选择并旋转"工具↻调整切割线的位置。确定切割线的位置后，单击"编辑几何体"卷展栏中的"切片"按钮 切片 ，完成切片，如图2-408和图2-409所示，最终效果如图2-410所示。

| 图2-406 | 图2-407 | 图2-408 | 图2-409 | 图2-410 |

细化

在"多边形"层级下选中某个面，如图2-411所示，单击"细化"按钮 细化 ，如图2-412所示，效果如图2-413所示。

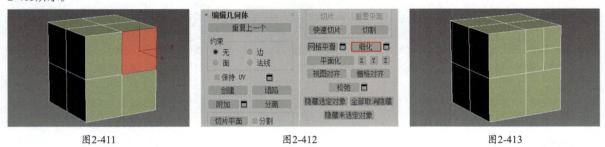

| 图2-411 | 图2-412 | 图2-413 |

这样就将局部细化了，产生了新的点、线、面。操作过程中，无论何时都要记住"找出想要的点、线、面"这一操作技巧。

隐藏

隐藏按钮有3个，包括"隐藏选定对象"按钮 隐藏选定对象 、"全部取消隐藏"按钮 全部取消隐藏 和"隐藏未选定对象"按钮 隐藏未选定对象 。在制作复杂模型的时候，为了方便观看，可以将某些面暂时隐藏起来，这时就会用到这3个隐藏按钮了。

4.细分曲面

多边形建模的最后工作就是为模型添加"平滑"修改器，可以通过修改器列表为模型添加"网格平滑"或"涡轮平滑"修改器，也可以通过"细分曲面"卷展栏为模型添加"平滑"修改器。

下面有一个正方体，如图2-414所示，将其转成可编辑多边形，展开"细分曲面"卷展栏并勾选"使用NURMS细分"复选框，如图2-415所示，效果如图2-416所示。

现在正方体有了圆滑效果，但不是很理想。可以通过"迭代次数"来调整效果，"迭代次数"越多，圆滑效果越好。设置"迭代次数"为2，如图2-417所示。切记不要无限制地增加"迭代次数"，虽然其值越大圆滑效果越好，但是对计算能力的要求也越高，建议设置为2~3即可。

| 图2-414 | 图2-415 | 图2-416 | 图2-417 |

2.8.8 多边形建模在主流行业中的应用

多边形建模可以说能满足3ds Max相关行业的大多数建模需求，所以不管属于哪个行业，多边形建模都是必须学会的建模技法。下面通过案例实训来讲解多边形建模的技巧。

案例实训：使用多边形建模制作置物架

场景文件	无
实例文件	实例文件 > CH02 > 案例实训：使用多边形建模制作置物架
教学视频	案例实训：使用多边形建模制作置物架.mp4
学习目标	掌握多边形建模的思路和技法

置物架模型的效果如图2-418所示。

01 在前视图中创建一个长方体，具体参数设置如图2-419所示。使用多边形建模的时候，建议读者先思考能否用基本体创建目标模型。另外，对基本体的分段也应该尽量接近目标模型，以便后续操作顺利进行。

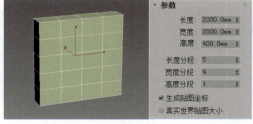

图2-418   图2-419

02 选中长方体并单击鼠标右键，在弹出的四元菜单中执行"转换为>转换为可编辑多边形"命令，按4键进入"多边形"层级并选中相应的面，如图2-420所示。单击"编辑几何体"卷展栏中"插入"按钮 插入 右侧的"设置"按钮■，在弹出的"插入"设置界面中选择"按多边形"选项并设置"数量"为20.0mm，如图2-421所示。单击"挤出"按钮 挤出 右侧的"设置"按钮■，如图2-422所示。在弹出的"挤出"设置界面中设置"数量"为−380.0mm，完成格子的制作。

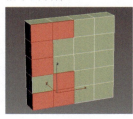
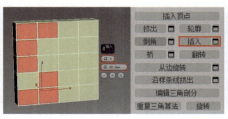
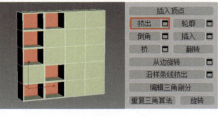

图2-420   图2-421   图2-422

03 选中图2-423所示的面，单击"插入"按钮 插入 右侧的"设置"按钮■，在弹出的"插入"设置界面中设置"数量"为20.0mm，选择"组"选项，如图2-424所示。同样，将新插入的面挤出−380.0mm，完成长方形格子的制作，如图2-425所示。用同样的方法将其余的长方形格子制作好，如图2-426所示。

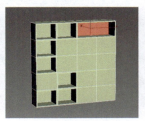

图2-423   图2-424   图2-425   图2-426

04 选中剩下的面，如图2-427所示，单击"挤出"按钮 ▭挤出 右侧的"设置"按钮▭，并在弹出的界面中设置"高度"为20.0mm，挤出方式为"组"，如图2-428所示，凸出来的门板就制作好了。这里选择"组"选项的目的是让选中的面成为一个整体，以便下一步做门板的缝。如果选择"按多边形"选项，门板之间就是分开的，不便于做门缝。

05 按2键进入"边"层级，选中要做门缝的边，如图2-429所示，单击"挤出"按钮 ▭挤出 右侧的"设置"按钮▭，在弹出的设置界面中设置"高度"为–10.0mm，"宽度"为3.0mm，如图2-430所示，柜子模型如图2-431所示。

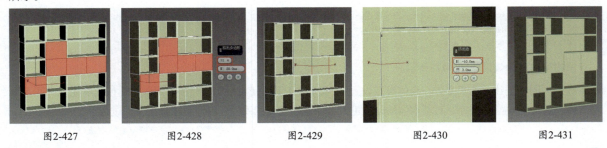

| 图2-427 | 图2-428 | 图2-429 | 图2-430 | 图2-431 |

📝 **提示** ....

设置挤出"宽度"为3mm，表示将产生6mm的缝隙。在真实的柜子中一般不会有这么宽的缝隙，但在某些行业中可以与真实尺寸不一样，如室内效果图设计、游戏场景设计等。因为如果按照真实的缝隙尺寸制作模型，缝隙效果很差，基本看不见，所以通常会刻意地将缝隙做大，让其效果明显。但如果是产品设计这类需要精准体现产品尺寸的行业，就必须按照真实的尺寸制作模型。

2.9 技术汇总与解析

本章讲解了各行业中的常用建模技法，在软件层面上，读者要做到熟练地掌握每个建模技法的工具。当熟练地掌握这些工具后，无论从事哪个行业，还必须具备"看模型找工具"的能力。可以说只要将"看模型找工具"这项能力掌握好了，建模就能得心应手。

制作一个模型时，先要"找"，分析这个模型需要用到什么样的工具，如果模型需要用到不同的工具，那么先从简单的入手。这跟"拆分与组合"的原理是一样的，在工作中，将整个模型拆分成很多个部分后，每个部分都可以用合适的建模技法制作，建模思路就会非常清晰。

2.10 建模技术实训

通过对前面内容的学习，读者对3ds Max的建模技法有了一定的认识，而且已经掌握不少建模技法。接下来通过拓展实训巩固建模的思路和技法。

拓展实训：使用多边形建模制作电视柜

场景文件	无
实例文件	实例文件＞CH02＞拓展实训：使用多边形建模制作电视柜
教学视频	拓展实训：使用多边形建模制作电视柜.mp4
学习目标	巩固多边形建模的思路和技法

本实训的参考效果如图2-432所示。

训练要求和思路如下。

第1点：拆分柜子，找出柜子是由哪些基本体组成的。

第2点：创建出每一个部件。

第3点：将部件拼起来，组成完整的柜子。

图2-432

拓展实训：使用二维线建模制作模型

场景文件	无
实例文件	实例文件 > CH02 > 拓展实训：使用二维线建模制作模型
教学视频	拓展实训：使用二维线建模制作模型.mp4
学习目标	巩固二维线建模的思路和技法

本实训的参考效果如图2-433所示。

训练要求和思路如下。

第1点：拆分模型，分析创建外框与中间部分需要用到什么工具。

第2点：制作出外框模型，用的是"倒角剖面"工具。

第3点：制作出中间部分，用的是"挤出"工具。

第4点：制作出中心部分，用的是"车削"工具。

第5点：将各部件拼起来，组成完整的模型。

图2-433

拓展实训：使用复合建模制作模型

场景文件	无
实例文件	实例文件 > CH02 > 拓展实训：使用复合建模制作模型
教学视频	拓展实训：使用复合建模制作模型.mp4
学习目标	巩固复合建模的思路和技法

本实训的参考效果如图2-434所示。

训练要求和思路如下。

第1点：分析这个模型，得出这个模型是通过"放样"操作制作的。

第2点：画出放样路径（一个圆环）。

第3点：观察模型的变化，得出模型的变化，即细处是圆形的，粗处是星形的，画出两个截面。

第4点：放样成型，调整放样的参数。

图2-434

拓展实训：使用Surface建模制作模型

场景文件	无
实例文件	实例文件 > CH02 > 拓展实训：使用Surface建模制作模型
教学视频	拓展实训：使用Surface建模制作模型.mp4
学习目标	巩固Surface建模的思路和技法

本实训的参考效果如图2-435所示。

训练要求和思路如下。

第1点：分析这个模型的三维轮廓。

第2点：用二维线画出模型的三维轮廓。

第3点：将轮廓连接并调整好。

第4点：为模型添加"曲面"修改器，再添加"网格平滑"修改器进行调整。

图2-435

拓展实训：使用面片建模制作模型

场景文件	无
实例文件	实例文件＞CH02＞拓展实训：使用面片建模制作模型
教学视频	拓展实训：使用面片建模制作模型.mp4
学习目标	巩固面片建模的思路和技法

本实训的参考效果如图2-436所示。

训练要求和思路如下。

第1点：分析叶子的形状，确定合适的分段数。

第2点：创建一个平面并转换为可编辑面片，将其编辑成一片叶子。

第3点：复制出其他叶子。

第4点：单独调整一些叶子的细节，让叶子更生动。

图2-436

拓展实训：使用NURBS建模制作模型

场景文件	无
实例文件	实例文件＞CH02＞拓展实训：使用NURBS建模制作模型
教学视频	拓展实训：使用NURBS建模制作模型.mp4
学习目标	巩固NURBS建模的思路和技法

本实训的参考效果如图2-437所示。

训练要求和思路如下。

第1点：从下到上分析模型的"骨架"。

第2点：用二维线画出"骨架"，最下面为圆形，慢慢往上调节二维线的形状。

第3点：利用NURBS工具箱中的工具创建曲面，最终成型。

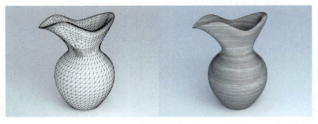

图2-437

拓展实训：使用多边形建模制作模型

场景文件	无
实例文件	实例文件＞CH02＞拓展实训：使用多边形建模制作模型
教学视频	拓展实训：使用多边形建模制作模型.mp4
学习目标	巩固多边形建模的思路和技法

本实训的参考效果如图2-438所示。

训练要求和思路如下。

第1点：分析模型的线的分布，然后分析这些线是用多边形建模中的哪些工具制作的。

第2点：创建出初始模型。

第3点：通过多边形中的工具找出想要的点、线、面。

第4点：布好线后，挤出凹槽，最终成形。

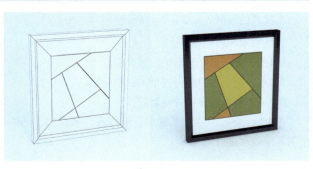

图2-438

第 3 章

材质制作与贴图技术

材质是真实对象的物理属性。设计师将材质指定给模型，然后通过渲染得到真实的质感，如木地板、石材等。材质并非一个固定的参数，而是由多个参数组成的一套物理属性。对于材质的制作与应用，读者应先了解材质的参数设置方法，然后灵活地组合参数。

本章学习要点

▶ 掌握材质球的常规应用

▶ 掌握 VRay 材质的设置方法

▶ 掌握 UVW 贴图和 UVW 展开的操作方法

▶ 掌握主流行业材质的设置方法

3.1 主流行业中的材质应用概述

在主流行业中，有一些行业靠3ds Max的材质功能就可以完成材质输出，如室内设计、建筑设计、产品设计等，它们的对象类别主要为非有机体；而有一些行业仅依靠3ds Max的材质功能无法完成材质输出，如游戏设计等，它们的对象类别主要为人物、动物等有机体。因此，读者要明确所属的行业，然后根据行业进行有针对性的学习。当然，无论为哪个行业建模，都需要将3ds Max中的材质功能学好。

3.2 默认材质与VRay材质

通常，建议在"材质编辑器"窗口中将材质球的类型全部设置为VRay，这样可以方便后续的工作，提高工作效率。如果不进行这样的设置，"材质编辑器"窗口中将都是3ds Max的默认材质球（Standard是默认的"标准"材质），如图3-1所示。这时，如果要使用VRay材质就需要进行手动设置，这会让工作变得麻烦。

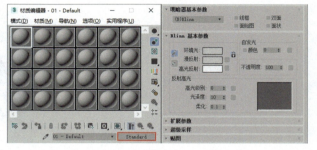

图3-1

> 📡 **知识链接**
>
> 关于将材质球类型全部设置为VRay的方法，请读者参考"1.1.4 材质编辑器设置"中的内容。

观察图3-2所示的"材质编辑器"窗口，该窗口中的材质球类型都是VRayMtl，即VRay材质类型——VRay渲染器的专属材质类型。

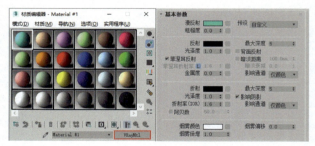

图3-2

> 💡 **疑难问答**　　　　　　　　　　　　　　　　　　　　　　　　　　　🔍
>
> **问：** 3ds Max只能与VRay渲染器搭配使用吗？
>
> **答：** 不是。除了VRay渲染器，还有很多其他的渲染器可以配合3ds Max使用，如现在比较流行的Corona、以前比较流行的Mental Ray等。无论使用哪种渲染器，材质的制作原理都是相同的，只是渲染器的操作有差异。相对于其他比较小众的渲染器，VRay是较为主流的渲染器，本书案例均使用VRay渲染器进行材质制作。

3.3 材质球的常规应用

"材质编辑器"窗口中有很多按钮，本节将介绍工作中经常会用到的一些按钮，以及它们的基本操作方法。

3.3.1 选择材质球类型

按M键打开"材质编辑器"窗口，单击 VRayMtl 按钮，如图3-3所示，打开"材质/贴图浏览器"对话框。在该对话框中，可以自由选择想要的材质球类型，其中有3个大类：V-Ray、"扫描线"和"通用"，如图3-4所示。V-Ray中包含VRay渲染器特有的材质（一般情况下只用它），常用的是VRayMtl材质（默认的VRay材质）和"VRay灯光材质"。

图3-3

图3-4

> 💡 **疑难问答**
>
> **问：** 为什么用于显示材质类型的按钮不是默认的 Standard ？
>
> **答：** 因为在前面已经设置默认的材质球类型为VRay，所以这里显示的是 VRayMtl 。如果读者未设置，那么这里显示的就是 Standard 。

至于"扫描线"和"通用"材质类型，前者中是默认材质，基本不会用到，后者中常用的是"多维/子对象"材质，如图3-5所示。

图3-5

3.3.2 将材质指定给选定对象

选中模型，在"材质编辑器"窗口中选择要加载的材质球，单击"将材质指定给选定对象"按钮 ，如图3-6所示，即可将材质指定给模型。

图3-6

> 💡 **疑难问答**
>
> **问：** 为什么将材质指定给模型后，模型表面并没有显示贴图？
>
> **答：** 在"材质编辑器"窗口中单击"视口中显示明暗处理材质"按钮 ，如图3-7所示，即可在模型表面显示材质的贴图。

图3-7

3.3.3 观察材质

双击"材质编辑器"窗口中的任意一个材质球，弹出对应的材质球对话框，在该对话框中可以放大或缩小材质球，以便观察效果，如图3-8所示。在之前的VRay版本里，可以直接单击"材质编辑器"窗口右侧的"背景"按钮 ，如图3-9所示，材质球上会显示背景颜色，用于模拟该材质的环境效果，便于查看反射和折射效果，如图3-10所示。但是VRay5默认是没有这个功能的，如果需要开启这个功能，可在"渲染设置"窗口的"设置"选项卡中勾选"原生3ds Max材质样例"复选框，如图3-11所示。

图3-8

图3-9

图3-10

图3-11

选择材质球后，在"材质编辑器"窗口中的"采样类型"按钮●上按住鼠标左键不放，弹出不同的材质球显示类型，有"球形" ●、"柱形" ▤和"立方体" ▣，如图3-12所示。改变材质球的显示类型方便观察材质的反射和折射情况，如球面的反射效果或平面的反射效果。要使用这个功能，需要勾选"原生3ds Max材质样例"复选框。

图3-12

3.3.4 按材质选择对象

"按材质选择"按钮❊主要用于检查有没有材质指定漏了或指定错了。在"材质编辑器"窗口中单击"按材质选择"按钮❊，如图3-13所示，在弹出的"选择对象"对话框中单击"选择"按钮 选择 ，如图3-14所示，即可将场景中所有指定了材质的对象都选中。

图3-13

图3-14

3.3.5 检查材质

如果导入的模型已经指定好材质，此时需要检查模型的材质是否适合当前场景。在"材质编辑器"窗口中单击"从对象拾取材质"按钮✔，然后在模型上单击，效果如图3-15所示。此时，当前选中的材质就会变成该模型的材质，用户可以查看相关参数。

☑ 提示 ┈┈┈┈┈┈┈┈┈┈┈┈┈┈┈┈┈┈┈┈┈┈┈┈┈┈┈┈┈┈┈┈┈┈ ⟩

检查导入模型的材质是必须进行的工作。请读者每导入一个模型后，都要检查其材质的参数是否跟当前场景匹配、材质贴图是否丢失，切忌导入外来模型后不经过检查就直接渲染输出。

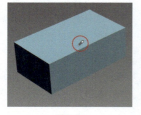

图3-15

3.4 VRay材质详解

VRayMtl的参数跟建模的参数一样，可以进行拆分与组合。在制作材质前，建议读者先了解这些参数的含义，然后对这些参数进行拆分与组合，从而制作出理想的材质效果。VRayMtl的参数如图3-16所示，单击每个卷展栏即可展开对应的内容。

☑ 提示 ┈┈┈┈┈┈┈┈┈┈┈┈┈┈┈┈┈┈┈┈┈┈┈┈┈┈┈┈┈┈┈┈┈┈ ⟩

图3-16

材质具有属性，日常生活中的材质属性主要由漫反射、反射和折射这3个属性组合而成。前面说的材质的拆分与组合是对材质的漫反射、反射和折射属性进行拆分与组合。例如，石头的漫反射属性为A，反射属性为B，折射属性为C，在设置材质时就需要分别设置A、B和C。

当然，在设置材质属性的时候，可以灵活处理。例如，当前场景的漫反射效果不好，读者完全可以用别的效果来代替。

3.4.1 漫反射

"漫反射"参数比较简单，主要用于设置能直接看到的材质效果，如模型颜色和模型表面的纹理贴图等。

"漫反射"参数在"基本参数"卷展栏中，如图3-17所示。单击"漫反射"右侧的色块，可以打开"颜色选择器：diffuse"对话框，如图3-18所示，在此可以设置材质的颜色。

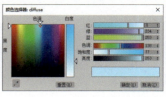

图3-17　　　　　　　　图3-18

"漫反射"色块右侧有一个"加载"按钮，如图3-19所示，单击该按钮可以打开"材质/贴图浏览器"对话框，其中包含3ds Max自带的一系列贴图。例

如，选择"通用"卷展栏中的"位图"选项，如图3-20所示，打开"选择位图图像文件"对话框，如图3-21所示。通过该对话框可以将计算机中的图片加载为"漫反射"的纹理贴图。

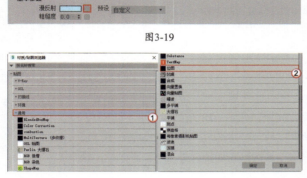

图3-19

图3-20　　　　　　　　图3-21

贴图添加完成之后，"加载"按钮上会出现字母M，如图3-22所示。此时单击"加载"按钮M，可打开"位图"（Bitmap）层级，在"位图"层级中单击"转到父级"按钮即可回到VRayMtl参数设置的主界面，如图3-23所示。

提示 ----------------------------------->

除了上述加载贴图的方法，读者也可以直接将贴图拖曳到"加载"按钮上，系统会自动生成"位图"贴图。

图3-22　　　　　　　　图3-23

"位图"层级中有很多可以调整的参数。下面对其中常用的参数进行讲解。

1.模糊

"模糊"参数主要用于控制贴图的清晰度，设置"模糊"为10.0，如图3-24所示，效果如图3-25所示。如果设置"模糊"为0.01，效果如图3-26所示。因此，"模糊"参数值越小，贴图的清晰度越高。

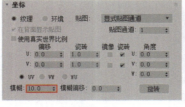

图3-24　　　　　　　图3-25　　　　　　　图3-26

疑难问答

问： 什么时候需要调整"模糊"参数？

答： 在室内效果图的制作中，一般情况下设置"模糊"为1即可；如果贴图的纹理不太清晰，但又需要重点表现这个纹理，这时就需要设置"模糊"为0.01，如木材、石材的制作等，以及表现近距离的视角效果。例如，为客户设计了一面电视背景墙，客户很在意背景墙的效果，如果背景墙用的是木材或石材，此时就应该将"模糊"设置为0.01。

那么，什么时候把"模糊"参数值调大呢？答案是在制作外景时，因为外景通常都是用于衬托室内效果的，所以可以适当地将外景贴图的"模糊"参数值调大一点，让窗外效果虚化，形成远虚近实的对比效果，使整体空间感变强。

希望读者在工作中能多观察、多思考，举一反三，明白建模的关键不在于如何调整参数值，而在于如何做出好的效果。

至于"坐标"卷展栏中的其他参数，如"模糊偏移""角度"等，可以用"UVW贴图"来代替。

2.位图参数

在"位图参数"卷展栏中单击"查看图像"按钮 查看图像，可以打开"指定裁剪/放置"窗口，如图3-27所示。

📝 **提示**

如果单击"查看图像"按钮 查看图像 后，发现3ds Max没有反应，意味着贴图可能已丢失。这时需手动加载贴图，单击"位图"右侧的"加载"按钮 E:\素材文件\CH05\5.4-2.jpg 。注意，加载贴图后，该按钮上的名称和路径与贴图的名称和路径是一致的，读者软件上的显示可能与书中不一样，请以实际为准。

图3-27

"指定裁剪/放置"窗口中的贴图上有一个红色矩形框，即裁剪框。可以通过调整红色矩形框来控制裁剪范围，框内区域即保留区域，如图3-28所示。注意，在调整好红色矩形框之后，一定要返回"位图参数"层级，勾选"应用"复选框，如图3-29所示。

图3-28　　　　　　　图3-29

3.4.2 反射

读者可以发现一些作品的质感非常好，而另一些看上去很差，造成这种差别的原因就是"反射"参数不同。对于具有反射效果的材质，都可以通过"反射"参数对其进行调整，让其效果更真实或者更适合当前场景。"反射"参数在"漫反射"下方，"反射"颜色默认为黑色，如图3-30所示。

图3-30　　　　　　　图3-31

1.反射颜色

可以将"反射"颜色的计算理解为灰度计算。当"反射"颜色为黑色时，表示没有反射，如图3-31所示；白色表示完全反射；灰色的"亮度"强弱决定反射强弱。

单击"反射"右侧的色块，在弹出的"颜色选择器：reflection"对话框中适当将小三角形按钮◀向下拖曳，如图3-32所示。调整后材质球表面会呈现反射效果，如图3-33所示。

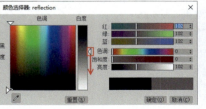 

图3-32　　　　　　　图3-33

将小三角形按钮◀继续往下拖曳，如图3-34所示。此时反射效果更强，材质球表面显示了更加清晰的环境颜色，而星空图已经很模糊了，效果如图3-35所示。如果将小三角形按钮◀拖曳到底部，颜色的"亮度"为最大值255，整个材质就处于完全反射状态。综上可知，若"反射"颜色为黑色（R:0, G:0, B:0），意味着没有反射效果，这种情况通常出现在背景墙等对象上；若"反射"颜色为白色（R:255, G:255, B:255），意味着材质处于完全反射状态，这类材质常用于制作镜子类对象。

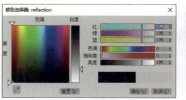 

图3-34　　　　　　　　　　　图3-35

💡 疑难问答

问：可以设置"反射"颜色为彩色吗？

答：可以。当设置"反射"颜色为彩色时，反射强弱仍然由颜色的"亮度"控制，如图3-36所示。而彩色的性质则主要体现在反射效果上，如模拟铜、金等有色材质的反射。

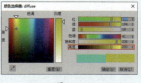

图3-36

单击"反射"右侧的"加载"按钮█，后续操作与"漫反射"相同，为"反射"加载一张黑白贴图，如图3-37所示，贴图如图3-38所示，材质球效果如图3-39所示。注意，贴图中的黑色部分没有反射效果，白色部分有完全反射效果，这样就可以形成局部反射的效果。这类材质可用于制作带一些花纹的镜子。

图3-37　　　　　　　　　图3-38　　　　　　　　　图3-39

2.菲涅耳反射

勾选该复选框可以快速把很强的反射效果变得很弱。例如，设置一个材质球的颜色为白色，使其具有完全反射效果，然后勾选"菲涅耳反射"复选框，如图3-40所示，可以发现其反射效果变得很弱，如图3-41所示。

图3-40　　　　　　　　　图3-41

3.光泽度

"光泽度"参数用于控制反射的模糊效果，其默认值为1.0，设置范围为0.0~1.0，如图3-42所示。1.0表示没有反射模糊效果，参数值越小，反射的模糊效果越明显。

注意，制作反射模糊效果的前提是材质球必须有反射效果，即"反射"颜色不能为黑色。这里以前面的木材材质球为例，为该材质球制作反射模糊效果。如果设置反射的"光泽度"为1.0，就表示材质球没有反射模糊效果，材质球效果如图3-43所示；如果设置反射的"光泽度"为0.85，材质球效果如图3-44所示；如果设置反射的"光泽度"为0.5，材质球效果如图3-45所示。

图3-42　　　　　　　图3-43　　　　　　　图3-44　　　　　　　图3-45

反射是现实世界中的一种光影效果，如木材、塑料和石材等物体就具有反射效果，物体的材质不同，反射的模糊程度也不同。

4.金属度

"金属度"参数主要用于制作金属材质，该参数值的设置范围为0.0~1.0，默认值为0.0，如图3-46所示。一般情况下，0.0表示绝缘体，参数值越大，金属感越强。

图3-46

> **疑难问答**
>
> 问："金属度"参数怎么调整？
>
> 答：在制作大多数材质时，都可以不设置"金属度"参数，只有在制作金属材质时才需要设置此参数。至于具体的参数值，读者可以进行测试，如0.1、0.2、0.3等，然后根据测试的效果来决定。另外，在不同的环境下，即使"金属度"参数设置成一样，效果也会有所不同。记住，要灵活设置参数，切忌死记硬背。

5.最大深度

"最大深度"参数主要用于控制反射的次数（默认值为5），如图3-47所示。该参数一般保持默认设置即可。下面举个例子来说明它的原理。将两个镜子放在一起，这两个镜子可以互相反射出对方的景象，理论上这个反射会无限次地持续下去，"最大深度"参数就是用来控制这种反射的次数的，值为5表示反射5次。下面用具体操作来进行演示。

图3-47

以图3-48所示的两个长方体为例，一个为粉色，另一个为蓝色，将它们的反射效果都设置得很强。现在把视角只对准其中一个，以便观察，此时渲染效果如图3-49所示。如果设置"最大深度"为2的话，渲染效果如图3-50所示。如果设置"最大深度"为10，渲染效果如图3-51所示。虽然很难用肉眼判断出图中的具体反射次数，但3ds Max的确是按设置的值进行计算的，基本上"最大深度"为5以上时，材质变化用肉眼就很难判断了。

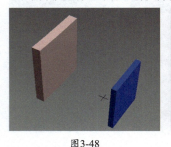
图3-48

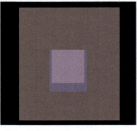
图3-49

图3-50

图3-51

> **疑难问答**
>
> 问：应该如何设置"最大深度"参数？
>
> 答：如果制作的是某些产品的特写场景，如砖、镜子等，可以适当增大参数值；如果制作的是非特写场景，保持默认值5即可。注意，参数值越大，渲染速度越慢，但是反射细节越多。

3.4.3 折射

读者可以将"折射"理解为透明的效果。VRayMtl的"折射"参数如图3-52所示。

图3-52

1.折射颜色

为了方便读者理解，下面创建一个材质球并设置其"漫反射"为白色。单击"折射"右侧的色块，打开"颜色选择器：refraction"对话框，将小三角形按钮往下拖曳，如图3-53所示，材质球的效果如图3-54所示。通过折射可以看到模拟的环境。如果设置"折射"为白色，那么材质球效果如图3-55所示，呈现完全折射的效果。

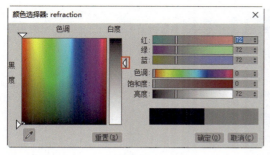

图3-53   图3-54   图3-55

📝 提示 --

通过以上操作可以看出，"折射"的计算原理与"反射"是一样的，同样由黑色与白色控制折射效果，黑色表示没有折射，白色表示完全折射。同理，使用"折射"右侧的"加载"按钮添加贴图，"折射"的控制方法与"反射"也一样。

2.折射率（IOR）

在勾选"原生3ds Max材质样例"复选框的情况下，为什么透过材质球看到的背景色块是歪的呢？因为"折射"中有"折射率（IOR）"参数，如图3-56所示。不同材质的折射率是不一样的，大多数材质的折射率都可以通过互联网查询到，读者按照真实材质的折射率设置即可。

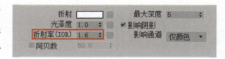

图3-56

3.阿贝数

在勾选"原生3ds Max材质样例"复选框的情况下，"阿贝数"可用于调整色散效果。色散是复色光分解为单色光形成光谱的现象，通俗来说就是我们有时会看到的彩虹效果。如果想要色散效果，那么就勾选"阿贝数"复选框，然后调整其强度即可。"阿贝数"的默认值是50.0，值越小，色散的效果越强。当"阿贝数"为50.0的时候，材质球上的色散效果不是很明显，如图3-57所示。当"阿贝数"为1.0的时候，材质球上的色散效果就很明显了，如图3-58所示。

图3-57   图3-58

4.最大深度

在勾选"原生3ds Max材质样例"复选框的情况下，"折射"的"最大深度"跟"反射"的一样。

5.影响阴影

"影响阴影"复选框默认是勾选的，如图3-59所示。我们要保证其处于勾选状态，如果不勾选，光是无法穿透对象的，如窗帘外的光就透不进室内。

图3-59

3.4.4 烟雾颜色

使用"烟雾颜色"选项可以将透明的物体染色，如有色玻璃、带颜色的液体等。染色浓度用"烟雾倍增"参数来控制，其默认值为1，建议读者测试的时候从0.01开始。在勾选"原生3ds Max材质样例"复选框的情况下，创建一个透明的材质球（"折射"为白色），设置其"烟雾颜色"为蓝色（R:186，G:255，B:253），"烟雾倍增"为0.01，如图3-60所示。材质球的效果如图3-61所示。

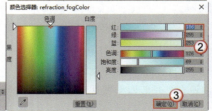

图3-60

图3-61

3.4.5 BRDF（双向反射分布函数）

BRDF（双向反射分布函数）卷展栏是用来控制高光的，如图3-62所示。

下面以一个材质球为例进行讲解。设置其"漫反射"为白色，"反射"为灰色（R:100，G:100，B:100），"光泽度"为0.8，如图3-63所示，BRDF卷展栏中的参数保持默认，其效果如图3-64所示。可以看到，材质球上的白色区域就是高光区域。只要设置了"光泽度"，渲染器就会自动给材质添加对应的高光效果。

现在来看如何通过BRDF卷展栏控制高光。VRay提供

| 图3-62 | 图3-63 | 图3-64 |

了4种高光模式，分别是"多面"、"反射"、"沃德"和默认的"微面GTR（GGX）"（以下简称GGX），如图3-65所示。打开"微面GTR（GGX）"下拉列表框，可选择不同的模式。

在参数相同的前提下，"多面"的效果如图3-66所示，"反射"的效果如图3-67所示，"沃德"的效果如图3-68所示。我们可以观察到，"多面"的高光区域最小，"反射"的高光区域中等，"沃德"的高光区域最大。我们可以根据不同的情况改变材质的高光区域大小，例如，要制作一个金属产品的特写效果。金属的高光效果通常是很强的，一般我们会选择"沃德"模式来制作金属产品的高光效果。但是现在要制作特写效果，如果高光区域过大，很可能会影响到整个画面。所以，我们应该根据当前镜头和材质本身的属性进行调整，以制作出合适的高光效果。如果读者把握不好，可以使用默认的GGX模式，GGX模式适用于大多数情况。

| 图3-65 | 图3-66 | 图3-67 | 图3-68 |

下面继续用GGX模式进行讲解。"各向异性"参数用来调整高光区域的形状，默认高光区域是圆点形状。注意，圆点是默认的显示方式而已，如果光源是圆点，那么高光就是圆点形状；如果光源是面光，那么高光区域就是一个面。设置"各向异性"为0.5，如图3-69所示，高光效果如图3-70所示。

"各向异性"下面的"旋转"参数用于旋转高光区域，设置"旋转"为45.0（以角度进行计算），如图3-71所示，高光效果如图3-72所示。"局部轴"用于调整高光的轴向，读者可自行尝试。

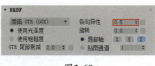

| 图3-69 | 图3-70 | 图3-71 | 图3-72 |

"GTR尾部衰减"参数的默认值为2.0，如图3-73所示。这个参数只有GGX模式中才有，另外3个模式中没有，一般保持默认设置即可。其参数值越大，高光区域越小。

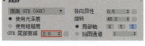

图3-73

3.4.6 贴图

"贴图"卷展栏如图3-74所示,其中有很多熟悉的选项,如"漫反射""反射""金属度"等。

在"漫反射"里添加一个位图,如图3-75所示,可以看到,添加贴图之后,"漫反射"本来的红色不起作用了,材质球上显示的是添加的木材贴图。

切换到"贴图"卷展栏,如图3-76所示,这里"漫反射"右边的复选框是被勾选的,也显示了添加的木材贴图。复选框左边的数值为100.0,意思就是现在"漫反射"100%由复选框右边的贴图控制。

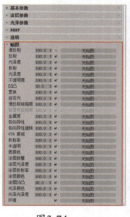
图3-74

图3-75

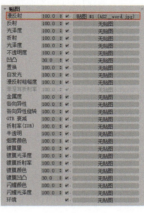
图3-76

如果取消勾选该选复选框,如图3-77所示,虽然参数值仍是100.0,贴图也还在,但是此时右边的贴图是完全没有控制权的。现在材质球效果如图3-78所示,显示为原来的漫反射颜色。

如果取消勾选该复选框,然后把参数值调整为80.0,如图3-79所示,材质球效果如图3-80所示。可以看到,木材贴图变红了,这就是80%的木材贴图混合20%的漫反射颜色的效果。其他选项的用法与"漫反射"一样。

图3-77

图3-78

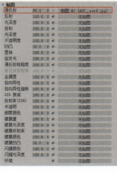
图3-79

图3-80

该卷展栏中有一些选项是前面没有出现过的,如"置换""凹凸""环境",这里进行简单介绍。"凹凸"选项用得比较多,"置换"和"环境"选项用得较少。"置换"选项一般用来做毛毯、浮雕等粗糙效果。"环境"选项用于单独改变某个材质的环境,一般只在做单帧效果图时用得上。"凹凸"选项用于让贴图有凹凸的效果,在"凹凸"复选框右边添加一张与"漫反射"一样的贴图(可以将鼠标指针放在"漫反射"复选框右边的贴图上面,按住鼠标左键不放,将其拖曳到"凹凸"里面),然后将参数值调整为100.0,如图3-81所示,效果如图3-82所示,现在凹凸感就很强了。"凹凸"选项的参数值跟其他选项的不一样,它最高可调整到1000.0,以便做出很强烈的凹凸效果。

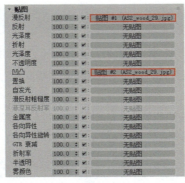
图3-81

图3-82

3.5 主流行业的常用贴图类型

贴图类型并非材质类型，材质类型是由"材质编辑器"窗口中的VRayMtl按钮 VRayMtl 指定的，如图3-83所示，贴图类型则是由每个参数旁边的复选框指定的，如图3-84所示。本节将讲解常用贴图类型（前面讲到的位图也是常用的贴图类型之一）。

图3-83 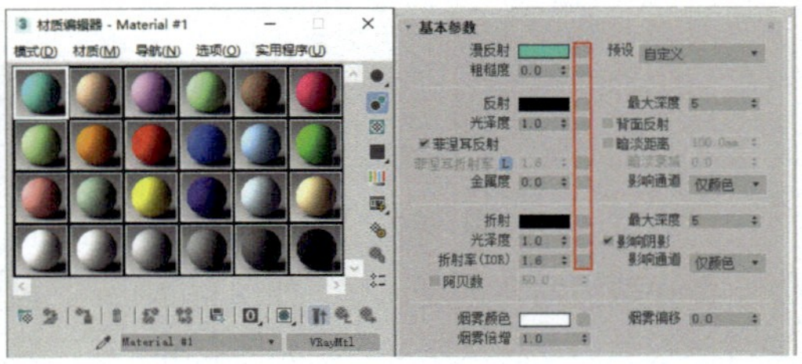   图3-84

3.5.1 通用材质类型

在开始讲解常用贴图类型之前，先补充讲解一下材质类型，前面讲过工作中常用的材质类型有VRayMtl（默认的VRay材质）、"VRay灯光材质"（VRayLightMtl）和"多维/子对象"材质。VRayMtl材质已经详细地讲解过了，下面补充介绍"VRay灯光材质"（VRayLightMtl）和"多维/子对象"材质。

1.VRay灯光材质

单击"材质编辑器"窗口中的 VRayMtl 按钮，如图3-85所示，在弹出的"材质/贴图浏览器"对话框中单击"VRay灯光材质"（VRayLightMtl），如图3-86所示，可以得到VRay灯光材质，如图3-87所示，材质球效果如图3-88所示。

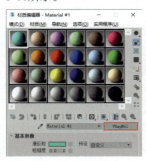

图3-85

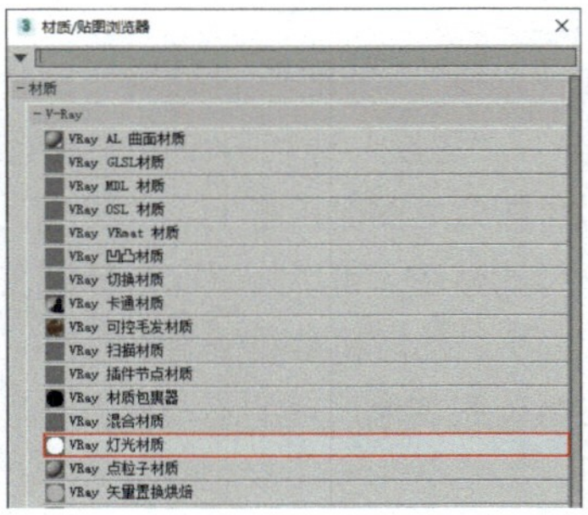

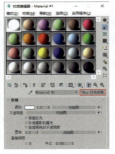

图3-87

图3-88

图3-86

它是VRay中的灯光材质，该材质十分常用，只要制作发光的物体都可以用到它。VRay灯光材质里面有一些参数需要注意，跟"漫反射"一样，我们可以为VRay灯光材质添加颜色或者各种贴图，如图3-89所示。为VRay灯光材质添加一张贴图，效果如图3-90所示。

| 图3-89 | 图3-90 |

"颜色"右侧的参数值代表灯光的强度，该值越大，灯光越强。

"不透明度"和"置换"参数一般用不上，保持默认即可。

最下面的"直接照明"选项组，如果我们创建的是普通的自发光物体，保持默认设置即可；如果我们想让这个自发光物体也成为一个光源并照亮场景，应勾选"开"复选框。

2. "多维/子对象"材质

创建一个基本体，把它转换为可编辑多边形，为其添加一个VRay材质，如图3-91所示。如果希望这个基本体有多种材质，就要用到"多维/子对象"材质。

单击 VRayMtl 按钮，如图3-92所示。在弹出的"材质/贴图浏览器"对话框中双击"多维/子对象"材质，如图3-93所示，弹出"替换材质"对话框，如图3-94所示。选择"将旧材质保存为子材质？"单选项，单击"确定"按钮，把原来的蓝色材质保存为子材质，以便后续使用。

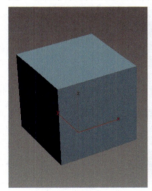

| 图3-91 | 图3-92 | 图3-93 | 图3-94 |

现在窗口如图3-95所示，可以看到现在有一个"ID"为1的材质球，它就是刚才保存的那个蓝色材质。单击"无"就可以添加新的子材质，如图3-96所示。

默认只有10个子材质，我们可以通过单击"添加"按钮 添加 和"删除"按钮 删除，或者直接单击"设置数量"按钮 设置数量 设置想要的子材质个数，如图3-97所示。

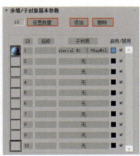

| 图3-95 | 图3-96 | 图3-97 |

下面介绍子材质的用法，在"ID"为1、2和3处添加3个子材质，如图3-98所示，它们分别为蓝色、红色和绿色。选中场景中的多边形对象，按4键进入"多边形"层级并展开"多边形：材质ID"卷展栏，如图3-99所示。

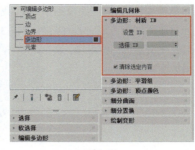

图3-98　　　　　　　　　　　　　　　　图3-99

选中顶部的面，设置"设置ID"为1，如图3-100所示。选中左边的面，设置"设置ID"为2，如图3-101所示。选中右边的面，设置"设置ID"为3，如图3-102所示。最终效果如图3-103所示。

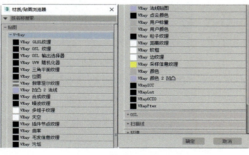
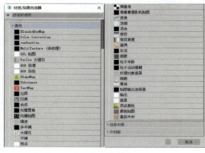

图3-100　　　　　　　　图3-101　　　　　　　　图3-102　　　　　　　图3-103

只要模型有"多边形：材质ID"卷展栏，就能用"多维/子对象"材质让该模型具有多个材质。如果模型并没有"多边形：材质ID"卷展栏，就需要先把它转换为可编辑多边形，然后再进行"多维/子对象"材质的指定。

3.5.2 通用和常用的贴图类型

下面介绍各行业常用的贴图类型，如"位图""混合""衰减""平铺"等。这里以"漫反射"参数为例，单击"漫反射"右侧的"加载"按钮█，在弹出的"材质/贴图浏览器"对话框（注意，这个对话框的名字跟选择材质类型时弹出的对话框是一样的，但两者的内容不同）中有很多可以用到的贴图类型，通常只会用到V-Ray和"通用"两大类里面的贴图类型，如图3-104所示。单击左侧的█按钮，V-Ray大类里的贴图类型如图3-105所示，"通用"大类里的贴图类型如图3-106所示。

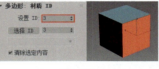

图3-104　　　　　　　　　　图3-105　　　　　　　　　　图3-106

贴图类型非常多，但其实在实际工作中大部分都用不上，下面介绍各行业经常用到的贴图类型，至于没讲到的，读者有兴趣的话可以自行学习。

1.位图

前面已经讲过，"位图"简单来说就是贴图，大多数行业都会用到，此处不再介绍。

2.混合

"混合"也是各行业应用得比较多的一个贴图类型，它可以让两张贴图混合在一起使用。单击"漫反射"右侧的"加载"按钮█，在弹出的"材质/贴图浏览器"对话框中选择"混合"选项，如图3-107所示，展开"混合参数"卷展栏，如图3-108所示。

该卷展栏里常用的是"颜色#1""颜色#2""混合量"选项，设置"颜色#1"为红色（R:213，G:0，B:0），"颜色#2"为蓝色（R:60，G:147，B:255），如图3-109所示。材质球效果如图3-110所示，材质球并没有出现混合的效果，还是由"颜色#1"控制。

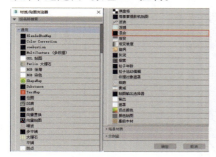

图3-107   图3-108   图3-109   图3-110

现在设置"混合量"为30.0，如图3-111所示，材质球效果如图3-112所示。这样设置的意思是"颜色#1"占70%，"颜色#2"占30%。

如果不喜欢整体混合，可以在"混合量"右侧加载一张黑白贴图，如图3-113所示，黑白贴图如图3-114所示，这样两个颜色就以贴图的黑白区域为基础进行混合，材质球最终效果如图3-115所示。

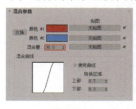

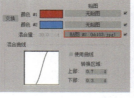

图3-111   图3-112   图3-113   图3-114   图3-115

3.衰减

"衰减"是对单帧效果图极为有用的贴图类型，在制作室内设计和建筑设计效果图时经常使用，它能让效果图具有更好的层次和材质细节。

同样还是以"漫反射"参数为例，设置"漫反射"为蓝色（R:89，G:120，B:176），如图3-116所示，这是一个普通的漫反射效果。想象一下，无论是添加颜色还是黑色贴图，物体上面的漫反射都是"画面感比较平的"。这就是单帧效果图表现里常说的材质的层次、过渡和变化不好。如果整个场景的材质都是"平"的，那么得到的效果图就不会有很好层次感和质感了。

单击"漫反射"右侧的"加载"按钮 ，在弹出的"材质/贴图浏览器"对话框中选择"衰减"选项，如图3-117所示。展开"衰减参数"卷展栏，如图3-118所示。

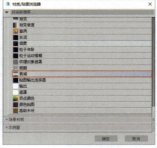

图3-116   图3-117   图3-118

默认添加由黑到白的渐变，现在材质球效果如图3-119所示。这跟混合不一样，"衰减"不是两个颜色的混合，而是让两个颜色间产生一个渐变效果。现在把黑色改成蓝色（R:89，G:120，B:176），如图3-120所示，材质球效果如图3-121所示。可以看到，材质有了颜色的过渡，在单帧效果图里就会有更多的过渡细节与层次。

设想一下，如果要制作的材质是纯色的，同时我们又想增强材质的过渡效果，该怎么办呢？这时完全可以在饱和度的基础上进行同一个颜色的衰减，如图3-122所示，让材质看上去不是"平"的。

默认的"衰减类型"是"垂直/平行"，这个类型的衰减力度比较大。打开"衰减类型"下拉列表框，如图3-123所示，其中有几种模式可以选择，读者可以每个都尝试并对比一下效果，一般建议用"垂直/平行"和Fresnel模式。当需要让衰减效果比较明显的时候，选择"垂直/平行"模式；需要让衰减效果比较弱的时候就选择Fresnel模式。"衰减方向"保持默认设置即可。

图3-119　　　　　图3-120　　　　　图3-121　　　　　图3-122　　　　　图3-123

"衰减"在单帧效果图中用得非常多，建议读者掌握，其核心作用就是让材质有一种过渡感。

4.平铺

在不用插件的前提下，"平铺"可以说是3ds Max中专为地砖"服务"的一个贴图类型，在室内设计和建筑设计中经常用到。新建一个尺寸为2000×2000×200的长方体，下面用"平铺"做出尺寸为800×800×800的地砖效果。

01 为长方体指定一个材质，如图3-124所示。单击"漫反射"右侧的"加载"按钮■，在弹出的"材质/贴图浏览器"对话框中选择"平铺"选项，如图3-125所示，"平铺"卷展栏如图3-126所示。

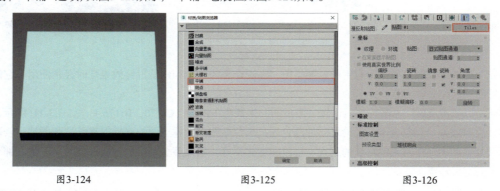

图3-124　　　　　　　　　　图3-125　　　　　　　　　　图3-126

02 现在长方体的效果如图3-127所示（如果该效果没有显示的话，单击"视口中显示明暗处理"按钮■即可），可以看到地砖效果已经出来了。展开"标准控制"卷展栏，这里有一些预设的砖铺法可以选择，如图3-128所示。

03 选择默认的"堆栈砌合"选项，展开"高级控制"卷展栏，如图3-129所示，在此可以调整地砖的细节。在"平铺设置"选项组中可以调整地砖的颜色，或者添加位图。设置"纹理"为白色，如图3-130所示，长方体的效果如图3-131所示。

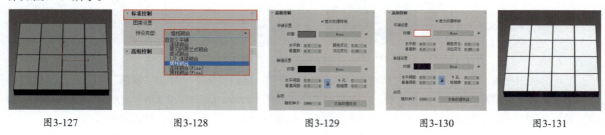

图3-127　　　　　图3-128　　　　　图3-129　　　　　图3-130　　　　　图3-131

04 可以看到地砖的分布为4×4的形式，对应的就是"水平数"和"垂直数"参数，把"水平数"和"垂直数"都设置为1.0，如图3-132所示，效果如图3-133所示。

05 现在长方体就是一整块砖了。给长方体添加一个"UVW贴图"修改器，设置"UVW贴图"修改器的"贴图"为"长方体"模式、尺寸为800.0×800.0×800.0，如图3-134所示，效果如图3-135所示。这样尺寸为地砖就做好了，这个方法多用于室内设计和建筑设计行业。

图3-132

图3-133

图3-134

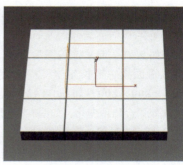
图3-135

06 进行砖缝设置。此处设置"纹理"为红色（R:230，G:30，B:30），具体参数设置如图3-136所示，效果如图3-137所示。

"纹理"下面的"水平间距"和"垂直间距"参数是用来调整砖缝大小的，默认值均为0.5，读者根据实际情况调整即可。对于普通的场景，建议设置为0.15左右。

图3-136

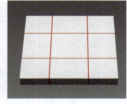
图3-137

3.6 UVW贴图与UVW展开

UVW修改器是控制贴图纹理的修改器，一般分为两种："UVW贴图"修改器和"UVW展开"修改器。"UVW贴图"修改器适用于大部分的几何体场景，如室内设计和建筑设计中的几何体场景；"UVW展开"修改器适用于"UVW贴图"修改器不适用的情况，如人、动物等有机体的贴图及游戏动画中对象的贴图。

3.6.1 UVW贴图详解

"UVW贴图"修改器主要用于控制贴图的纹理和效果，下面用一个例子进行说明。

在视图中创建一个尺寸为2000×2000×200的长方体，为其指定一个空白材质，在"漫反射"贴图通道中加载一张贴图，如图3-138所示，效果如图3-139所示。

图3-138

图3-139

观察长方体会发现，在默认的情况下，这张贴图会自动展开到长方体上，即根据长方体的长度、宽度和高度拉伸贴图。此时，长方体正面呈现的贴图效果是正常的，但是由于其侧面高度只有200mm，贴图在侧面被压缩，显然侧面的效果不理想。

现在要调整侧面的纹理效果，将侧面的展开尺寸也调整为2000×2000，而不是默认的2000×200。因此需要用到"UVW贴图"修改器，它可以改变贴图的展开尺寸。在"修改"面板 中为对象加载"UVW贴图"修改器，该修改器有多种贴图方式。这里设置"贴图"为"长方体"，然后设置"长度"为2000.00mm、"宽度"为

2000.00mm、"高度"为2000.0mm，如图3-140所示。

完成上述设置后，该长方体的外围会出现一个橙色的正方体线框，其尺寸为2000.00×2000.00×2000.0，效果如图3-141所示。可以看到，侧面纹理正常显示了。

如果在"UVW贴图"修改器的设置面板中把长方体尺寸设置为800×800×800，如图3-142所示，

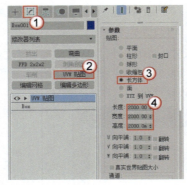

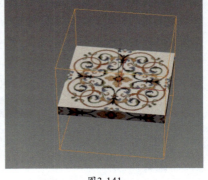

图3-140 图3-141

贴图效果会出现变化，如图3-143所示。为了方便看清楚橙色线框，我们选择"线框"模式进行观察，效果如图3-144所示。显然，橙色的线框能控制贴图的效果。

大部分贴图纹理都可以通过"UVW贴图"修改器进行调整。除了"长方体"模式，读者可以自行尝试其他模式，它们的原理都是一样的。

另外，我们还可以调整UVW贴图的轴心，如图3-145所示，选中轴心后，在视图中移动或旋转轴心。将轴心旋转45°，贴图角度也会改变，如图3-146所示。总之，在室内效果图中，使用"UVW贴图"修改器可以直接控制贴图效果。

图3-142 图3-143 图3-144 图3-145 图3-146

3.6.2 UVW展开详解

当"UVW"贴图修改器不适用时，可以使用"UVW展开"修改器。因为用"UVW贴图"修改器控制贴图时的局限性较大，只能用在常规的几何体模型上，而一些有机体（人、动物等）模型的贴图只用"UVW贴图"修改器是完成不了的。使用"UVW展开"修改器则可以打破"UVW贴图"修改器的局限，把物体的UV展开，就可以根据展开的UV控制贴图。

1.普通的面投影

以图3-147所示的模型为例，正常情况下，我们用"UVW贴图"修改器很难完成这个模型的材质贴图。有人可能会想到用"多维/子对象"材质，但这种方法非常麻烦，需要一个面一个面地添加模型的贴图，不适用于面数多和比较复杂的模型。此时，必须展开模型的UV。

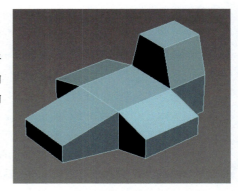

图3-147

选中模型，进入"修改"面板，在修改器下拉列表框中找到"UVW展开"修改器，如图3-148所示。为模型添加该修改器之后，模型上就会出现一些绿色的UV线，如图3-149所示。UV线就是把贴图的UV展开的线。为模型添加"UVW展开"修改器之后，3ds Max会自动展开模型的UV，当然我们也可以自己手动展开模型的UV。

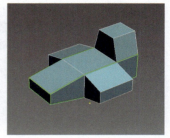

图3-148　　　　　　　　　　　图3-149

在"修改"面板中展开模型UV的命令如图3-150所示，展开"编辑UV"卷展栏，单击"打开UV编辑器"按钮，如图3-151所示，弹出"编辑UVW"窗口，如图3-152所示。这里要用到"修改"面板中的某些工具和"编辑UVW"窗口中的某些工具，这些工具都是为展开模型的UV服务的，只要理解了展开模型的UV的原理，这些工具就变得很简单了。

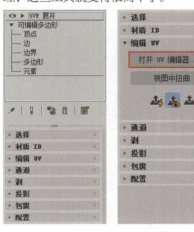

图3-150　　　　　　　　　图3-151　　　　　　　　　　　　　　　　　　图3-152

在展开模型的UV之前，要先明确一点，展开模型UV是为了方便添加贴图，所以无论用什么形式，都要以方便后续添加贴图为主。贴图不会变形、不会弯曲，它是投影在模型上的，所以在展开模型UV的时候应尽可能地选择平面。这一点现在不太懂没关系，练习多了就明白了。

展开模型UV，选中模型顶部的面，如图3-153所示，此时的橙色线框就是默认的UVW投影方向。为什么要选中顶部的所有面呢？因为我们在Photoshop中绘制的是平面图，展开了顶部的面，就可以在Photoshop中绘制顶部的整体贴图。试想，如果把侧面也选中了，那么在Photoshop中就要同时绘制顶部和侧面的贴图，绘图的难度和复杂度就增加了。

选中顶部的面，展开"修改"面板中的"投影"卷展栏，单击"平面贴图"按钮，如图3-154所示，这时视图中的模型如图3-155所示。可以看到橙色的UV线框与选中的面处于垂直投影状态，这个效果相当于单独为选中的面添加"UVW贴图"修改器后的效果，"投影"卷展栏中的工具就是用来实现这个效果的。

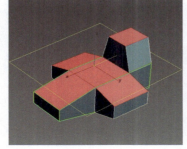

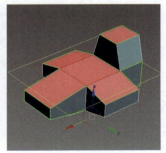

图3-153　　　　　　　　　　图3-154　　　　　　　　　　图3-155

📝 **提示** - >

要确保这个线框平面与选中的面是对应的。图3-156所示是不对应的情况，应避免。这个线框平面相当于贴图平面，它在旁边，我们绘制的贴图是"贴"不到模型的顶部的。我们可以通过移动、旋转或者"对齐选项"工具调整平面的位置。

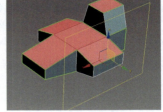

图3-156

确定线框平面位置正确之后，单击"平面贴图"按钮 退出当前编辑模式，如图3-157所示。此时模型如图3-158所示，与之前的模型相比，可以发现UV线变了，现在顶部的面周围有一圈UV线。

打开"编辑UVW"窗口，编辑器里面出现了一个UV面，如图3-159所示。这就是展开的UV，用"编辑UVW"窗口中的"移动选定的子对象"工具 把它移动到右上方，如图3-160所示。

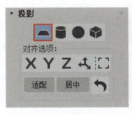
图3-157

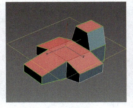
图3-158

图3-159

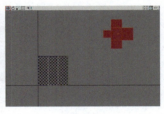
图3-160

这里要注意，由于模型的结构关系，展开UV后，模型的尾部和另一部分之间有一条UV线，如图3-161所示。表示这里的UV面是断开的，两个部分不是连在一起的，"编辑UVW"窗口中的效果如图3-162所示。

在"编辑UVW"窗口中选中尾部对应的面，这个面是可以移动的，如图3-163所示。如果在导出的时候不小心把某些面移开了，就会给绘制贴图带来麻烦，所以，必须确保展开的UV是一个整体。

在UVW的"面"（多边形）层级下选中所有的面，单击"编辑UVW"窗口的"元素属性"卷展栏中"组"下的"选定组"按钮 ，把它们打成组，如图3-164所示。

将面打成组之后，依然可以单独选中其中的某一个面，如图3-165所示。如果想选中刚才的组，只需单击"元素属性"卷展栏中的"选定组"按钮 ，如图3-166所示。

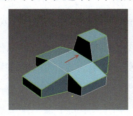
图3-161

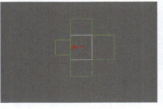
图3-162

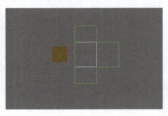
图3-163

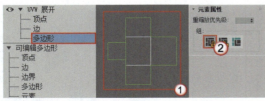

图3-164

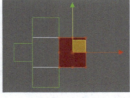
图3-165

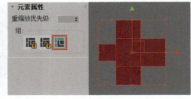
图3-166

现在发现"编辑UVW"窗口中的UV面与模型顶面的方向不太一样，不利于观察，我们可以单击"编辑UVW"窗口的"快速变换"卷展栏中的"环绕轴心旋转 –90°"按钮 或者"环绕轴心旋转90°"按钮 ，把面旋转一下，如图3-167所示，现在就比较好观察了。"快速变换"卷展栏里有许多用于调整UV面的工具，读者可以自行尝试。

顶面的UV展开好了，接着展开侧面的。选中模型的侧面，如图3-168所示，在"投影"卷展栏中单击"平面贴图"按钮 ，用相关的工具把线框平面与所选的面匹配好，如图3-169所示。

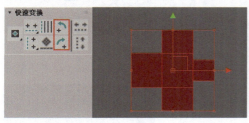
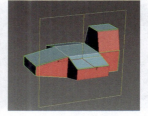
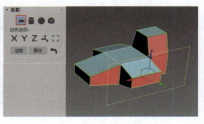

| 图3-167 | 图3-168 | 图3-169 |

匹配好后，再次单击"平面贴图"按钮 。同样地，在"编辑UVW"窗口中会看到展开的UV，把它移动到一边并打组，如图3-170所示。

用相同的方法把其他所有面的UV都展开并放好，如图3-171所示。

现在把这些UV都放回最开始的那个棋盘格里面，"编辑UVW"窗口的左上角有"移动选定的子对象"工具 、"旋转选定的子对象"工具 和"缩放选定的子对象"工具 。将UV都放好后，选中所有的UV，在"编辑UVW"窗口中展开"排列元素"卷展栏，勾选"重缩放"和"旋转"复选框，单击"紧凑规格化"按钮 ，现在所有的UV都很整齐地放在棋盘格里面了，如图3-172所示。这个操作会让展开的UV自动进入最适应模型的状态，当然也可以手动一个一个调整。

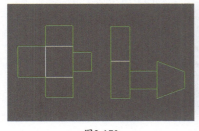

| 图3-170 | 图3-171 | 图3-172 |

模型的UV展开完后，检查没有问题就可以渲染UVW模板了。执行"选择 > 选择重叠多边形"菜单命令，如图3-173所示。此命令用来检查场景中有没有重叠在一起的多边形（一般在很复杂的UV里可能会有重叠面），如果有，必须把它们分开。

执行"选择 > 选择反转多边形"菜单命令，如图3-174所示。什么是反转多边形？打个比方，我们把顶部的UV展开了，那么后续在Photoshop中画贴图的方向就是从顶部看下去的。但是如果展开的顶部UV反转了，那"编辑UVW"窗口中的效果就是从已经展开的UV面的底部向上看的，二者单看外形是一样的，但后者对贴图的添加就不太友好了。

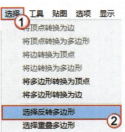

| 图3-173 | 图3-174 |

检查后，没有重叠的多边形，但有反转的UV，如图3-175所示。单击"垂直镜像选定的子对象" 按钮将这些面反转回来，如图3-176所示。

反转后很明显有面重叠了，单击"排列元素"卷展栏中的"紧缩规格化"按钮，所有UV会重新排列，如图3-177所示。重新排列后，可以再检查一次有没有重叠的面。

图3-175　　　　　　　　　　图3-176　　　　　　　　　　　图3-177

现在可以渲染UVW模板了。执行"工具>渲染UVW模板"命令，如图3-178所示，在弹出的"渲染UVs"对话框中先单击"猜测纵横比"按钮 猜测纵横比 ，再单击"渲染UV模板"按钮 渲染 UV 模板 ，如图3-179所示。单击"猜测纵横比"按钮 猜测纵横比 可以让3ds Max自动地判断当前贴图用什么像素最好。渲染出来的UVW模板如图3-180所示。

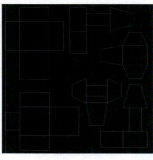

图3-178　　　　　　　　　　图3-179　　　　　　　　　　　图3-180

把UVW模板导入Photoshop里面，开始绘制模型的贴图，绘制贴图不属于本书的内容，这里只简单地演示一下。新建一个图层，如图3-181所示，在UVW模板上绘制所需的贴图。这里在顶部中间添加一个字母A，如图3-182所示，注意确认字母的方向。在字母A图层下面新建一个图层并填充为白色，如图3-183所示。

图3-181　　　　　　　　　图3-182　　　　　　　　　　　图3-183

将这张贴图保存，回到3ds Max中，给模型指定一个材质，在"基本参数"卷展栏的"漫反射"里面添加这张贴图，如图3-184所示。单击"视口中显示默认明暗处理材质"按钮后，模型的效果如图3-185所示。

图3-184

图3-185

✅ 提示 ------------------------------->

在讲第2种展开方法之前，补充介绍一些知识点。删除原来的"UVW展开"修改器，重新为模型添加一个"UVW展开"修改器，打开"编辑UVW"窗口，执行"贴图>展平贴图"命令，如图3-186所示。此时3ds Max会自动将模型展开，不需要我们手动去调整。这个方法在某些情况下是非常快捷的，但并不是对每个模型都适合，读者不妨尝试一下。

图3-186

2.缝合和剥

在介绍剥之前，先介绍缝合（与之相对应的就是炸开，这与二维线的断开和焊接类似）。

下面以一个长方体为例，如图3-187所示，为它添加"UVW展开"修改器，把它的顶面和侧面拆分出来，如图3-188所示，模型对应的面如图3-189所示。

如果希望在两个面的交界处做一个图案，那么这个图案是横跨两个面的。但现在已经把两个面拆开了，就需要在Photoshop里分别绘制这两个面上的图案。这让绘制贴图变得很麻烦，此时就可以用缝合把拆开的UV缝合起来。

在"编辑UVW"窗口中，选中顶面上的那条共同边，这时侧面的某一条边会变为蓝色，它就是侧面的公共边，如图3-190所示。现在要做的就是把它们缝合起来，旋转其中一个面，将两个面大概对齐，如图3-191所示（手动操作时对不齐也没关系）。

图3-187 　　　　　　图3-188 　　　　　　图3-189 　　　　　　图3-190 　　　　　　图3-191

单击"缝合：自定义"图标按钮，两个面就缝合在一起了，如图3-192所示。这样在Photoshop中就可以在公共边上直接绘制贴图，减少了不必要的工作量。

接下来介绍剥。对于很复杂的模型，我们无法一部分一部分地手动去拆分，这时就要用剥的方法，如人的头部模型。我们吃橙子前要剥皮，这个"剥"与这里"剥"的意思是一样的，就是把模型的面剥出来，然后把这些面展开。

下面用一个非常简单的例子进行说明，有一个金字塔形状的模型，如图3-193所示，现在把它当成一个橙子，我们要思考的就是如何"下刀"才能把面剥完整。

图3-192 　　　　　　　　　　　　　　　　　图3-193

为模型添加"UVW展开"修改器，模型上出现绿色的UV线，如图3-194所示，现在需要隐藏它们，以免影响后续操作。在"修改"面板中进入"UVW展开"的"多边形"层级，选中所有面，如图3-195所示，单击"投影"卷展栏中的"平面贴图"按钮，默认的UV线就不见了，如图3-196所示。

  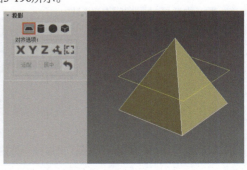

图3-194 　　　　　　　　图3-195 　　　　　　　　图3-196

进入"UVW展开"的"边"层级，选中金字塔侧面的4条边，如图3-197所示。在"修改"面板 中单击

"剥"卷展栏中的"将边选择转换为接缝"按钮 ，如图3-198所示。可以看到，现在模型的4条边就变成了接缝，显示为蓝色，如图3-199所示。

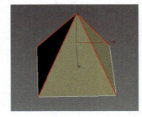

图3-197　　　　　　　　　　图3-198　　　　　　　　　　图3-199

打开"编辑UVW"窗口，效果如图3-200所示，在"修改"面板 中单击"剥"卷展栏中的"快速剥"按钮 ，如图3-201所示。操作完成后，"编辑UVW"窗口中的效果如图3-202所示。现在金字塔模型就被剥开了，一个完整的UVW模板就制作完成了。这种方法大多应用于游戏动漫行业里面一些贴图的制作。

图3-200　　　　　　　　　　图3-201　　　　　　　　　　图3-202

3.7　主流行业的材质实例

本节演示的是材质的一般做法，其中的参数值仅供参考。在实际工作中，会有很多不同的因素影响材质的表现。对于不同的要求来说，材质参数值都是可变的，即便是同样的材质，在不同空间中，其参数值都会有所改变。因此，读者不要死记硬背参数值，要弄懂参数值代表的意义，要配合当前场景的效果对参数值进行调整。切记，材质效果是随环境的变化而变化的。

案例实训：设置木材材质

场景文件	无
实例文件	实例文件 > CH03 > 案例实训：设置木材材质
教学视频	案例实训：设置木材材质.mp4
学习目标	掌握木材材质的设置方法

木材材质的模拟效果如图3-203所示。

01 新建一个VRayMtl材质球，为"漫反射"加载一张木材贴图，如图3-204所示。注意，贴图的选择非常重要，有时候初学者会发现虽然参数设置没有问题，但渲染出来效果很不理想。出现这种情况通常是因为贴图质量不过关，建议读者尽量用像素高的贴图。

图3-203　　　　　　　　　　　　　　　　图3-204

02 加载好贴图后，进入"位图"层级，设置"模糊"为0.01，让木纹更加清晰，如图3-205所示。

03 设置"反射"效果。为"反射"添加"衰减"效果，然后设置"光泽度"为0.85，如图3-206所示，"衰减参

数"卷展栏中的具体设置如图3-207所示。这里为"反射"添加"衰减"效果的意义在于让木材的反射有一定的渐变效果。

04 其他的参数保持默认设置即可，材质球效果如图3-208所示。

图3-205　　　　　　　图3-206　　　　　　　图3-207　　　　　　　图3-208

案例实训：设置石材材质

场景文件	无
实例文件	实例文件 > CH03 > 案例实训：设置石材材质
教学视频	案例实训：设置石材材质.mp4
学习目标	掌握石材材质的设置方法

石材材质的模拟效果如图3-209所示。

01 给"漫反射"加载一张大理石贴图，如图3-210所示。这里和前面一样，也可以设置"模糊"为0.01。

图3-209　　　　　　　　　　　　　图3-210

02 设置"反射"效果。设置"反射"为深灰色（R:20，G:20，B:20），"亮度"为20，"光泽度"为0.7，如图3-211所示。

03 设置BRDF卷展栏中的参数，把其中默认的模式改成"沃德"模式，如图3-212所示。

04 其他参数保持默认设置即可，材质球效果如图3-213所示。

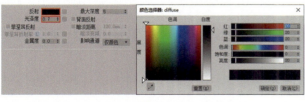  

图3-211　　　　　　　　　　　　　图3-212　　　　　　　　图3-213

案例实训：设置透明材质

场景文件	无
实例文件	实例文件 > CH03 > 案例实训：设置透明材质
教学视频	案例实训：设置透明材质.mp4
学习目标	掌握透明材质的设置方法

透明材质的模拟效果如图3-214所示。

图3-214

01 设置"漫反射"为红色（R:243，G:109，B:109），如图3-215所示。添加"衰减"效果，设置"前:侧"中的第1个颜色为蓝色（R:186，G:253，B:255），如图3-216所示。

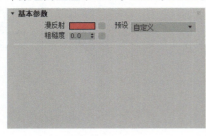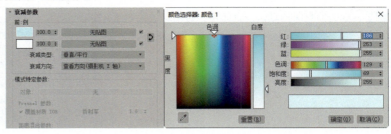

图3-215 　　　　　　　　　　　　　　　　　　　　图3-216

02 为"反射"添加"衰减"效果，设置"光泽度"为0.75，勾选"菲涅耳反射"复选框，如图3-217所示，"衰减参数"卷展栏中的具体设置如图3-218所示。

03 为"折射"添加"衰减"效果，"衰减参数"卷展栏中的设置和"反射"中的一样，设置"折射率（IOR）"为1.3，如图3-219所示。

图3-217 　　　　　　　　　　图3-218 　　　　　　　　　　图3-219

04 设置"烟雾颜色"为浅蓝色（R:216，G:255，B:255），设置"烟雾倍增"为0.01，如图3-220所示。

05 其他参数保持默认设置即可，材质球效果如图3-221所示。

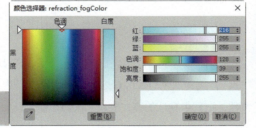

图3-220 　　　　　　　　　　　　　　　　　　　图3-221

案例实训：设置金属材质

场景文件	无
实例文件	实例文件 > CH03 > 案例实训：设置金属材质
教学视频	案例实训：设置金属材质.mp4
学习目标	掌握金属材质的设置方法

金属材质的模拟效果如图3-222所示。

01 为"漫反射"添加"衰减"效果，设置"前:侧"为棕色（R:141，G:103，B:0）到黑色的过渡，如图3-223所示，棕色的参数设置如图3-224所示。

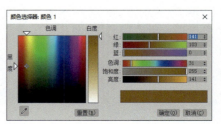

图3-222 　　　　　　　　　　图3-223 　　　　　　　　　　图3-224

02 设置"反射"为浅棕色（R:197，G:161，B:138），设置"光泽度"为0.78，如图3-225所示，让反射效果更加自然。

03 其他参数保持默认设置即可，材质球效果如图3-226所示。

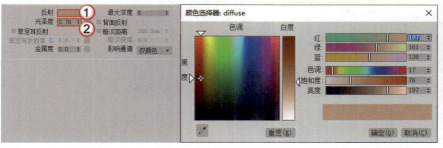

图3-225　　　　　　　　　　　　　　　　　　　　　　　　　图3-226

案例实训：设置皮革材质

场景文件	无
实例文件	实例文件 > CH03 > 案例实训：设置皮革材质
教学视频	案例实训：设置皮革材质.mp4
学习目标	掌握皮革材质的设置方法

皮革材质的模拟效果如图3-227所示。

01 为"漫反射"添加"衰减"效果，添加一张皮革贴图，让皮革贴图有一个黑色的衰减效果，这样可以让皮革的边缘更饱满，如图3-228所示，皮革效果如图3-229所示。

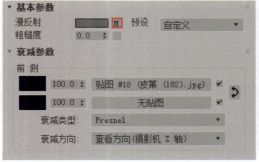

图3-227　　　　　　　　　　　图3-228　　　　　　　　　　　图3-229

02 设置"反射"为灰色（R:75，G:75，B:75），"亮度"为75，"光泽度"为0.65，如图3-230所示。注意，皮革材质的光泽度不用太高。

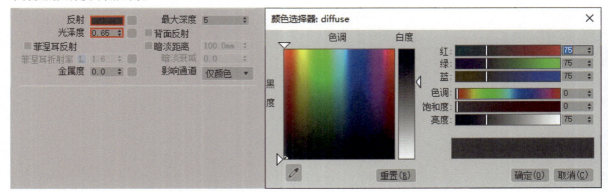

图3-230

03 添加"凹凸"效果，在"凹凸"右侧添加前面的皮革贴图并设置"凹凸"为100.0，如图3-231所示。

04 其他参数保持默认设置即可，材质球效果如图3-232所示。

图3-231　　　　　　　　　　　图3-232

3.8　技术汇总与解析

　　3ds Max里材质的调整其实就是调整漫反射、反射和折射这3个属性。我们在调整材质时，基本上都需要调整这3个属性。希望读者能够掌握调整这3个属性的能力，并在平时的生活中加强练习。例如，拿着杯子就思考并分析杯子材质的3个属性在3ds Max中应该怎么表现。

　　材质的调整可以说就是先理解原理，再自由发挥。学会了3个属性的设置，就能调整大多数材质的效果。接下来就要处理材质细节，如添加"衰减"效果，根据角度调整"高光""模糊"等。细节需要根据场景情况来确定。

3.9　材质贴图拓展实训

　　因为材质是需要与灯光和环境配合的，所以建议读者把灯光技术与渲染知识都学完后，在后面的案例实训中再进行材质贴图的拓展实训。

　　在第8章的案例实训中调节各类材质时，训练的要求和思路如下。

　　第1点：分析场景中每一类材质的3个属性。

　　第2点：分类创建材质（木材、石材等）。

　　第3点：调整材质的参数值，让材质更适合场景。

第 4 章

灯光技术与打光思路

本章将讲解 3ds Max 的灯光部分，灯光会非常直接地影响作品的质量。本章会讲解 3ds Max 中常用的灯光技术和各行业的打光思路，打光是整个建模工作中非常重要的一部分。读者在本章的学习过程中应注意，除了学习软件技术外，掌握打光的思路也是学习的重点。

本章学习要点

▶ 掌握"标准"灯光的使用方法

▶ 掌握"光度学"灯光的使用方法

▶ 掌握 VRay 灯光的使用方法

▶ 掌握主流行业的打光思路和方法

4.1 主流行业3ds Max灯光应用概述

3ds Max里的灯光种类繁多,灯光的用法和参数也五花八门。跟前面的学习一样,我们要先弄清楚各行业到底需要学习些什么,工作中用不上或者很少用的知识就不需要花太多时间去学习了。

4.1.1 哪些行业需要在3ds Max里面制作灯光效果

在本书介绍的主流行业中,并不是每一个行业的建模工作都需要在3ds Max里面制作灯光效果的。下面先来了解一下大概的情况。

所有的单帧效果图都需要在3ds Max里面做灯光,如室内设计效果图、建筑设计效果图和产品设计效果图。

在3ds Max里面输出成品的动态效果图或者动画会用到3ds Max的灯光。例如,一些全景图或者纯3ds Max动画需要在3ds Max里面制作灯光效果(这种情况会越来越少,制作动画效果目前已经有更优秀的输出引擎,如Unreal Engine)。

游戏行业不需要用到3ds Max的灯光,游戏行业多用3ds Max制作模型。

动画行业中,除了上面说的纯3ds Max动画,导入别的软件进行输出的动画不会用到3ds Max的灯光。

4.1.2 3ds Max里的常用灯光类型

我们先来看一下3ds Max中的所有灯光。进入"创建"面板➕,单击"灯光"按钮💡,打开下拉列表框,如图4-1所示。其中一共有4类灯光,分别是"光度学""标准""VRay"和"Arnold"。通常来说,我们只会用到"光度学""标准"和"VRay"里面的灯光,"光度学"和"标准"中是3ds Max里面通用的灯光,无论在哪个渲染器里面都能用。

本书主要介绍VRay灯光,至于Arnold灯光,因为从3ds Max 2018版本开始就自带了Arnold渲染器,也自带了Arnold灯光,而Arnold渲染器平时用得很少,导致与之配套的Arnold灯光也很少使用。并不是说Arnold渲染器不好,而是市场中主要还是使用VRay渲染器,因此本书不介绍Arnold灯光。

"标准"里面所有的灯光如图4-2所示,"光度学"里面所有的灯光如图4-3所示,VRay里面所有的灯光如图4-4所示。我们的学习重点不是灯光的类型,而是灯光的应用手法。

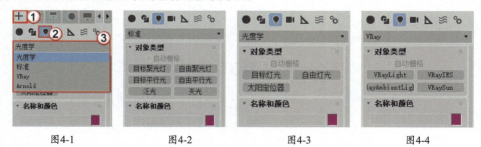

图4-1　　　　　　图4-2　　　　　　图4-3　　　　　　图4-4

这些灯光在工作中并不是全部都会用到,常用的有"光度学"里面的"目标灯光"和"自由灯光","标准"里面的"目标聚光灯""自由聚光灯""目标平行光""自由平行光""泛光",以及"VRay"里面的全部灯光。这些灯光基本可满足主流行业的应用需求,读者要认真学习。

4.2 "标准"灯光

"标准"灯光是3ds Max中最基础的灯光。

4.2.1 目标/自由聚光灯

　　下面创建一个小场景来讲解聚光灯的应用。因为渲染灯光效果是需要设置好VRay渲染器的，所以本章的所有渲染测试过程都已经完成了对VRay渲染器的设置。如果读者跟着本书练习时发现和书中的效果不一样，是因为读者未设置VRay渲染参数。VRay渲染参数的相关知识会在后续的章节里介绍。

　　创建的小场景如图4-5所示。

　　设置好渲染器之后，如果场景中没有任何灯光，渲染效果是全黑的，因此我们需要添加一个聚光灯。进入顶视图，进入“创建”面板 ⊕，单击“灯光”按钮 🔍，在下拉列表框中选择“标准”选项，单击“目标聚光灯”按钮，如图4-6所示。在视图中拖曳创建一个目标聚光灯，先确定灯光本体，再确定目标方向，如图4-7所示。现在灯光是“平躺”在地面上的，切换到前视图，效果如图4-8所示。把灯光移高一点（灯光的目标方向也可以自由移动），如图4-9所示。

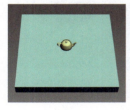  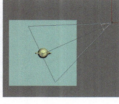 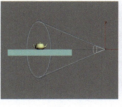 

图4-5　　　　　　　图4-6　　　　　　　图4-7　　　　　　　图4-8　　　　　　　图4-9

　　渲染效果如图4-10所示，这就是默认情况下的聚光灯效果。选中灯光，进入“修改”面板 ✏，“目标聚光灯”的属性如图4-11所示，可以看到很多个卷展栏，每个卷展栏展开之后都有很多参数可以调整。接下来介绍聚光灯常用的属性。

图4-10　　　　　　　　　　　　　　　图4-11

1.常规参数

　　展开“常规参数”卷展栏，如图4-12所示。

　　“灯光类型”选项组中的“启用”复选框必须勾选，如果不勾选，灯光就不起作用了。“启用”的下面有个“目标”复选框，当勾选这个复选框的时候，当前灯光就是目标灯光，有目标点可以调节。如果不勾选“目标”复选框，那当前灯光就变成了自由灯光。设置的是目标灯光还是自由灯光，就是由“目标”复选框是否勾选决定的。目标灯光可以通过目标点进行调整，自由灯光则不行。

　　打开“启用”右侧的下拉列表框，如图4-13所示，其中有“聚光灯”“平行光”“泛光”3个选项。在此可以直接修改灯光的类型。例如，想创建一个平行光，不要这个聚光灯了，可以在这里直接修改灯光的类型，而不需要删掉聚光灯再重新创建一个平行光。

 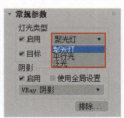

图4-12　　　　　　　图4-13

　　“阴影”选项组中的“启用”复选框必须勾选，否则就没有阴影了，阴影类型通常选择“VRay阴影”即可。

　　“排除”按钮在工作中比较常用。单击“排除”按钮，打开“排除/包含”对话框，对话框的左边会显示场景中所有对象的名称，右边有“包含”和“排除”单选项，如图4-14所示。理论上，灯光可以照亮所有对象（被其他对象挡住的除外），而且会让对象产生阴影。如果想让灯光只照亮物体A，不照亮物体B，或者只需要物体A有阴影，不要物体B有阴影，就要用到这里的"包含"和"排除"单选项。

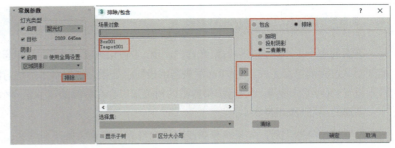

图4-14

例如，现在不想让茶壶产生阴影，可以打开"排除/包含"对话框，选中茶壶，然后单击 >> 按钮，选择"排除"和"投射阴影"单选项，单击"确定"按钮 确定 ，如图4-15所示。渲染后的效果如图4-16所示。可以看到，茶壶的阴影就被排除掉了。单帧效果图可以通过"排除/包含"对话框做出很多细节效果。

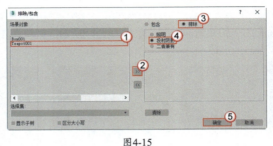

图4-15　　　　　　　　　　图4-16

2.强度/颜色/衰减

展开"强度/颜色/衰减"卷展栏，如图4-17所示。"倍增"选项用于控制灯光的强度，灯光强度设置为多少好呢？其实这个问题并没有答案，不同的场景需要的强度是不一样的，需要不断地调节，而不是记住某个数值。"倍增"右侧的色块用于调整灯光的颜色。

"近距衰减"选项组用来避免离光源很近的物体被照得太亮，"远距衰减"选项组用来模拟灯光照不到远处或逐渐减弱的效果。可以通俗地理解为：从灯光到目标物体，"近距衰减"效果就是从暗到亮，"远距衰减"效果就是从亮到暗。

图4-17

勾选"近距衰减"选项组中的"使用"和"显示"复选框，设置"开始"为2000.0（与灯光的距离，后同），"结束"为3500.0（这是根据本案例场景得到的距离，并非绝对距离），如图4-18所示。这时，视图里的聚光灯会出现开始和结束范围，如图4-19所示。渲染效果如图4-20所示。可以明显看出，开始处是暗的，然后慢慢变亮，直到结束处。要注意的是，开始和结束范围外的区域是不受衰减控制的。

图4-18　　　　　　图4-19　　　　　　图4-20

勾选"远距衰减"选项组中的"使用"和"显示"复选框，设置"开始"为2000.0，"结束"为3500.0，如图4-21所示，视图中的效果如图4-22所示，同样会有范围显示。渲染效果如图4-23所示，正好跟"近距衰减"的效果相反。

图4-21　　　　　　图4-22　　　　　　图4-23

3.聚光灯参数

展开"聚光灯参数"卷展栏,如图4-24所示。一般情况下,我们只需要调整"聚光区/光束"和"衰减区/区域"的参数值。例如,设置"聚光区/光束"为28.0,"衰减区/区域"为30.0(两个值不能一样,衰减区一定要比聚光区大一点,就算设置成一样的值,3ds Max也会自动更正),效果如图4-25所示。

设置"聚光区/光束"为10.0,"衰减区/区域"为30.0,效果如图4-26所示。对比可知,这两个参数就是控制聚光灯的聚光区和边缘的衰减效果的。如果想要做出边缘很硬的聚光效果或者边缘柔和的聚光效果,可以在这里调整。

图4-24

图4-25

图4-26

除了默认的圆形效果外,我们还可以把聚光区域变成矩形效果。选择"矩形"单选项,设置"纵横比"为1.0,如图4-27所示,效果如图4-28所示。"纵横比"参数用于调整矩形的长宽比例,而右侧的"位图拟合"用于加载一张贴图,并以这张贴图的尺寸来拟合矩形的尺寸。

图4-27

图4-28

4.高级效果

展开"高级效果"卷展栏,如图4-29所示。"对比度"和"柔化漫反射边"参数分别用于增强物体的对比效果和柔化漫反射的边,读者可自行尝试。这两个参数一般很少用,因为效果并不是十分明显,但在制作细节时可以调整"柔化漫反射边"参数。其余的选项一般保持默认设置即可,"漫反射"复选框必须勾选,"高光反射"复选框默认为勾选状态,但如果不希望这个灯光产生高光效果,就可以取消勾选。

"投影贴图"选项组用于制作一些特殊的阴影效果,一般不需要用到。因为一般情况下我们只需要表现场景中物体的正常阴影,如果想让物体产生特殊的阴影,可以勾选"投影贴图"下的"贴图"复选框,然后单击右侧的"无"按钮 无 ,加载一张黑白贴图,如图4-30所示,贴图如图4-31所示,渲染效果如图4-32所示。这样黑白贴图就变成阴影显示出来了。

图4-29

图4-30

图4-31

图4-32

5.VRayShadows params(VRay阴影参数)

展开VRayShadows params卷展栏,如图4-33所示,默认情况下的渲染效果如图4-34所示。观察阴影,茶壶的阴影是非常硬的,设置VRayShadows params(VRay阴影参数)卷展栏中的相关参数就可以让硬的阴影变得柔和。

勾选"区域阴影"复选框,选择"球体"单选项,设置"U大小""V大小""W大小"均为50.0mm,如图4-35所示,渲染效果如图4-36所示。这时,阴影的边缘已经柔和一些了,继续设置"U大小""V大小""W大小"均为300.0mm，渲染效果如图4-37所示。可见，这3个参数值越大，阴影越柔和。这几个参数非常常用，很多单帧效果图的虚影效果就是这样调整的。

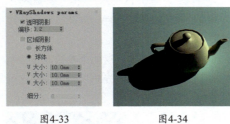

图4-33　　　　　　图4-34　　　　　　图4-35　　　　　　图4-36　　　　　　图4-37

其他的参数保持默认设置即可。

4.2.2 目标/自由平行光

平行光和聚光灯有很多参数是一样的，相同的参数在此就不赘述了。继续用上面的场景来讲解平行光的应用。切换到顶视图，进入"创建"面板，单击"灯光"按钮，在下拉列表框中选择"标准"选项，单击"目标平行光"按钮，如图4-38所示。创建平行光的方法和创建聚光灯一样，先确定灯光，然后确定目标方向，如图4-39所示。同样，现在灯光还是"平躺"在地面上的，把灯光移高一点，如图4-40所示。

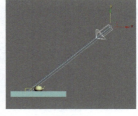

图4-38　　　　　　　图4-39　　　　　　　　图4-40

进入"修改"面板，平行光的属性如图4-41所示。可以看出，平行光只有一个"平行光参数"卷展栏跟聚光灯不同，其他都是一样的。展开"平行光参数"卷展栏，如图4-42所示。

可以看到，"平行光参数"卷展栏中的选项跟聚光灯中的一样。其实两者只是计算方法不一样。聚光灯就是光由一个点向目标处发散，光从点到圆形（也可以为矩形）；平行光从开始处到目标点都呈圆形，且呈平行状态。设置"聚光区/光束"为300.0，"衰减区/区域"为302.0，效果如图4-43所示。

图4-41　　　　　　　图4-42　　　　　　　图4-43

从效果来看，聚光灯和平行光照射到目标物体上的效果基本是一样的，那么应该选择聚光灯还是平行光就要看具体的情况了。例如，如果要做舞台，就用聚光灯，因为舞台顶部应该是偏暗的，要把光聚焦在舞台上；如果要做外观建筑，则用平行光，让光平行地照亮整个场景。

4.2.3 泛光

泛光没有目标点，只有一个灯光。切换到顶视图，进入"创建"面板，单击"灯光"按钮，在下拉列表框中选择"标准"选项，单击"泛光"按钮，如图4-44所示，效果如图4-45所示。同样，现在灯光还是在地面上，把灯光移高一些，如图4-46所示。

泛光的"修改"面板如图4-47所示。不难看出，这里的属性与聚光灯和平行光的基本相同，各卷展栏中的选项也是一样的。

图4-44

图4-45

图4-46

图4-47

既然选项是一样的，那么不同的就是灯光的表现形式了。泛光顾名思义，就是光向四周散开，渲染效果如图4-48所示，它不像聚光灯和平行光那样有固定的轨迹和范围。我们可以简单地将其理解为：泛光就好像一个灯泡，有了它周围就亮起来了。泛光在局部补光时非常好用。

图4-48

4.3 "光度学"灯光

"光度学"灯光专用于制作射灯、筒灯等光域网效果。VRay灯光里面的VRayIES跟这里的"光度学"性质是一样的，但"光度学"灯光更可控，所以要做光域网效果的话，建议用"光度学"灯光。

4.3.1 目标/自由灯光

下面以图4-49所示的小场景为例进行讲解。切换到前视图，进入"创建"面板，单击"灯光"按钮，在下拉列表框中选择"光度学"选项，单击"目标灯光"按钮，如图4-50所示。同样，先确定灯光，再确定目标方向，如图4-51所示。把灯光和目标点都移动到墙边，如图4-52所示。

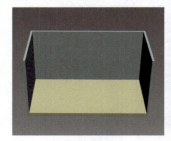

图4-49

图4-50

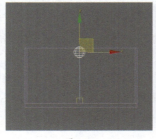

图4-51

图4-52

"光度学"中的"目标灯光"的"修改"面板如图4-53所示。我们不难发现，其中很多属性与聚光灯等是一样的。一样的就不重复讲解了，下面只讲与它们不一样的。一般来说，"光度学"中常用"目标灯光"，因为"目标灯光"比"自由灯光"更可控。很多人习惯称它为"光域网"，因为这个灯光的核心用法就是做光域网效果。

图4-53

打开"修改"面板❑的"常规参数"卷展栏中的"灯光分布（类型）"下拉列表框，选择"光度学Web"选项，如图4-54所示。出现"分布（光度学Web）"卷展栏，如图4-55所示。单击"<选择光度学文件>"按钮 〈 选择光度学文件 〉，如图4-56所示，系统会弹出对话框让用户选择光度学文件。

光度学文件就是俗称的光域网文件，以.ies为扩展名。这种文件在互联网上很

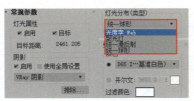

| 图4-54 | 图4-55 | 图4-56 |

容易找到，其渲染出来的效果就是各种射灯的光效，如图4-57所示。每个光域网文件产生的光效是固定的，因此我们要准备很多不同类型的光域网文件以便使用。选择光域网文件后，光域网的线图会出现在面板里，如图4-58所示。

现在进行渲染，效果如图4-59所示，这就是当前使用的光域网文件的效果。

要注意的是，加载光域网文件之后会产生一个默认的"强度"值，如图4-60所示。这个"强度"值就是当前光域网文件的默认灯光强度。每个光域网文件都自带"强度"值，并且它们的初始值都不一样。这里是3847.87。有一些光域网文件的初始值比这个值大很多，但是渲染出来的亮度却比当前低。因为每个光域网文件不仅光效是固定的，"强度"值也是固定的，所以不同光域网的差别会很大，有些可能很亮，有些可能很暗。

把"渲染设置"窗口里的环境光打开，然后渲染一下，效果如图4-61所示。这样就能很清楚地看到光域网文件的作用了。"光度学"灯光本身不能用于照明，照明要靠其他灯光，但用它可以做出光域网文件的光影效果，它通常都需要配合不同的灯光一起使用。

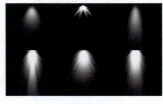

| 图4-57 | 图4-58 | 图4-59 | 图4-60 | 图4-61 |

4.3.2 灯光位置和目标方向的控制

前面讲了"光度学"灯光的普通用法，下面讲解其位置和目标方向的控制。

先来看灯光的位置。复制3个光域网文件，并调整它们的位置，如图4-62所示。左边的灯光距离墙体很近，中间的灯光与墙体的距离适中，右边的灯光距离墙体很远，渲染效果如图4-63所示。

可以看出，光域网文件的效果跟它的位置有非常大的关系：距离墙体越近，灯光效果就越强（左边产生了曝光效果）；距离

| 图4-62 | 图4-63 |

墙体越远，灯光效果就越弱（右边的光效很微弱）。所以，我们在用"光度学"灯光制作光效的时候，务必调整好灯光和物体之间的距离。

至于方向，现在把左边和右边的灯光都删除，只剩下中间的，然后调整灯光的目标点，如图4-64所示。渲染效果如图4-65所示。很明显，目标点的方向是可以控制光域网造型的方向的。

创建一把茶壶，然后把灯光的目标点对准茶壶，如图4-66所示，渲染效果如图4-67所示。

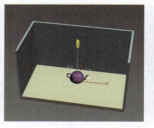

图4-64   图4-65   图4-66   图4-67

"光度学"灯光除了可用于制作光域网文件效果外，还有一个很重要的功能就是为局部模型制作阴影。有人可能会问，前面的聚光灯和平行光也能让物体产生这样浓重的阴影，"光度学"灯光有什么特别的呢？试想一下，聚光灯和平行光都可以起到照明的作用，并且是全局照明作用，一旦改动了灯光方向，那么全局效果也会随之改变。"光度学"灯光不充当照明物，所以不用担心其方向会影响全局光的方向。例如，现在把"光度学"灯光的方向改变一下，斜着照向茶壶，如图4-68所示，渲染效果如图4-69所示。

图4-68   图4-69

可以看到茶壶影子的方向改变了，这就是局部调整模型阴影的重要方法，我们想要什么方向的阴影，都可以用"光度学"灯光去打造，不用担心影响其他地方的效果。再细心地观察一下，茶壶的周围还是有光域网文件效果的，这算不算影响到了其他地方的效果呢？不要忘记前面讲到的排除功能，我们可以把茶壶以外的模型从中排除。灯光位置和方向控制是非常简单的，熟练使用它们可以丰富作品的明暗细节。

4.4　VRay灯光

VRay灯光是目前主流的灯光，它可以独立使用，也可以与其他类型的灯光一起使用。

4.4.1　VRayLight（VRay灯光）

VRay灯光必须安装了VRay渲染器才会有，可以这么说，VRay渲染器出现后，VRay灯光得到了十分广泛的应用。我们在工作时可以混合使用多种灯光，以应对更多的场景和更多的情况。

本小节的案例模型如图4-70所示。切换到右视图，进入"创建"面板 ，单击"灯光"按钮 ，在下拉列表框中选择VRay选项，单击VRayLight（VRay灯光）按钮。在右视图中拖曳创建一个VRay面光（设置"修改"面板"常规"卷展栏中的"类型"为"平面"，这类灯光被称为VRay面光，后同），如图4-71所示。

进入透视视图，调整一下VRay面光的位置，如图4-72所示。选中灯光，进入"修改"面板 ，如图4-73所示。

图4-70   图4-71

VRay灯光的属性相对"标准"灯光的属性更加简洁明了，需要调整的很少。展开"常规"卷展栏，该卷展栏中的选项主要用于调整VRay灯光的强度、颜色和尺寸，如图4-74所示。渲染效果如图4-75所示。

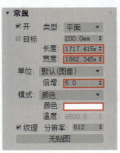

图4-72　　　　　　　　　　　图4-73　　　　　　　　　　图4-74　　　　　　　　　　图4-75

这就是VRay面光的效果，它是一个自发光的面，从自身开始发光，距离越远灯光越弱，具有衰减的效果。这种光很适合作为主光和照明光，其衰减效果能让场景非常真实。在"常规"卷展栏中打开"类型"下拉列表框，里面除了"平面"，还有"穹顶""球体""网格""圆形"等灯光类型，如图4-76所示。

设置"类型"为"穹顶"（这类灯光被称为VRay穹顶光，后同），其他参数的设置如图4-77所示，渲染效果如图4-78所示。VRay穹顶光也可以作为天光使用，一般用于室外建模，室内比较少用。

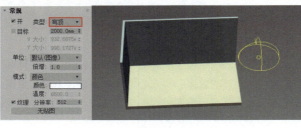

图4-76　　　　　　　　　　　　图4-77　　　　　　　　　　　　图4-78

设置"类型"为"球体"（这类灯光被称为VRay球光，后同），并完成其他参数的设置，然后调整其位置，如图4-79所示，渲染效果如图4-80所示。很明显，VRay球光的发光体呈球状，而前面的面光的发光体是一个面。VRay球光很多时候用于模拟真实的光源（如灯泡）。

图4-79　　　　　　　　　　　　　　　图4-80

设置"类型"为"圆形"，并完成其他参数的设置，然后调整其位置，如图4-81所示，渲染效果如图4-82所示。圆形光和面光只是形状不同，其他的设置都一样。注意，圆形光和面光的背面是全黑的，因为圆形光和面光都是定向光，而球光不是。

图4-81　　　　　　　　　　　　　　图4-82

设置"类型"为"网格"，灯光变成网格光之后，会出现网格光专属的选项，如图4-83所示。面光发光体的形状是一个面，圆形光发光体的形状是圆形，球光发光体的形状是球体，而网格光并没有固定的形状，其形状由我们确定。

创建一个网格造型，如图4-84所示。单击"网格灯光"卷展栏中的"拾取网格"按钮 ▊▊▊▊ 拾取网格 ▊▊▊，在视图中拾取造型，如图4-85所示。拾取完毕，网格造型就变成网格光了，如图4-86所示。网格光其他的参数设置和面光是一样的。

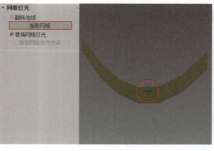

图4-83　　　　　　　　　图4-84　　　　　　　　　　图4-85　　　　　　　　　　图4-86

下面以面光为例，继续讲解其他常用的参数。展开"选项"卷展栏，如图4-87所示。在默认情况下，我们在渲染时是可以看到灯光的，如图4-88所示。勾选"不可见"复选框，就看不到灯光了，如图4-89所示。一般情况下都需要勾选"不可见"复选框。

图4-87　　　　　　　　　图4-88　　　　　　　　　　　　图4-89

下面介绍"影响漫反射""影响镜面""影响反射"复选框，其他选项保持默认设置即可。

"影响漫反射"复选框必须勾选，不勾选就相当于没开灯。其右侧的参数值保持默认值1即可，它可以控制漫反射的强度，也就是灯光的强度。

"影响镜面"复选框影响高光效果，勾选该复选框，灯光就会产生高光效果，不勾选则不产生。其右侧的参数值用于调整对高光的影响强度。

"影响反射"复选框为勾选状态时，如果墙体材质带反射效果，那么灯光会被反射在墙体上，不勾选则不会被反射。

下面为墙体材质添加反射效果，用默认的参数值渲染，效果如图4-90所示。取消勾选"影响反射"复选框，渲染效果如图4-91所示，本来反射在墙体上的灯光不见了。

设置"影响镜面"右侧的参数值为5.0，渲染效果如图4-92所示。光源处的高光效果会强烈很多，但是噪点也增加了不少，这个参数一般保持默认设置即可。如果需要加强高光，那其他渲染参数必须一起调整。

图4-90　　　　　　　　　　图4-91　　　　　　　　　　图4-92

4.4.2 VRayAmbientLight（VRay环境灯光）

前面讲过"渲染设置"窗口的V-Ray选项卡中（该选项卡的作用在后面的渲染器章节中再详细介绍）的环境光，如图4-93所示。除了可以在这里找到环境光，VRay灯光里面也有一个环境光。进入"创建"面板 +，单击"灯光"按钮 💡，在下拉列表框中选择VRay，单击VRayAmbientLight（VRay环境灯光）按钮，如图4-94所示。在视图中单击创建环境光，如图4-95所示。

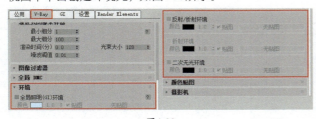 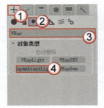 

图4-93　　　　　　　　　　　图4-94　　　　　　　　　　　图4-95

这个灯光非常简单，只有几个选项。先来看"颜色"和"强度"选项，如图4-96所示，默认情况下"颜色"为黑色，"强度"值为1.0，这两个选项的作用和其他灯光的"强度"与"颜色"是一样的。最下面有一个"排除"按钮，如图4-97所示，它的作用与其他灯光的"排除"按钮一样，其他的参数保持默认设置即可。记住，它是环境光，不是定向光源，所以放在哪里都可以。

设置"颜色"为白色，"强度"为0.3，渲染效果如图4-98所示。观察一下，模型之间的交接线很亮，与渲染器中的环境光不一样，读者可根据不同情况进行选择。如果制作半封闭空间中的环境光，建议用渲染器里面的；如果做开放空间中的环境光，可以用V-Ray选项卡里的。

图4-96　　　　　　　　　图4-97　　　　　　　　　　　　　图4-98

4.4.3 VRaySun（VRay太阳光）

使用VRay太阳光可以模拟太阳的效果，如图4-99所示，下面模拟太阳光从窗外照进来的效果。

切换到顶视图，进入"创建"面板 +，单击"灯光"按钮 💡，单击VRay中的VRaySun（VRay太阳光），确定太阳与目标点的位置。此时3ds Max会弹出一个对话框，询问是否要自动添加一张"VRay天空"环境贴图，如图4-100所示。如果单击"是"按钮 是(Y)，则自动加载一张"VRay天空"环境贴图来配合太阳；如果单击"否"按钮 否(N)，则不会添加贴图，只有太阳。这里单击"是"按钮 是(Y)，让天空环境和太阳同时出现，如图4-101所示。

 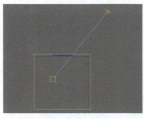

图4-99　　　　　　　　　图4-100　　　　　　　　　图4-101

太阳光和目标灯光一样，刚创建出来的时候也是"平躺"在地面上的，把灯光调高一些，确定太阳光的位置，如图4-102所示。

位置定好了，下面调整参数。按8键打开"环境和效果"窗口，刚才创建VRay太阳光的时候自动添加的"VRay天空"环境贴图就在这里，如图4-103所示。我们可以通过材质的形式调整其参数，按M键打开"材质编辑器"窗口，将鼠标指针放在"环境和效果"窗口里的"DefaultVRaySky（VRay天空）"按钮上，按住鼠标左键，把它拖曳到一个材质球上。在弹出的"实例（副本）贴图"对话框中选择"实例"单选项，单击"确定"按钮 确定 ，如图4-104所示，"VRay天空参数"卷展栏如图4-105所示。

图4-102　　　　　　　　　图4-103　　　　　　　　　图4-104　　　　　　　　　图4-105

该卷展栏中的参数设置框现在都是灰色的，其中的任何参数都调整不了，因为VRay的天光需要配合太阳。先指定一个太阳给这个天空，勾选"指定太阳节点"复选框，如图4-106所示，单击"太阳光"选项后的"无"按钮 无 ，拾取VRay太阳光，如图4-107所示。此时，"VRay天空参数"卷展栏中就显示出相应的太阳光了，如图4-108所示。

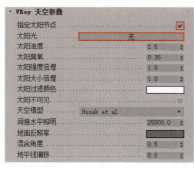 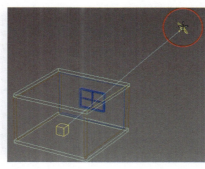 

图4-106　　　　　　　　　图4-107　　　　　　　　　图4-108

现在就可以正式启用天空和太阳了，先观察一下它们的面板，如图4-109所示，左边的是"材质编辑器"窗口中的"VRay天空参数"卷展栏，右边的是太阳的"修改"面板 。虽然看上去有很多选项，但真正需要调整的很少，而且两个面板中有类似的选项。下面介绍常用的选项。

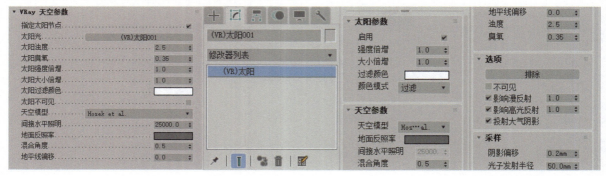

图4-109

太阳浊度/浊度

浊度的相关参数在"VRay天空参数"卷展栏和"修改"面板 ⬚ 中都有，默认值都为2.5，如图4-110所示。其取值范围为2~20，主要用于控制大气的浑浊度。参数值越大，大气的浑浊度越高，光线就越黄；反之，光线就越蓝。制作效果图时，应记住其调整原则：参数值越小，效果越冷，越清晰；参数值越大，效果越暖，越模糊。

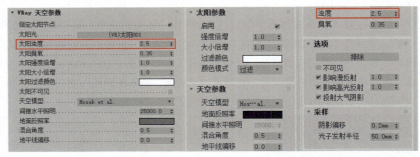

图4-110

太阳强度倍增/强度倍增

此参数用于控制灯光的强度，默认值都为1.0，如图4-111所示。使用的时候，建议从0.01开始调整，默认值1.0在大部分时候会使画面严重曝光。

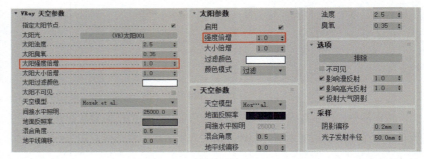

图4-111

大小倍增

此参数用于控制太阳光下物体的阴影效果。参数值越大，太阳光下物体的阴影就越虚、越柔和。这个参数在"太阳参数"卷展栏里调整，如图4-112所示。

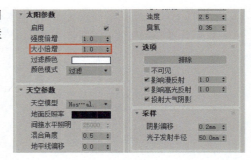

图4-112

太阳过滤颜色/过滤颜色

此参数用于设置太阳光的颜色，其原理与灯光类型颜色的一样，如图4-113所示。

下面进行一组测试。设置"VRay天空参数"卷展栏中的"太阳浊度"和"修改"面板 ⬚ 中"浊度"均为2.0，也就是光线最蓝的时候，设置"VRay天空参数"卷展栏中的太阳强度倍增和"修改"面板 ⬚ 中的"强度倍增"均为0.05，其他参数保持不变，渲染效果如图4-114所示。

图4-113

图4-114

设置"修改"面板 中的"浊度"为10，"VRay天空参数"卷展栏中的"太阳浊度"保持不变，渲染效果如图4-115所示。可以看到，从窗外射入的太阳光明显变得浑浊、昏暗了，留意地面的太阳光的变化。

设置"VRay天空参数"卷展栏中的"太阳浊度"为10.5，渲染效果如图4-116所示。此时天空也变浑浊了，整个场景都变得昏暗了。要注意的是，天空的浊度为1～10时，场景都是比较清晰的，效果偏冷，一旦超出10，就要用小数来控制效果了，如10.5。读者也可以尝试10.6、10.7等。其值一旦达到12、13，场景基本就全黑了，可以理解为2~20是从白天到晚上的整个过程。

设置"修改"面板 中的"大小倍增"为10，调整太阳的大小，渲染效果如图4-117所示。此时的阴影边缘虚化了，太阳光变得柔和了。

图4-115

图4-116

图4-117

"VRay天空参数"卷展栏和太阳光的"修改"面板 中常用的选项就是这些，其他的参数一般保持默认设置即可。

太阳光的位置（高度）是重点，随着高度的不同，亮度也会不同，读者可以多尝试。

前面介绍的是基础的"VRay天空参数"卷展栏和太阳光的"修改"面板 的用法。在工作中，VRay太阳光一般不会配合这里的环境天光使用，而会配合穹顶光与HDRI（高动态范围图像）贴图使用，这样才能体验太阳光的真正用法。这个知识点留在后面的外观打光案例里详细讲解。

4.5 打光思路和方法

打光的思路和方法非常多，可以说不同的人打光的思路和方法都不同。每个人对灯光的理解都不一样，每个项目对灯光的要求也不一样。本节将对读者进行引导，让读者快速掌握打光的思路和方法，可以完成一般的打光工作。"打光"是建模工作中极为重要的一个环节，它包含相当多的美术知识，读者应重点学习。

4.5.1 室内打光思路和方法

做室内设计时，"打光"比制作材质还要重要。灯光会极大地影响最终图像的质量。这里推荐一个通用的打光思路，该思路可以应对大多数商业室内效果图的打光工作，下面以图4-118所示的场景为例。

打光的第一步是"开灯"，就是先把场景里面的真实光源模拟出来，本案例中真实的光源为筒灯和地灯。室内场景一般都会有光源，也就是现实中的灯具，或者一些自己会发光的物体，如开着的电视等。

图4-118

用"光度学"中的"目标灯光"制作筒灯，如图4-119所示。在每个筒灯下面添加一个光域网（读者可自行选择要用的.ies文件，一定要选适合当前场景的），光域网的"颜色"和"强度"设置如图4-120所示，这个强度很低，记住，每个光域网的光效和强度都是固定的，适合当前场景即可。

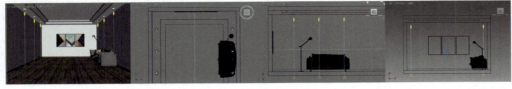

图4-119   图4-120

制作完筒灯后可以渲染一下，渲染效果如图4-121所示。可以看到筒灯亮了，不用纠结当前场景的亮度，因为后面还需要加其他灯光。

地灯是本场景的另一个光源，可以用"标准"中的"目标聚光灯"与"泛光"、VRay中的球光来模拟地灯。这里选择"光度学"中的"目标灯光"，同样加载一个光域网（这里加载的光域网跟前面加载的不是同一个，读者要选择适合的光域网），光域网位置如图4-122所示，"颜色"和"强度"设置如图4-123所示。此时，场景里面真实的光源就完成了，渲染效果如图4-124所示。

图4-121   图4-122   图4-123   图4-124

现在真实光源有了，地灯的局部照亮效果也不错，可以进行补光了。为什么不先打主光再补光呢？正常来说是应该先打主光，然后看哪里不够亮就补光，但在这里为了让读者判断哪些地方需要光影，先进行补光的操作。要多思考这个问题，打光能力才会提高。

挂画在本场景中是不是一个需要表现的重点呢？本场景中除了沙发是表现重点，其次就是挂画了，挂画需要制作出光影效果。在挂画处添加一个光域网，如图4-125所示。这个光域网要和筒灯的不同，以便把画面区分开来，其"强度"和"颜色"设置如图4-126所示，渲染效果如图4-127所示。现在全局的明暗关系有了，大概的光效也能看到了。

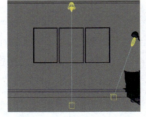

图4-125   图4-126   图4-127

下面就可以打主光来进行照明了。在摄影机前面打一个VRay面光照向挂画，如图4-128所示。为了和场景里面的暖色光形成冷暖对比，设置"颜色"为蓝色（R:213，G:237，B:255），其他参数设置如图4-129所示，草图的渲染效果如图4-130所示。

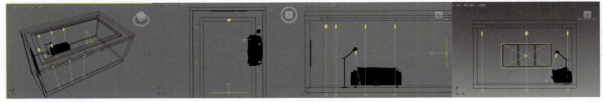

图4-128

确定草图没什么问题后，就可以设置大图参数并进行渲染了。草图偏暗是正常的，千万不要让草图的画面过亮。一张暗的图可以通过Photoshop处理成亮的，操作很简单，效果又好；但一张太亮的图想通过Photoshop变暗就没那么简单了，而且效果也不好。

读者可以先尝试用这个思路进行打光，熟悉了室内效果图的打光思路和方法后再去开发自己的打光思路和方法。

图4-129　　　　　图4-130

4.5.2 外观打光思路和方法

外观的打光思路和方法有很多，这里推荐一个简单、实用、效果好的方法给读者，就是"HDRI天光+VRay太阳光"这一物理打光法。什么是物理打光法呢？就是根据真实物理现象进行打光。对一般的白天效果来说，只需要天光和太阳光。在3ds Max里模拟这两种物理光最好的方法就是：在VRay穹顶光里面加载一张HDRI来模拟真实的天空，用VRay太阳光模拟真实的太阳。

什么是HDRI呢？HDRI是High Dynamic Range Image的缩写，中文名为高动态范围图像。其理论解析比较复杂，读者可以在网上查询到，这里简单地介绍一下。图4-131所示为一张HDRI，它看上去是一个完整的环境，记录了该环境中所有的灯光信息。当我们将它用在3ds Max里时，可以理解为直接地把这个环境放到了3ds Max里面，不需要打光就有了对应的灯光效果。HDRI多用来模拟真实的环境效果。

HDRI文件的扩展名是.hdr，这种贴图文件和光域网的.ies文件一样，都是预先制作好的，读者可以从网上下载。

图4-131

下面用一个小例子讲解外观打光思路，案例模型如图4-132所示。

打开相应的场景文件，如图4-133所示。按C键进入摄影机视图，如图4-134所示。这是典型的商品楼房模型，摄影机离得很远，这个场景在渲染时用到的区域就应该为"放大"（后续在渲染章节里面会详细讲解）。

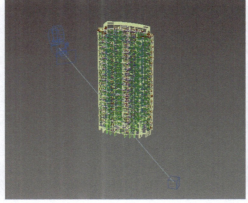

图4-132　　　　图4-133　　　　图4-134

切换到顶视图，进入"创建"面板 ，单击"灯光"按钮 ，在下拉列表框中选择VRay选项，单击VRayLight按钮，设置"类型"为"穹顶"，效果如图4-135所示，参数设置如图4-136所示。在视图中单击创建灯光，灯光的

位置和大小不重要，渲染效果如图4-137所示。这就是一个普通穹顶光的效果，显然，该灯光效果很差，场景的四面八方都有光，而且这些光是没有变化的。

图4-135

图4-136

图4-137

现在加载HDRI。选中穹顶光，单击"常规"卷展栏里的"无贴图"按钮 无贴图 ，选择弹出对话框中的"VRay位图"选项，如图4-138所示。在计算机中找一张HDRI，如图4-139所示。本案例用的HDRI如图4-140所示。

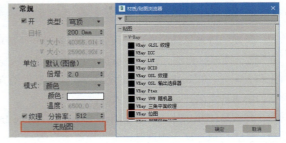
图4-138

图4-139

图4-140

加载HDRI之后，"VRay灯光参数"卷展栏中会出现对应的贴图名称，如图4-141所示。按M键打开"材质编辑器"窗口，把卷展栏中的HDRI贴图拖曳到一个材质球里面，选择实例。拖曳后就能通过材质球修改HDRI的参数，如图4-142所示。

先什么也不调，渲染一下，效果如图4-143所示。此时HDRI中的环境与灯光信息都有了，下面调整HDRI的相关参数。

现在这个商品楼房侧面是亮面，正面反而是暗面，这就需要调整。在HDRI的"参数"卷展栏中设置"水平旋转"为540.0，如图4-144所示。将HDRI旋转不同的角度会产生不同的变化，读者要多尝试，有时候可能要调整很多次才能确定角度。调整好后渲染一下，效果如图4-145所

图4-141   图4-142

示。现在环境光调整为从左边投射到右边了（从建筑的亮面、暗面和阴影就可以看出）。这里确定光的方向是因为之后要添加太阳光，两者的方向要一致。

图4-143

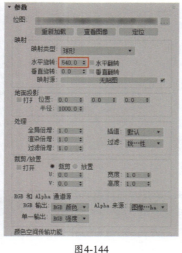

图4-144

图4-145

观察HDRI，其中不只有天空，还有地面。我们可以把地平线上调一点。在HDRI的"参数"卷展栏中找到"裁剪/放置"选项组，勾选"打开"复选框，选择"放置"单选项，设置"高度"为0.966，如图4-146所示。把HDRI往上移一点，让地平面显示出来，渲染效果如图4-147所示。

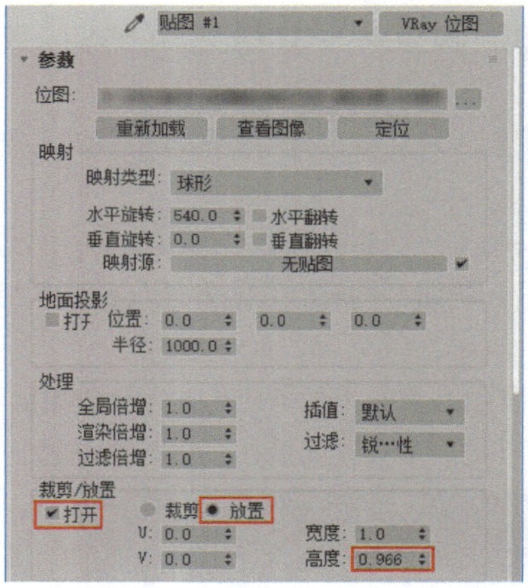

图4-146

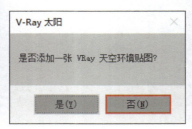

图4-147

本案例用的这张HDRI非常适合做傍晚的效果，左边的太阳给人一种正在落山的感觉，天空也较暗。接下来的太阳光也可以根据这个物理效果来制作。

切换到顶视图，进入"创建"面板，单击"灯光"按钮，在下拉列表框中选择VRay选项，单击VRaySun（VRay太阳光）按钮，效果如图4-148所示。在弹出的"V-Ray太阳"对话框中单击"否"按钮，如图4-149所示。这里选择不自动添加VRay天空环境贴图，因为这里用穹顶光+HDRI模拟天光，太阳的高度如图4-150所示。注意，这里高度很重要，VRay太阳光是个物理光，太阳越高就越亮，可以把它想象成真实的太阳光。现在要制作太阳将要落山的效果，太阳就不必设置得那么高了，应尽可能地参考HDRI环境里面的光效设置其高度。

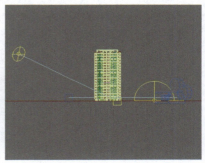

图4-148

图4-149

图4-150

VRay太阳光的参数设置如图4-151所示，既然是制作日落效果，为什么"过滤颜色"不是暖色而是白色呢？"浊度"为什么是3.0，而不是更大、让画面更暖的值呢？因为本场景的HDRI中的日落颜色已经足够暖了，如果把太阳光也调成暖色，画面会很暖，甚至会显脏，读者要根据场景实际的情况进行调整。渲染一下，效果如图4-152所示。最后精细调整参数、渲染成品，进行后期处理，这里不多阐述。

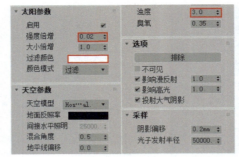

图4-151

图4-152

4.5.3 产品打光思路和方法

三点布光是最常用、最经典的产品打光思路和方法之一，也是很多摄影者会用到的布光方法。3种光分别为主光、辅助光和轮廓光（有时候还会用上第4种光——背景光，三点布光只是称呼，不是一定只用3种光）。

主光是最重要的，它起到照亮场景中的主体与其周围环境的作用，并且能让主体产生投影，它还可以确定整体的明暗关系。

辅助光又称补光，它可以照亮阴影区域及被主光遗漏的场景区域，调整明暗区域之间的对比，同时加强层次感，一般来说补光会比主光弱一些。

轮廓光又称背光，即从背面照来的光，主要起分离主体和背景的作用。如果背景和主体都比较暗，或者色彩比较相似的话，轮廓光就相当重要了。例如，拍照时人的发色与背景色相似，头发和背景就容易混在一起，这时轮廓光就派上用场了。

下面用一个小例子讲解这个技法在3ds Max里如何应用，案例效果如图4-153所示。打开相应的场景文件，如图4-154所示，这是3ds Max中产品设计的一个典型场景，按C键进入摄影机视图，如图4-155所示。

图4-153

图4-154

图4-155

现在开始布光。进入顶视图，创建一个"目标聚光灯"（三点布光不一定要用聚光灯，用其他灯光也可以，只是本案例用聚光灯做例子），如图4-156所示。摄影机正对产品，那么主光大概在右上方，其高度如图4-157所示，比摄影机高一些。这个高度并不是绝对的，读者要通过渲染看一下看灯光的高低对产品细节的影响再做决定。聚光灯的参数设置如图4-158所示。

图4-156

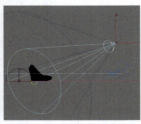

图4-157

图4-158

测试渲染一下，效果如图4-159所示。这是只添加了一个主光的效果，可以看到受光面有了，但是因为用的是聚光灯，所以聚光范围外的区域还是很黑，如果客户需要干净的白色背景该怎么办？下面一步一步地解决。

图4-159

添加辅助光，也就是补光。复制一个聚光灯并置于左上方，距离比主光远一点，高度比主光低一点，如图4-160和图4-161所示，具体参数设置如图4-162所示。这一步其实就是将"强度/颜色/衰减"卷展栏中的"倍增"设置为0.5，其他参数设置保持不变。

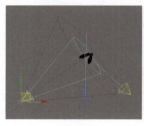
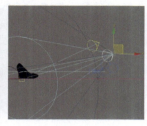

图4-160　　　　　　　图4-161　　　　　　　　　　　图4-162

渲染效果如图4-163所示，对比前面只有主光的效果，添加辅助光后暗部效果得到了加强。接下来添加轮廓光。

图4-163

继续复制一个聚光灯并置于主体后面，如图4-164所示，高度如图4-165所示，将"倍增"值再减小一点，其他参数设置保持不变，如图4-166所示。

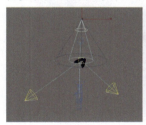
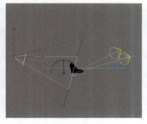

图4-164　　　　　　　图4-165　　　　　　　　　　图4-166

再次渲染，效果如图4-167所示，可以看到产品的边缘更加清晰了，局部对比如图4-168所示，添加了轮廓光后（右图），鞋后跟处有了高光效果，整个产品显得更加细致。

图4-167　　　　　　　　　　　　　图4-168

这就是三点布光法的应用，现在回头看一下前面的问题，如果客户要的是干净的白色背景怎么办？在Photoshop中进行后期处理的方法本书不做讨论，这里通过添加第4种光——背景光来实现此效果。

下面添加一个光来照亮背景。切换到顶视图，进入"创建"面板➕，单击"灯光"按钮💡，在下拉列表框里选择VRay选项，单击VRayLight按钮，创建一个VRay灯光，如图4-169所示。灯光的位置和大小都无所谓，设置"类型"为"穹顶"，如图4-170所示。

再次渲染，效果如图4-171所示，可以看到背景亮起来了。注意，这里的背景光不能太强，否则会破坏产品的细节效果。

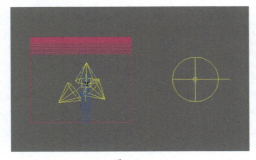

图4-169　　　　　　　　　　　图4-170　　　　　　　　　　　图4-171

如果客户不需要图中的光影（如聚光灯产生的背景的明暗层次），只需要干干净净的效果，那么还需要做一些细节处理。选中聚光灯，单击"排除"按钮 排除... ，将背景模型的"照明"排除，如图4-172所示。将3个聚光灯对背景模型的"照明"都排除，让3个聚光灯只亮产品，而不对背景产生影响，渲染效果如图4-173所示。最后用Photoshop进行后期处理，这里就不做讲解了。记住，用3ds Max渲染出的效果图可以偏暗，绝不能偏亮，这样有利于后期处理。

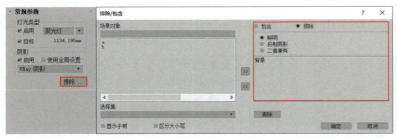

图4-172　　　　　　　　　　　　　　　　　图4-173

案例实训：进行室内打光

场景文件	场景文件 > CH04 > 01.max
实例文件	实例文件 > CH04 > 案例实训：进行室内打光
教学视频	案例实训：进行室内打光.mp4
学习目标	掌握室内打光的思路和手法

本案例的效果如图4-174所示。

01 打开"场景文件 > CH04 > 01.max"文件，效果如图4-175所示，这是一个店铺的室内场景。观察一下场景，看看这个场景中的真实光源在哪。顶部有吊灯、射灯，收银台背景墙上有灯槽，收银台下方也有灯槽。

02 切换到前视图，进入"创建"面板➕，单击"灯光"按钮💡，在下拉列表框中选择"光度学"，单击"目标灯光"按钮。创建一

图4-174　　　　　　　　　　　图4-175

个"光度学"灯光，将其移到场景中的射灯处，并加载一个光域网（读者自行挑选即可），如图4-176所示，设置"颜色"和"强度"，如图4-177所示。主要设置"颜色"，"强度"不用纠结。复制3个光域网，并调整好它们的位置，如图4-178所示。

03 细心观察，衣架上方有6个射灯，现在目标灯光与射灯模型的位置并没有一一对应。不需要刻意把每个灯光都和模型完全对应，如果按照射灯的数量和位置添加6个灯光，那么得到的光域网效果就会很密集，而且在透视视图里面会显得很乱。室内图建模中，我们按照透视视图的效果自行调整灯光的位置即可，不需要跟真实的灯光位置一样。现在添加4个灯光（一边两个），效果刚好，不会太密集，而且正好对称。进入右视图，继续创建"光度学"灯光，加载一个光域网。这个光域网要跟之前加载的光域网区分开，调整灯光颜色，效果如图4-179所示。

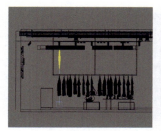
图4-176

图4-177

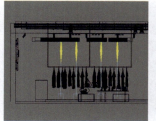
图4-178

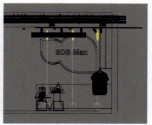
图4-179

04 观察顶部，可以看到中间还有一些筒灯。我们就不添加灯光了，因为顶部的3个吊灯模型用了自发光材质，相当于顶部已经有几个面光源了。下面制作灯槽部分的光，收银台背景墙上的灯槽场景文件中已做好了，这里的灯光也可以用VRay网格光或者面光制作。选中收银台模型，按快捷键ALT+Q将其孤立。进入顶视图，进入"创建"面板 ，单击"灯光"按钮 ，在下拉列表框中选择VRay选项，单击VRayLight按钮，创建两个VRay面光，如图4-180所示。最后根据收银台的尺寸大致设置"宽度"值，设置"长度"为40.0mm，如图4-181所示。进入透视视图观察，效果如图4-182所示。

05 渲染草图，效果如图4-183所示。此时，场景中光源的效果基本出来了。可以看到灯光附近有很多噪点，渲染草图的时候不用理会这些噪点，后续调整渲染参数就好了。在草图中，我们要看的是模型、材质、灯光有没有错误，以及如何调整相关参数值。

图4-180

图4-181

图4-182

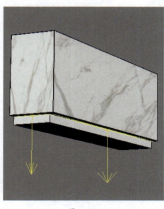
图4-183

06 进行补光。参考前面的室内打光思路，思考场景里的哪些地方需要光影效果，本场景中就是中间的展示台。此处现在没有灯光，没有阴影，没有明暗效果。添加一些光域网到展示台模型上面，如图4-184和图4-185所示。为每个小模型都添加一个灯光，让这些模型都有好的阴影，这里的光域网不要跟前面的一样。注意，读者要积累足够多的光域网文件，并了解这些光域网适合什么样的模型，光域网的"颜色"和"强度"参数设置如图4-186所示。

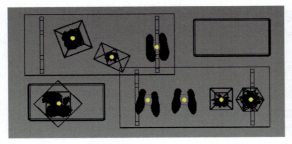

图4-184   图4-185   图4-186

07 看看哪里需要补光。在室内效果图中，没有装灯带的地方也可以做出灯带效果，一切以整体效果为主。下面在衣服下面的踏脚处制作一个灯带效果。创建一个面光，如图4-187和图4-188所示，面光参数设置如图4-189所示。

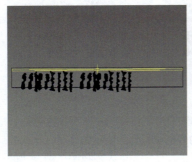

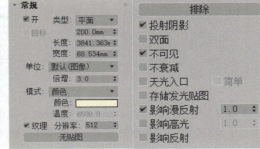

图4-187   图4-188   图4-189

08 进行测试渲染，效果如图4-190所示。可以看到，除了全局的照明以外，光效已经比较合理了，展示台模型的光和影通过补光也比较精彩了。当然补光没有绝对的完美，如果需要可以继续补光，例如展示台前面的空地上缺少光效，那么可以为其添加3个光域网，如图4-191所示。再次渲染，效果如图4-192所示。

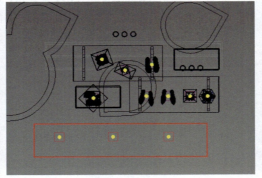

图4-190   图4-191   图4-192

09 场景中该有的光影都有了，现在添加主光。创建一个VRay面光，其位置如图4-193和图4-194所示，其参数设置如图4-195所示。有了主光后再次渲染，效果如图4-196所示。

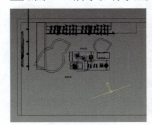

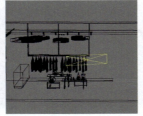

图4-193   图4-194   图4-195   图4-196

10 可以看到，全局有一定的照明效果了，但整体还是偏暗。这时可以进行全局提亮操作（如将主光的面积与发光强度加大，加强颜色映射等），请读者自行尝试。因为本场景有很大的进光空间，所以把天光打开，如图4-197所示，渲染草图，效果如图4-198所示。至此，本场景的打光就完成了，剩下的工作就是在Photoshop中进行后期处理了。

图4-197

图4-198

案例实训：进行外观打光

场景文件	场景文件 > CH04 > 02.max
实例文件	实例文件 > CH04 > 案例实训：进行外观打光
教学视频	案例实训：进行外观打光.mp4
学习目标	掌握外观打光的思路和手法

本案例的效果如图4-199所示。

01 打开"场景文件 > CH04 > 02.max"文件，如图4-200所示。按C键进入摄影机视图，如图4-201所示，这是一个典型的建筑外观模型。在制作建筑外观效果图时，通常只需要在3ds Max中制作出主建筑模型，而不需要在3ds Max里制作植物、配景和人物等模型，这些模型在Photoshop中进行后期合成即可。但有时一些植物或配景效果较复杂，后期在Photoshop中不好制作，这时则需要在3ds Max里制作出主建筑、植物、配景和人物等模型，然后进行渲染，再在Photoshop中进行一些效果的优化处理即可。

图4-199　　　　　　　　　　　图4-200　　　　　　　　　　　图4-201

02 切换到顶视图，进入"创建"面板，单击"灯光"按钮，在下拉列表框中选择VRay选项，单击VRayLight按钮，设置"类型"为"穹顶"，在视图中拖曳创建出VRay穹顶光，如图4-202所示，其参数设置如图4-203所示。单击"常规"卷展栏中的"无贴图"按钮，加载一张VRay位图，如图4-204所示。在计算机里找一张适合的HDRI，本例选择的HDRI如图4-205所示。

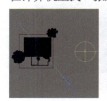
图4-202

图4-203　　　　　　　　图4-204

图4-205

03 按住鼠标左键将VRay灯光的HDRI拖曳到一个材质球上，通过材质球就能修改HDRI的参数了，如图4-206所示。现在什么也不改，直接渲染，看一下这个天空贴图的效果，如图4-207所示。

图4-206

图4-207

04 可以看到,这个效果跟HDRI的效果已经很接近了,但显然不是我们想要的效果。此时可以换一张更合适的HDRI,也可以在此基础上进行调整。这里把天空调亮就可以了。设置HDRI的"全局倍增"为2.0,如图4-208所示,进行测试渲染,效果如图4-209所示。

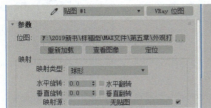
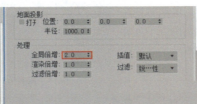

图4-208 图4-209

05 亮度虽然提高了,但这仍不是我们想要的晴天效果。设置HDRI的"反向伽玛"为1.5,如图4-210所示,进行测试渲染,效果如图4-211所示。可以看到,天空清晰了不少,先不调亮度了,因为后面还要添加太阳光。

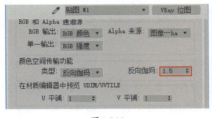

图4-210

06 调整HDRI。添加太阳光的时候,需要确定哪面是受光面,哪面是背光面。在本案例中,可以把房子的正面作为受光面,以突出正面。现在要做的就是旋转HDRI,把HDRI的光移动到右边。设置HDRI的"水平旋转"为290.0,如图4-212所示(不同的HDRI旋转角度不同,读者要多尝试)。进行测试渲染,效果如图4-213所示,可以看到现在的效果好多了。

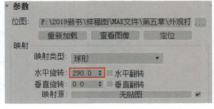

图4-212 图4-213

07 继续微调。现在看到HDRI的地面太多了,虽然后期还会通过Photoshop进行处理,但是现在也可以先调整一下细节,以减少后期的工作量。勾选HDRI的"裁剪/放置"选项组中的"打开"复选框,设置V为0.995,如图4-214所示,进行测试渲染,效果如图4-215所示。可以看到,整张图干净了很多。HDRI就是这样微调的,找到合适的HDRI后,对其进行微调,直至其适合场景为止。

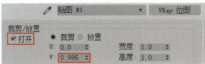

图4-214 图4-215

08 添加太阳光。进入"创建"面板,单击"灯光"按钮,在下拉列表框中选择VRay选项,单击VRaySun按钮,创建一个VRay太阳光,如图4-216所示。在弹出的"V-Ray太阳"对话框中单击"否"按钮,如图4-217所示。把太阳光调整到相应位置,如图4-218所示。

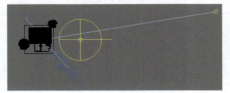
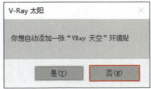

图4-216 图4-217 图4-218

09 设置太阳光的"浊度"为2.5,"强度倍增"为0.08,"过滤颜色"为白色,具体参数设置如图4-219所示。注意,太阳光的位置是重点,其从右边照射到房子的正面。渲染效果如图4-220所示,可以看到,添加太阳光后,明暗效果就非常好了。

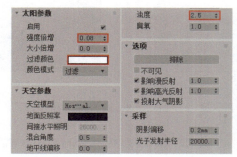

图4-219　　　　　　　　　　　　　　　　　图4-220

案例实训：进行产品打光

场景文件	场景文件 > CH04 > 03.max
实例文件	实例文件 > CH04 > 案例实训：进行产品打光
教学视频	案例实训：进行产品打光.mp4
学习目标	掌握产品打光的思路和手法

本案例的效果如图4-221所示。

01 打开"场景文件 > CH04 > 03.max"文件,如图4-222所示,按C键进入摄影机视图,如图4-223所示。观察场景,发现产品的颜色跟背景色比较接近。产品为灰色,背景为白色。如果光处理得不好,很难区分产品和背景。

图4-221　　　　　　　　　　图4-222　　　　　　　　　　图4-223

02 进行三点布光。进入顶视图,进入"创建"面板 ,单击"灯光"按钮 ,在下拉列表框中选择"标准",单击"目标聚光灯"按钮,在视图中创建一个灯光,如图4-224所示。调整灯光的位置与高度如图4-225所示,具体参数设置如图4-226所示。

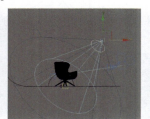

图4-224　　　　　　　图4-225　　　　　　　　　　　图4-226

03 主光添加好后,渲染草图,效果如图4-227所示。可以发现,聚光灯使背景模型曝光了,这里不需要用聚光灯照亮背景。选中聚光灯,单击"排除"按钮 排除... ,把背景模型"排除",如图4-228所示,再次渲染草图,效果如图4-229所示。

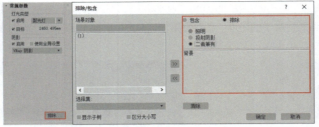

图4-227   图4-228   图4-229

04 添加辅助光。复制一个聚光灯，其位置如图4-230所示，其高度比主光低一些，如图4-231所示，具体参数设置如图4-232所示。

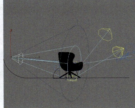

图4-230   图4-231   图4-232

05 辅助光添加好之后，渲染一下，效果如图4-233所示。

06 添加轮廓光。复制一个聚光灯并放到主体后面，如图4-234所示，其高度比辅助光低一些，如图4-235所示，具体参数设置如图4-236所示。这里把轮廓光强度稍微调大，让主体的轮廓更加突出。

图4-233

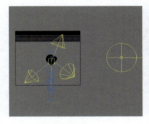

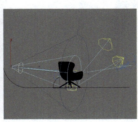

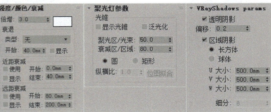

图4-234   图4-235   图4-236

07 至此，3个光都添加好了，渲染效果如图4-237所示。留意模型的边缘，可以看到更加清晰了，下面加上背景光。

08 进入顶视图，进入"创建"面板➕，单击"灯光"按钮💡，在下拉列表框中选择VRay选项，单击VRayLight按钮，设置"常规"卷展栏中的"类型"为"穹顶"，在视图中拖曳创建一个VRay穹顶光，如图4-238所示，其参数设置如图4-239所示，渲染效果如图4-240所示。

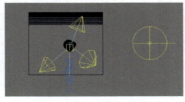

图4-237   图4-238   图4-239   图4-240

09 可以看到，灰色被背景光严重地影响，看起来变白了，而且背景和产品的区别不明显。虽然有了背景光，但还是不够，如何解决这个问题呢？加强背景光是解决不了问题的，选中穹顶光，通过"排除"选项，把产品排除，如图4-241所示，渲染效果如图4-242所示。

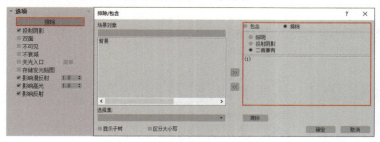

图4-241

图4-242

10 至此，打光就完成了，剩下的就是调整参数、渲染大图和后期处理等工作，这里不再介绍，读者可以自行尝试。

4.6 技术汇总与解析

本书讲的打光方法，其实用到的参数都不多，常用的有"强度""颜色""排除"等，重要的是掌握什么空间应用什么灯光，也就是掌握打光的思路。

室内：室内打光以模拟人工光为主，把室内场景的真实光源模拟出来。当然也有不模拟人工光的方法，打光的方法有很多。本书介绍的是先模拟人工光，再添加主光的方法，用这种方法足以完成工作上的商业图设计。

外观：外观打光方法也有很多，本书介绍的是"HDRI天光+VRay太阳光"的物理打光法，即按照真实物理效果打造灯光效果。这种方法简单、实用、效果好，只要选对了HDRI，整个画面就会非常真实。

产品：产品打光通常采用三点布光法，此方法十分经典，是几乎所有的摄影者都会用到的一个方法。这种方法在3ds Max里面是可以有变化的，注意，不要一成不变地进行打光，各个光的角度、高度等可以根据场景的产品进行相应的调整。

4.7 灯光技术实训

学习完本章的知识后，下面安排了3个拓展实训供读者练习，读者可以打开场景文件自行练习，根据自己的想法自由发挥。读者也可以观看教学视频，参考其中的制作思路。

拓展实训：进行室内打光

场景文件	场景文件 > CH04 > 04.max
实例文件	实例文件 > CH04 > 拓展实训：进行室内打光
教学视频	拓展实训：进行室内打光.mp4
学习目标	巩固室内打光的思路和手法

本实训的参考效果如图4-243所示。

图4-243

训练要求和思路如下。

第1步：打开"场景文件 > CH04 > 04.max"文件。

第2步：把人工光模拟出来。

第3步：添加主光，进行全局照明。

第4步：添加补光，查看场景中哪些地方明暗效果不到位，进行补充。

第5步：调整各个灯光。

拓展实训：进行外观打光

场景文件	场景文件 > CH04 > 05.max
实例文件	实例文件 > CH04 > 拓展实训：进行外观打光
教学视频	拓展实训：进行外观打光.mp4
学习目标	巩固外观打光的思路和手法

本实训的参考效果如图4-244所示。

训练要求和思路如下。

第1步：打开"场景文件>CH04>05.max"文件。

第2步：添加VRay穹顶光，加载一张适合HDRI。

第3步：调整HDRI。

第4步：添加VRay太阳光。

第5步：调整各个灯光。

拓展实训：进行产品打光

场景文件	场景文件 > CH04 > 06.max
实例文件	实例文件 > CH04 > 拓展实训：进行产品打光
教学视频	拓展实训：进行产品打光.mp4
学习目标	掌握产品打光的思路和手法

本实训的参考效果如图4-245所示。

训练要求和思路如下。

第1步：打开"场景文件>CH04>06.max"文件。

第2步：添加主光（可以不用聚光灯，读者可自行选择用什么灯光）。

第3步：添加辅助光。

第4步：添加轮廓光。

第5步：根据当前情况决定是否需要添加背景光。

第6步：调整各个灯光。

图4-244

图4-245

第 **5** 章

摄影机构图与镜头效果

摄影机是所有作品输出的前提，无论制作单帧效果图还是动画，都需要用到摄影机。对于单帧效果图来说，构图占据了相当大的比例，摄影机的应用往往能决定一张图的好坏。对于动画来说，动态的摄影机能引导观众的视线。模型与材质做得再好，如果摄影机应用得不好，作品的效果就会大打折扣。

本章学习要点

- ▶ 掌握摄影机的基本用法
- ▶ 掌握摄影机的常用打法
- ▶ 掌握不同画面比例的作用
- ▶ 掌握不同行业的摄影机构图方法

5.1　3ds Max摄影机概述

如果需要使用3ds Max输出效果图，则需要用到3ds Max里面的摄影机；如果不用3ds Max输出效果图，那么就用不上3ds Max里的摄影机了（如游戏的制作）。3ds Max里的摄影机可以分为动态摄影机和静态摄影机。

5.1.1　静态摄影机

静态摄影机指摄影机固定在某个点，而且参数也是固定的。所有的单帧效果图用的都是静态摄影机。这种摄影机的应用非常考验构图能力，到底放在什么位置，到底要表现什么样的视觉效果，到底体现的是画面整体还是局部等。

5.1.2　动态摄影机

动态摄影机其本质和静态摄影机没有区别，二者都是3ds Max中的摄影机，需要调整的参数也差不多，其不同之处就是要"动"。既然要动，那单帧效果图肯定是用不上的，动画中经常用到动态摄影机。例如一些漫游动画中摄影机跟着场景走，以便浏览整个场景。又如一些第一视角的动画中会在角色上添加摄影机，让角色与摄影机一起动（很多游戏都是这样的）。

5.2　摄影机的基本用法

安装了VRay渲染器后，3ds Max提供的摄影机有标准摄影机和VRay物理摄影机。

5.2.1　标准摄影机

标准摄影机是3ds Max自带的普通摄影机，安装了VRay渲染器后，才可以使用VRay物理摄影机。对于这两种摄影机，如果是制作普通的单帧效果图，推荐使用标准摄影机；如果要制作精细一点的效果图，那用VRayPhysicalCamera（即VRay物理摄影机，为了方便阅读，后文用中文描述）比较好。因为VRay物理摄影机的参数设置比标准摄影机的要复杂一些，相对地，功能也多一些。下面先介绍标准摄影机的基本用法。

本案例场景如图5-1所示，该场景的长度是8000mm，宽度是5000mm，高度是2800mm。下面进行演示操作。

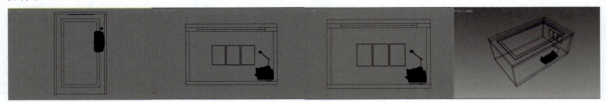

图5-1

01 进入顶视图，进入"创建"面板➕，单击"摄影机"按钮▇，在下拉列表框中选择"标准"选项，单击"目标"按钮，如图5-2所示。拖曳出摄影机本体，再拖曳出目标点，摄影机位置如图5-3所示，"左"视图中的效果如图5-4所示。可以看出，在顶视图中创建的摄影机也在地面上，这跟创建模型是一样的。

02 切换到左视图，选中摄影机和摄影机的目标点，将它们向上移动到合适的位置，如图5-5所示。

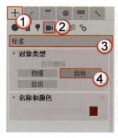 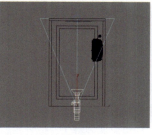 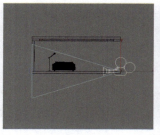 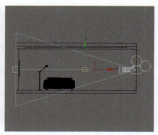

图5-2 　　　　　图5-3 　　　　　图5-4 　　　　　图5-5

03 按快捷键Shift+F激活安全框。激活安全框后，视图里的图像比例就是最终的渲染比例，否则视图效果和渲染效果的差异会非常大。最终输出成品时都需要激活安全框。按C键切换到摄影机视图，如图5-6所示。

04 摄影机离挂画的墙体比较远，所以画面中的空间应该比较大，但为什么这个摄影机画面中的空间很小，让人感觉摄影机离挂画的墙体很近呢？这是因为"视野"太小的原因。"视野"是摄影机中需要调整的核心参数之一。选中摄影机，进入"修改"面板 ，如图5-7所示，"视野"默认为45.0°，其拍摄效果如图5-8所示。

图5-6 　　　　　　　　　图5-7 　　　　　　　　　图5-8

> 📝 提示 --
>
> 　　摄影机上的线框范围就是视野，在这个范围内的对象都可以被摄影机拍到。图5-8中标示出的红圈就是摄影机拍摄范围与墙体的交点，过了这个点，墙体内的对象才能被拍摄到；墙体外的对象即使在摄影机范围内也拍摄不到。这显然与生活中的场景是一样的。因此，我们需要的对象必须出现在拍摄范围内；另外，若空间场景已经确定，我们就可以根据对象来确定摄影机的拍摄范围。

05 因为本场景是个室内场景，所以建议将"视野"设置为68～84。如果低于这个范围，空间感会大打折扣；如果高于这个范围，拍摄对象会出现畸变，也就是俗称的"对象变形"。对于空间面积小的场景，"视野"可以设置得小一点，反之则大一点。现在设置"视野"为68.0，效果如图5-9所示。对于不同的行业、场景和对象，"视野"的参数值也不同。

06 按C键切换到摄影机视图，如图5-10所示。从图中可以看出在45°"视野"下是拍摄不到整个沙发的，而用68°的"视野"是可以拍摄到整个沙发的。

　　这就是标准摄影机的基本用法，下面介绍标准摄影机的"修改"面板 里的属性。其中大部分都不需要调整，保持默认设置即可，需要将其调整的除了前面讲到的"视野"，还有一个就是"剪切平面"。下面用实例进行讲解。

　　在场景里创建一个长方体，将其放在摄影机前面，如图5-11所示，摄影机视图如图5-12所示。

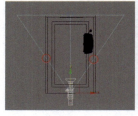   

图5-9 　　　　　图5-10 　　　　　图5-11 　　　　　图5-12

"剪切平面"的作用是减掉阻挡部分，勾选"剪切平面"选项组里的"手动剪切"复选框，然后设置"近距剪切"为2500.0mm，"远距剪切"为8000.0mm，如图5-13所示，顶视图如图5-14所示。可以看到，图中出现了两条红线，这两条红线内就是可以看到的范围，红线外的都是看不到的。红线的位置是由"近距剪切"和"远距剪切"控制的，2500.0mm的意思就是距离摄影机2500mm。

按C键切换到摄影机视图，如图5-15所示，现在阻挡物就看不见了。

综上可知，标准摄影机主要用到的参数是"视野"，然后调整好摄影机的位置和高度就可以了，出现阻挡物的时候可以用"剪切平面"来调整，其他的参数保持默认设置即可。"视野"、位置和高度在构图中起到非常重要的作用，其实，软件操作很简单，但对图的理解就要求我们有比较高的美术能力了。

进入"创建"面板➕，单击"摄影机"按钮📷，在下拉列表框中选择"标准"选项，如图5-16所示。可以发现一共有3种摄影机，分别是"物理""目标""自由"。这里用"目标"摄影机即可，"自由"摄影机是去掉目标点，跟目标灯光的原理一样；至于"物理"摄影机，我们常用VRay物理摄影机，3ds Max自带的物理摄影机就不需要了。

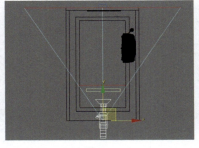

图5-13   图5-14   图5-15   图5-16

5.2.2 VRay物理摄影机

继续用前面的场景进行讲解，进入顶视图，进入"创建"面板➕，单击"摄影机"按钮📷，在下拉列表框中选择VRay选项，单击VRayPhysicalCamera（VRay物理摄影机）按钮，如图5-17所示。单击确定摄影机位置，拖曳出目标点，如图5-18所示，切换到左视图，把摄影机移动到适当的位置，如图5-19所示。按C键进入摄影机视图，如图5-20所示。

可以看到视图里面有一个网格，这是VRay物理摄影机的视锥。切换到顶视图，如图5-21所示，其中的蓝色线框跟标准摄影机的蓝色线框作用是一样的。

下面讲解VRay物理摄影机的参数设置。

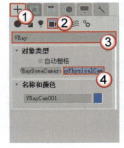
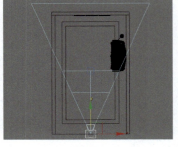

图5-17   图5-18

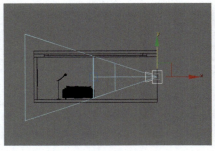

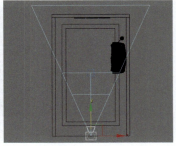

图5-19   图5-20   图5-21

1. "基本和显示"卷展栏

在"基本和显示"卷展栏里面可以看到3种模式，分别是"照相机""摄影机（电影）"和"摄像机（DV）"，如图5-22所示。"显示圆锥体"（视锥）选项也在这里设置，如图5-23所示。制作单帧效果图的时候可以选"照相机"选项，制作动画时可以选"摄影机（电影）"和"摄像机（DV）"选项。它们在动态模糊的表现上有所不同，读者自己尝试即可。

图5-22　　　　　　　　图5-23

2. "传感器和镜头"卷展栏

"传感器和镜头"卷展栏如图5-24所示，这里的工具可以说全部都是用来调视野的。标准摄影机的视野只由"视野"选项调整，VRay物理摄影机的视野则由这几个工具共同调整。

"焦距"控制摄影机的焦距，参数值越小，摄影机的视野越大，把它调成30.0，如图5-25所示，效果如图5-26所示。

还可以在这个卷展栏中勾选"视野"复选框，直接修改其参数值，如图5-27所示。勾选"视野"复选框后，"焦距"参数值就不能手动调整了。

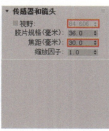

图5-24　　　　　　图5-25　　　　　　　　图5-26　　　　　　　　图5-27

到这里，VRay物理摄影机和标准摄影机的设置都是一样的，就是位置和视野的设置。下面介绍VRay物理摄影机和标准摄影机的不同点。

标准摄影机不会对场景中的灯光产生任何影响，它不会改变场景中的灯光和材质效果。VRay物理摄影机则不一样，VRay物理摄影机有很多功能可以控制画面。

仍用前面的场景，先观察标准摄影机的渲染效果，这里只用一个天光，并设置其发光强度为1，如图5-28所示（在后续的渲染器章节中会详细介绍），渲染效果如图5-29所示。摄影机的位置和视野都和标准摄影机一样，其他参数设置保持默认，观察VRay物理摄影机的渲染效果，如图5-30所示。

图5-28　　　　　　　　图5-29　　　　　　　　图5-30

视图中只有漆黑一片，只能看到红色框里灯的自发光效果，而且还很弱。这说明渲染还是成功的，漆黑一片并不是出错了，而是VRay物理摄影机在这种情况下就是这个效果。为什么会这样呢？因为标准摄影机和VRay物理摄影机的计算方式完全不同，在标准摄影机里添加强度为1的光就能得到正常的效果，但是在VRay物理摄影机里则不行。把天光的强度增大到10，是刚才的10倍，渲染效果如图5-31所示。还是只能勉强看到画面，继续将天光强度增大到50，渲染效果如图5-32所示。

可以看出，如果要用VRay物理摄影机，那么灯光的强度需要比标准摄影机的大很多才行。我们习惯用标准摄影机或者VRay物理摄影机后，如果要切换使用会很不习惯，读者要多加注意。

图5-31　　　　　　　　图5-32

3. "光圈"卷展栏

"光圈"卷展栏如图5-33所示，其中有3个参数可以控制场景的亮度。

"胶片速度（ISO）"默认值为100.0，参数值越大图像越亮。设置"胶片速度（ISO）"为150.0，效果如图5-34所示。

图5-33　　　　　　　　　　　　图5-34

"光圈数"参数值越小图像越亮。设置"光圈数"为6.0，效果如图5-35所示。

"快门速度（s^-1）"参数值越小图像越亮。设置"快门速度（s^-1）"为100.0，效果如图5-36所示。

图5-35　　　　　　　　　　　　图5-36

通过设置"光圈"卷展栏中的参数，我们可以精确地控制图像的亮度。

4. "景深和运动模糊"卷展栏

该卷展栏如图5-37所示。

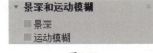

图5-37

5. "颜色和曝光"卷展栏

该卷展栏如图5-38所示，曝光默认是存在的，展开"曝光"下拉列表框可以进行相应的设置，渲染效果如图5-39所示，可以看到，几乎整张图都曝光了。

"光晕"复选框默认是不勾选的，我们需要的时候可以将其勾选，其参数值越大，光晕越大。勾选"光晕"复选框并且设置其参数值为1.0，四周的光晕效果就出来了，如图5-40所示。光晕效果可以说是VRay物理摄影机和标准摄影机最大的区别之一，标准摄影机是没有光晕效果的（但是可以通过Phototshop后期处理得到）。

图5-38　　　　　　　图5-39　　　　　　　　　　图5-40

篇幅所限，"白平衡"的效果这里就不演示了，3ds Max中有一些默认的白平衡效果可以选择，读者也可以自定义白平衡效果。

6. "倾斜和移动"卷展栏

该卷展栏如图5-41所示，这个卷展栏将在下一节"5.3 摄影机的常用打法"中介绍，效果更直观。

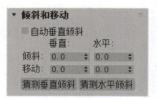

图5-41

7. "散景特效"卷展栏和"失真"卷展栏

这两个卷展栏如图5-42所示，默认情况下这两个卷展栏很少会用到。工作中需要散景特效或失真效果时，基本都会在Photoshop里制作，一般不在3ds Max里制作，因为一旦处理不好，会影响整个作品。制作这些效果时应先保证作品的质量，再添加各种需要的特效。

图5-42

5.3 摄影机的常用打法

本节讲解3ds Max里摄影机的常用打法。注意是摄影机的打法，而不是构图的方法。构图方法还包含很多美术知识，并不是单纯地调整摄影机。当然，我们必须先学会调整摄影机，才能进一步地学习如何构图。

5.3.1 平行打法

摄影机的常用打法大致分为两种，第1种是"平行打法"，第2种是"斜线打法"。前面的例子用的就是"平行打法"，即摄影机和目标点在同一个平面上，如图5-43所示，效果如图5-44所示（使用标准摄影机）。这种打法的特点是：无论摄影机移动到哪里，目标点总在水平面上，不会上下移动。

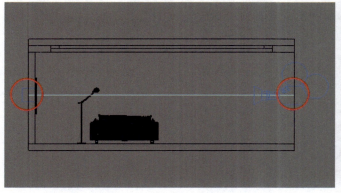

图5-43   图5-44

这种打法普遍应用在室内和建筑类别的单帧效果图里面，做出来的透视效果非常逼真。既然摄影机和目标点都一直在水平面上，那么重点就是高度的选择了，摄影机和目标点的高度选择体现了设计师对这种打法的掌握程度。

5.3.2 斜线打法

　　"斜线打法"就是目标点和摄影机不在同一个水平面上，现在把目标点往上移动一些，如图5-45所示，摄影机视图如图5-46所示。

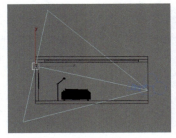
图5-45

图5-46

　　很明显，这种打法用在这里会产生透视的改变，显得空间不太正。这时可以选中标准摄影机并单击鼠标右键，在弹出的四元菜单中执行"应用摄影机校正修改器"命令，如图5-47所示。这时摄影机就会加载一个校正器，如图5-48所示，它已经自动将画面校正好了，当然我们也可以手动调整"数量"和"方向"参数值，校正后的效果如图5-49所示。

图5-47

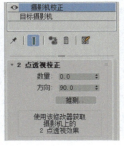
图5-48

图5-49

　　一般来说，在制作室内设计和建筑设计类效果图且需要表现整体效果时，才会用到校正功能，而一些产品展示图则不需要校正。

　　现在改用VRay物理摄影机，前一节留了一个"倾斜和移动"卷展栏没介绍，现在就来介绍。把VRay物理摄影机的目标点往上移动，如图5-50所示，摄影机视图如图5-51所示。

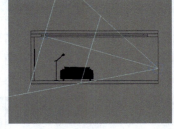

图5-50

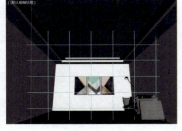
图5-51

　　可以发现，VRay物理摄影机中的画面也出现了透视上的变化，但VRay物理摄影机是不需要外加校正器的，"倾斜和移动"卷展栏就是它的校正器，如图5-52所示。勾选"自动垂直倾斜"复选框，就相当于为摄影机加载了校正器，自动校正效果如图5-53所示。

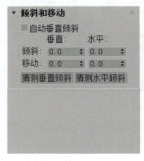
图5-52

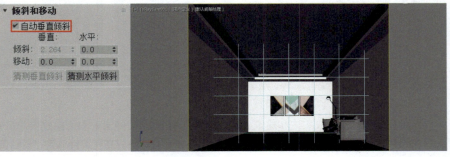
图5-53

勾选该复选框之后，可以发现"垂直"选项下的"倾斜"参数值变成了灰色，"猜测垂直倾斜"按钮也变成了灰色，不能手动调整了。这是因为3ds Max已经自动调整了。本案例只在垂直方向上进行了校正，所以"水平"参数值未变灰。如果想恢复校正前的效果，只需要取消勾选"自动垂直倾斜"复选框，然后设置"垂直"和"水平"的参数值均为0即可。

这种打法一般应用在产品设计、家具设计中需要表现单个物体的时候。

综上所述，表现整体的单帧效果图，多用平行打法；表现单品的单帧效果图，多用斜线打法。

5.4 画面比例

本节讲解画面构图比例，注意本节讲解的是构图比例而不是构图技法，前面提到过，构图技法包含很多美术知识，不属于本书的内容。那么什么是画面比例呢？画面比例就是最终效果图的比例。

5.4.1 设置画面比例的重要性

最常用的画面比例就是将"图像纵横比"设置为1.333后的画面比例，这也是3ds Max默认的画面比例。大家不要小看这个画面比例，画面比例与场景的空间感是相互关联的。一个好的画面比例，会大大提升场景的空间效果。下面以前面的场景为例介绍画面比例的设置方法。

01 按F10键打开"渲染设置"窗口，切换到"公用"选项卡，"输出大小"选项组就是调节画面尺寸的地方，如图5-54所示。

02 默认的"图像纵横比"参数值为1.333，画面效果如图5-55所示。下面将其改为1.0，画面效果如图5-56所示，将其改为1.5，画面效果如图5-57所示。

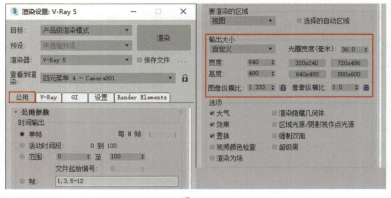

图5-54

图5-55

图5-56

图5-57

对比图5-55~图5-57所示的效果，可以发现，画面比例为1.0的空间高了不少，画面比例为1.5的空间宽了不少，这说明巧用画面比例可以控制场景的空间感。举个例子，如果客户的房屋层高不够，那么在制作效果图的时候，就可以将"图像纵横比"设置得小一点，刻意把纵向空间感加强。除了本例（室内设计）可以这样调整，其他所有行业的效果图都可以通过调整画面比例加强作品的空间感。

5.4.2 主流行业常用画面比例

对于单帧效果图的画面比例，并没有固定的值供大家参考。因为表现的东西不一样（产品展示、单品特写、室内空间、建筑外观等），客户需求也不同，所以画面比例要根据实际情况设置。下面介绍设置方法。

对于空间类效果图，如果空间较矮，想要增强空间的高度感，可以将"图像纵横比"参数值调小；如果空间较窄，想要增强空间的广阔感，可以将"图像纵横比"参数值调大。

对于产品类效果图，无论选什么样的画面比例，最终目的都是突出产品，确保产品不变形且特点能够表现出来。例如，一个汽车的侧面效果图，客户希望车子看上去长一些，那么我们在确保产品视觉不变形的情况下，可以将"图像纵横比"参数值设置得大一些，让图看着宽一些，从而达到跟空间类效果图一样的"视觉欺骗"效果。这可能会有点难以把握，希望读者在制作的时候多思考，先思考如何表现这个作品，再确定画面构图比例。

5.5 不同行业的摄影机构图方法

下面用实例讲解不同行业中摄影机的构图方法，主要是单帧效果图中摄影机的构图方法，动画类的摄影机构图方法将在动画章节介绍。

案例实训：进行室内摄影机构图

场景文件	场景文件 > CH05 > 01.max
实例文件	实例文件 > CH05 > 案例实训：进行室内摄影机构图
教学视频	案例实训：进行室内摄影机构图.mp4
学习目标	掌握室内摄影机的构图方法

下面以一个室内场景为例，介绍如何创建室内摄影机和如何确定角度，本案例的摄影机视图效果如图5-58所示。

01 打开"场景文件 > CH05 > 01.max"文件，如图5-59所示。先分析想要表达什么样的效果。这是一个餐厅，空间很小，可选的摄影机方向不多，摄影机应朝向窗帘。进入顶视图，然后创建一个摄影机（这里用标准摄影机），从近处朝向窗帘，如图5-60所示。

图5-58

图5-59

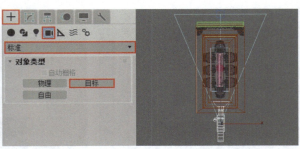
图5-60

02 确定视野。视野越大，看到的就越多。像本例这么小的空间，如果视野不够的话，基本看不到什么东西，所以设置"视野"为78.0°，如图5-61所示，可以看到现在视野已经非常大了。

03 确定摄影机的高度。现在摄影机是平躺在地面上的，我们要调整其高度与目标点，这里用的是平行打法。那么多高好呢？制作室内空间效果图时，建议从900mm的高度开始测试，900mm的高度适合大多数室内场景。把摄影机移动到距离地面900mm的位置，如图5-62所示。按C键进入摄影机视图，再按快捷键Shift+F激活安全框，如图5-63所示。

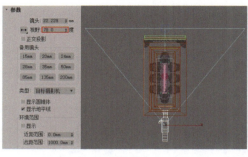
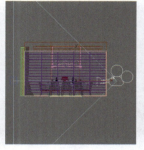

图5-61　　　　　　　　　　图5-62　　　　　　　　　　图5-63

04 很显然，现在摄影机的角度不是很好，整个空间给人一种压抑的感觉。这是因为画面比例不合适，顶部和底部很少，导致出现了压抑的感觉。调一下画面比例，设置"图像纵横比"为0.8，如图5-64所示，摄影机视图效果如图5-65所示。

05 现在大致的视野已经有了，接着找空间中的焦点。每个作品都有焦点，我们要做的就是突出表现焦点，隐藏一些不必要的部分。本案例中，左边是条形造型墙，右边是壁纸。顶部造型是线条结构，吊顶和餐桌也是长条形的。很显然，这些元素都跟左边的造型墙很匹配，也许是设计师的刻意安排。因此，右边的壁纸如果在整个画面里占据1/4的面积，显然和设计是不相符的。这里我们判断焦点应该在左边，右边应该弱化，所以我们把摄影机和目标点调整到图5-66所示的位置。注意观察摄影机的视野，要突出左边，弱化右边，最终的摄影机视图效果如图5-67所示。

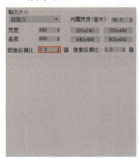

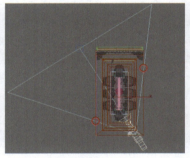

图5-64　　　　　　　　图5-65　　　　　　　　图5-66　　　　　　　　图5-67

案例实训：进行外观摄影机构图

场景文件	场景文件 > CH05 > 02.max
实例文件	实例文件 > CH05 > 案例实训：进行外观摄影机构图
教学视频	案例实训：进行外观摄影机构图.mp4
学习目标	掌握外观摄影机的构图方法

本案例的摄影机视图效果如图5-68所示。

01 打开"场景文件 > CH05 > 02.max"文件，如图5-69所示。这是一个楼梯，3ds Max负责建模和渲染，输出效果图后还需要在Photoshop中进行后期合成，而且Photoshop中的后期合成是重点，所以在应用外观摄影机时，我们要做的就是两点。

第1点：把完整的造型清晰地表现出来。

第2点：根据客户的要求确定将哪面作为正面。

📝 提示 --------------------------->

很多时候，客户都会特别要求将造型的正面表现清楚。例如，一个广场的地标，后期在Photoshop中合成地标时不能让地标背对着广场出口。

图5-68　　　　　　　　　　图5-69

02 找到楼梯的正面，进入顶视图，创建一个标准摄影机，如图5-70所示。很显然现在视野是不够的，设置"视野"为78.0°，效果如图5-71所示，让视野足够大。

03 调整摄影机的高度。在表现一般建筑时，摄影机可以低一些，这样会让建筑更加宏伟，如果用正常人的视觉高度拍摄，建筑就会显得矮小。把摄影机和目标点都移动到距离底面450mm的高度，如图5-72所示。按快捷键Shift+F激活安全框，按C键进入摄影机视图，如图5-73所示。

  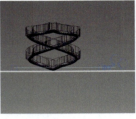 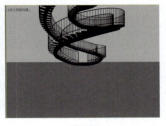

图5-70　　　　　　　　图5-71　　　　　　　　图5-72　　　　　　　　图5-73

04 很明显，摄影机拍不到楼梯的顶部，需要调整画面比例，设置"图像纵横比"为1，效果如图5-74所示。现在感觉差不多了，但还有一小部分楼梯拍不到。这次不调整画面比例了，调整摄影机的位置。选择摄影机，往后拖曳一点，位置如图5-75所示。摄影机位置调整完毕后，效果如图5-76所示。

图5-74　　　　　　　　图5-75　　　　　　　　图5-76

05 至此，画面基本已经可以确定了，最后再进行一些细节上的调整。例如现在从正面看这个楼梯的线条效果不太好，我们可以微调一下摄影机的位置，注意是微调，不能把正面调成背面。调整后摄影机的位置如图5-77所示，摄影机视图如图5-78所示。

图5-77　　　　　　　　图5-78

06 确定渲染画面。若按照现在的视图进行渲染，底部一片空白，很不合理。按F10键打开"渲染设置"窗口，在"公用"选项卡中找到"要渲染的区域"选项组，如图5-79所示，把原本的"视图"选项改为"放大"选项，如图5-80所示。这时在摄影机视图中就会出现一个选定框，如图5-81所示，我们可将这个选定框自由地放大或者缩小，其比例就是设定的"图像纵横比"。可以用选定框来确定最终渲染的图像范围，这样将只渲染选定框里面的内容，而不是整张图。外观建筑设计师很多时候都会用到这种方法，因为很多时候摄影机都会距离建筑比较远，要拍全建筑的话肯定会有多余的地方，例如本案例的底部。

图5-79　　　　　　　　图5-80　　　　　　　　图5-81

案例实训：进行产品摄影机构图

场景文件	场景文件 > CH05 > 03.max
实例文件	实例文件 > CH05 > 案例实训：进行产品摄影机构图
教学视频	案例实训：进行产品摄影机构图.mp4
学习目标	掌握产品摄影机的构图方法

本案例的摄影机视图效果如图5-82所示。

01 打开"场景文件 > CH05 > 03.max"文件，如图5-83所示。这是一辆自行车，在表现这种单个产品的时候，不需要过多地考虑整体的画面比例。因为通常我们会对单个产品进行多个角度的表示，而且这类效果图的摄影机构图方法跟建筑类的完全不同。

02 进行视图的基本操作，在透视视图里面调整画面到想要的角度，如图5-84所示。

图5-82

图5-83

图5-84

03 执行"视图 > 从视图创建物理摄影机/从视图创建标准摄影机"菜单命令，如图5-85所示。标准摄影机和物理摄影机都可以在这里创建，这样会按照我们手动调好的透视视图效果来确定摄影机的位置。创建摄影机后，摄影机视图如图5-86所示。这种方法很适合渲染产品多个角度的效果图，如果我们需要这个产品其他视角的效果图，可以先在透视视图中调整效果，然后直接从"视图"菜单中创建摄影机。

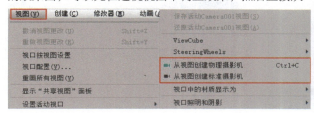
图5-85

图5-86

5.6 技术汇总与解析

总的来说，摄影机的命令和参数都比较少，相对简单，用法也不难。常用的平行打法和斜线打法适用于大多数行业，再控制好画面比例，基本上就能完成3ds Max里面的构图了。为什么说是3ds Max里面的构图呢？记住！构图不单是指摄影机的打法，它还包含很多美术知识和对当前产品或者场景的理解，读者在选择了自己的行业后，还需要深入学习这部分知识。

5.7 摄影机构图实训

学习完本章的知识后，下面安排了3个拓展实训供读者练习。读者可以打开场景文件自行练习，根据自己的想法自由发挥。也可以观看教学视频，参考其中的制作思路。

拓展实训：进行室内摄影机构图

场景文件	场景文件 > CH05 > 04.max
实例文件	实例文件 > CH05 > 拓展实训：进行室内摄影机构图
教学视频	拓展实训：进行室内摄影机构图.mp4
学习目标	巩固室内摄影机的构图方法

图5-87

本实训的参考效果如图5-87所示。

训练要求和思路如下。

第1点：打开"场景文件 > CH05 > 04.max"文件。

第2点：在顶视图中创建摄影机。

第3点：调整摄影机的视野。

第4点：调整摄影机的高度。

第5点：根据场景确定摄影机的最终朝向。

拓展实训：进行外观摄影机构图

场景文件	场景文件 > CH05 > 05.max
实例文件	实例文件 > CH05 > 拓展实训：进行外观摄影机构图
教学视频	拓展实训：进行外观摄影机构图.mp4
学习目标	巩固外观摄影机的构图方法

图5-88

本实训的参考效果如图5-88所示。

训练要求和思路如下。

第1点：打开"场景文件 > CH05 > 05.max"文件。

第2点：在顶视图中创建摄影机。

第3点：调整摄影机的视野。

第4点：调整摄影机的高度。

第5点：根据场景确定摄影机的最终朝向。

拓展实训：进行产品摄影机构图

场景文件	场景文件 > CH05 > 06.max
实例文件	实例文件 > CH05 > 拓展实训：进行产品摄影机构图
教学视频	拓展实训：进行产品摄影机构图.mp4
学习目标	巩固产品摄影机的构图方法

图5-89

本实训的参考效果如图5-89所示。

训练要求和思路如下。

第1点：打开"场景文件 > CH05 > 06.max"文件。

第2点：在透视视图里调出想要的视觉效果。

第3点：从"视图"菜单中选择命令创建摄影机。

第 **6** 章

动画和动作

本章将讲解动画的基本制作方法和 3ds Max 的动画部分在主流行业的应用。说到动画,我们一般都会联想到动画片,即影视动画,但除了影视动画外,主流行业里的动画还有一些其他的类型。无论如何分类,动画的制作方法基本都是一样的,核心原理也差不多,只是在不同行业的用途不一样。

本章学习要点

▶ 了解常用动画的类型和用 3ds Max 制作动画的基本原理

▶ 掌握制作动画的相关工具

▶ 掌握骨骼、动作和蒙皮的调整方法

▶ 掌握常用动画的制作方法

6.1 主流行业常用动画类型

主流行业用到的3ds Max动画，比较常见的有室内和建筑行业的漫游动画、生长动画，产品、室内和建筑行业的交互动画，游戏行业的影视广告动画等。

6.1.1 漫游动画

漫游动画是在室内和建筑效果图满足不了客户需求时用来进行详细说明的动画。一般情况下，无论是室内设计，还是建筑设计，通常都是用单帧效果图即可满足客户需求，客户通过效果图就可以预先看到成品的效果。但是，如果是比较大的场景，如一个博物馆，这时用单帧效果图表现整个博物馆就需要渲染很多张图，而且像博物馆这类公共场所一般都会有相应的网站，效果图会用到网站上。试想一下，是一张一张地播放单帧效果图效果好，还是播放漫游动画效果好呢？漫游动画就是模拟人在场景里漫游的动画，可把整个空间都展示出来，真实感和代入感比效果图好很多。

建筑设计也一样，如果要展示的是整个小区，单帧效果图的表现效果跟漫游动画肯定没法比，漫游动画可以模拟人在小区里面行走，让人身临其境般地把整个小区浏览一遍。

当然，普通项目很少会用到漫游动画，一般都是大型项目才会用到，毕竟其制作成本比单帧效果图高得多。

6.1.2 生长动画

生长动画就是模拟物体从无到有的动画。例如，一栋楼房从打地基到建成的动画；或者一个卧室中，从什么家具都没有，到家具一个一个地全部呈现出来的动画。生长动画多应用在建筑领域中，一些城市规划和城市改造项目都会用到，它可以以动画形式直观地表现一个旧地区改造成新地区的过程。它在室内设计领域也有一些应用，一般用于制作样板房的推广动画。

相比漫游动画，生长动画用得较少，它在普通的室内和建筑项目中基本不会用到，当客户有特殊要求时，才会用到生长动画。

6.1.3 交互动画

交互动画可以让客户与场景产生交互，例如在一个室内的交互动画中，客户可以单击墙体并自由地改变其颜色，我们在制作的时候会预先放置多种颜色供客户选择。交互动画也是在一些要求比较高的项目里才会用到，毕竟其制作成本也比较高。只使用3ds Max是做不了交互动画的，通常是先在3ds Max中做好模型与场景后，再用引擎类的软件（如Unreal Engine、Unity等）实现交互并输出。

6.1.4 影视广告动画

影视广告动画是最普遍的，也是大家最熟悉的一类动画，如我们看到的一些3D动画短片、广告等。以前还有很多人用3ds Max做影视广告动画，现在慢慢少了，因为出现了更好用的软件来替代它。而且动画制作过程中用到的插件和软件很多，单靠3ds Max难以完成影视广告动画的制作。如果读者对制作影视动画感兴趣，可以学习Maya、Zbrush、Arnold、Substance Painter和Unreal Engine等。

6.2 用3ds Max制作动画的基本原理

各类型动画的制作原理基本一样。下面介绍用3ds Max制作动画的基本原理。

6.2.1 动画基本原理

动画是一张张图片每秒以一定的帧速度通过屏幕，并根据人眼的滞留原理形成的动态影像。在3ds Max中渲染动画，实质上就是渲染很多张单帧图。

如何在3ds Max中制作动画呢？我们需要创造"变化"和记录"变化"。例如一个物体从A点移动到B点的动画，这里的"变化"就是物体位置的移动。我们可以用3ds Max的基本功能创造这些"变化"，并且用动画功能记录"变化"过程。所以，最重要的还是掌握3ds Max的基本功能，掌握动画控制区中的工具。

6.2.2 时间与帧的把控

时间与帧的把控可以说是制作动画的核心，很多新手做的动画会让人觉得卡顿、别扭、不流畅，出现这些问题，可能是因为时间和帧没把控好。例如，在一个动画里面有一个踢腿动作与一个举手动作，如果举手动作的帧数和踢腿动作的帧数相差比较大的话，其中一个动作就会显得很不真实，很别扭（例如举手动作正常，踢腿变成了慢动作）。因为有对比，所以在整个动画里的各个"变化"都应该把控好，其中一个把控不好的话，很可能就会影响整个动画效果。

6.3 动画控制区工具详解

接下来用一个移动动画来讲解动画控制区中的工具，动画控制区如图6-1所示。

图6-1

6.3.1 配置时间

开始制作动画前，首先要配置时间。

01 在动画控制区中单击时间"配置"按钮，如图6-2所示，弹出"时间配置"对话框，如图6-3所示。

图6-2

图6-3

02 设置"帧速率"。3ds Max提供了NTSC、PAL、"电影"和"自定义"4种帧速率,我们按需调整即可。NTSC是23帧/秒,PAL是25帧/秒,"电影"为23.9帧/秒。一般选择PAL单选项,如图6-4所示。平时练习时,我们可以选择"自定义"单选项并把帧数降低一点,让渲染速度更快些。

03 设置"动画"选项组中的"长度"参数值。这里需要制作一个4秒的动画,选择PAL(25帧/秒)后,其总时长就是100帧,所以设置"动画"中的"长度"为100,"结束时间"和"帧数"会根据"长度"自动调整,如图6-5所示。这样就设置好了,单击"确定"按钮 确定 ,时间轴如图6-6所示。

图6-4

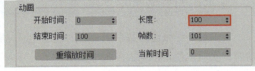

图6-5

图6-6

6.3.2 时间轴

时间轴上有个时间滑块,如图6-7所示,拖曳该时间滑块就会跳转到相应的帧。把时间滑块拖曳到50处,如图6-8所示,视图就会跳转到第50帧的效果。

图6-7

图6-8

如果要制作的动画很长(如有10000帧),那么很难一帧一帧地拖曳时间滑块。如果现在在第5000帧,要跳转到第5001帧,很容易一下子就拖过头了。

时间滑块的左右两边有两个按钮,分别是"返回一个时间单位"按钮◀和"前进一个时间单位"按钮▶,如图6-9所示。单击"返回一个时间单位"按钮◀就后退一帧,单击"前进一个时间单位"按钮▶就前进一帧。单击"前进一个时间单位"按钮▶,就跳转到第5001帧了,如图6-10所示。

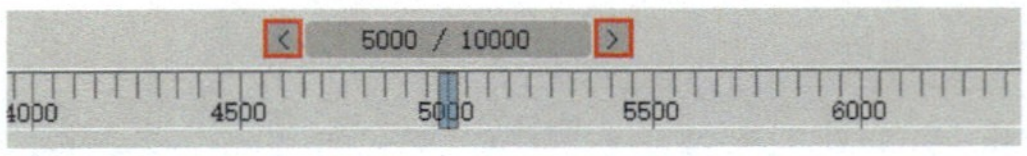

图6-9

图6-10

6.3.3 播放器

播放器在动画控制区的右边,如图6-11所示,这里的播放按钮跟大部分播放软件的差不多,中间向右的三角形是"播放动画"按钮▶,制作动画的时候可以随时单击此按钮来播放并浏览动画效果。"播放动画"按钮▶的左边是"上一帧"按钮◀Ⅱ,右边是"下一帧"按钮Ⅱ▶,这两个按钮跟时间滑块左右的两个按钮功能一样。最左边的按钮是"转至开头"按钮◀◀,最右边的按钮是"转至结尾"按钮▶▶。下方有一个可以手动输入参数值的地方,方便快速转到某一帧,如输入50,按Enter键即可跳转到第50帧。

图6-11

6.3.4 关键点

关键点用于让3ds Max在某一帧记下某些关键的参数值。若此帧的参数值和其他帧的参数值不同，3ds Max则会自动计算出中间每一帧的参数值变化。例如一个物体从1走到100，在1处设置一个关键点，在这帧处，物体的位置就是1。然后把物体移动到100处，再设置一个关键点，这个关键点的参数值就是100，那么3ds Max就会计算两个关键点之间的变化，也就是物体从1走到100的过程。

下面用一个简单的例子进行说明。

创建一把茶壶，如图6-12所示，然后把茶壶的X、Y、Z均设置为0.0mm，如图6-13所示，让茶壶位于世界坐标系的原点。在动画控制区里单击"设置关键点"按钮 设置关键点 ，时间轴就会变成红色，如图6-14所示。

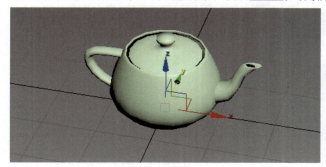

图6-13

图6-12

图6-14

现在就可以设置关键点了，时间滑块默认是在第0帧处，如图6-15所示，单击"设置关键点"按钮 ，如图6-16所示，第0帧就被设置成关键点了，时间轴上会出现蓝色的标记，如图6-17所示。

图6-15

图6-16

图6-17

就这样，第1个关键点就标记好了。这个关键点会记录茶壶在第0帧的一切信息。接下来设置第2个关键点。

将时间滑块拖曳到第25帧处，如图6-18所示，然后再把茶壶沿*x*轴方向移动50mm，如图6-19所示。单击"设置关键点"按钮 ，如图6-20所示，第25帧就被设置成关键点了，如图6-21所示。

图6-18

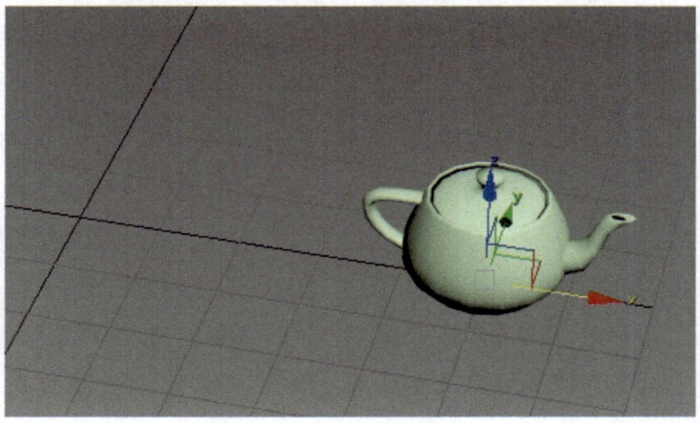

图6-19

图6-20

图6-21

第25帧这个关键点记录了单击"设置关键点"按钮时茶壶的一切信息,也就是记录了茶壶的x轴坐标为50mm的时候。25帧是1秒,那么这个动画就是茶壶在1秒内沿x轴方向移动了50mm。动画设置完成,单击"播放动画"按钮▶,视图中就会播放该动画;手动拖曳时间滑块,也能看到茶壶的变化。

"设置关键点"按钮 设置关键点 上方有一个"自动关键点"按钮 自动关键点,如图6-22所示,其作用与"设置关键点"按钮一样,只不过使用"设置关键点"按钮需要我们手动操作,使用"自动关键点"按钮则不需要。例如现在茶壶在x轴坐标为0的位置,单击"自动关键点"按钮 自动关键点,在第0帧处就不需要手动单击了,直接把时间滑块拖曳到第25帧处,然后将茶壶沿x轴方向移动50mm。这时,时间轴上会自动出现关键点,如图6-23所示。它会自动检测到变化前后的帧数,一般都会用"自动关键点"按钮,它使用起来比较方便,当然喜欢手动操作的读者也可以用"设置关键点"按钮。

图6-22

图6-23

6.3.5 动画制作的核心原理

前面提过,动画的制作原理是记录"变化",前面的茶壶例子也简单介绍了如何记录"变化"——用关键点。茶壶沿x轴方向移动就是在"变化",本小节会深入讲解"变化",并帮助读者对动画的本质有所了解。

什么是"变化"?"变化"就是我们在3ds Max里对模型进行的所有修改操作,包括位移、旋转、缩放和其他修改操作(如挤出),这些"变化"有对应的可变函数。下面把复杂的东西简单化,还是拿上面的茶壶例子进行说明。

选中茶壶,刚才设置的关键点在第0帧和第25帧处,现在把鼠标指针移动到第0帧处的关键点上并单击鼠标右键,弹出一个菜单,如图6-24所示,其中显示了茶壶的所有可变信息。因为茶壶没有执行过任何修改命令,所以它只有最原始的位置、旋转和缩放信息。思考一下,是不是所有物体没有执行任何修改命令前都只有这些参数可变呢?

图6-24

我们可以在这里直接修改这些信息。在弹出的菜单中执行"Teapot001:X位置"命令,如图6-25所示,弹出"Teapot001:X位置"对话框,如图6-26所示。"时间"为0代表此时位于第0帧,"值"为0.0mm代表x轴坐标为0,这就是茶壶在第0帧处的信息。"输入"和"输出"选项用于选择函数的切线模式,默认为自动模式,在对应的选项上按住鼠标左键不放就会弹出下拉菜单以供更改,一般情况下保持默认设置即可。切线的模式用于控制物体从当前关键点到下一关键点如何进行变化(如让它变化得快一点还是慢一点)。

图6-25　　　　图6-26

对话框中的参数值可以随时进行调整,如设置"值"为20mm,如图6-27所示,那么整个动画就变成了茶壶从x轴坐标为20的位置在1秒(25帧)内移动到x轴坐标为50的位置。也就是说,刚才我们在视图里进行的手动调整是完全可以在这个对话框里面进行的。由此可知,我们在视图里手动移动后发现移动得不精确,就可以在这个对话框中进行精确的调整。

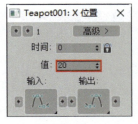

图6-27

位置变化函数是最基本的可变函数之一，大多数对象都有，下面为对象添加修改器并进行简单讲解。创建一个矩形，如图6-28所示，单击"自动关键点"按钮 自动关键点，如图6-29所示，时间轴变为红色。

图6-28

图6-29

将时间滑块拖曳到第25帧，然后给矩形添加一个"挤出"修改器，如图6-30所示。现在矩形还没有发生任何变化，因为只为矩形添加修改器（未设置修改器参数时）不会让其函数发生变化。默认的挤出"数量"为0，设置挤出"数量"为50.0mm，这时在第0帧和第25帧处就自动生成了关键点，如图6-31所示。"数量"右侧的微调按钮周围出现了一个红色框，如图6-32所示，这代表它是个可变函数，在第0帧时是0，到第25帧的时候变成了50。

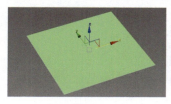

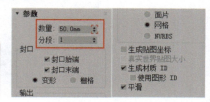

图6-30

图6-31

图6-32

参数调整完后，播放动画即可看到这个矩形从第0帧到第25帧间挤出"数量"从0到50的过程。

选中矩形，将鼠标指针移动到第0帧的关键点上并单击鼠标右键，弹出的菜单如图6-33所示。除了原始的参数外，多了一个"Rectangle001:数量"，这就是挤出的数量，对应"修改"面板里的"数量"。

图6-33

添加修改器后，修改器的可变函数就会在这个菜单中出现，如果没有添加修改器，则只有原始的位置、旋转和缩放。通过关键点记录这些可变函数就是制作动画的核心原理，懂了原理之后，再在这个原理的基础上进行加工即可。

6.3.6 轨迹视图-曲线编辑器

一般来说，在动画控制区中编辑关键点是比较麻烦的，不方便观察，所以通常需要用到曲线编辑器。

执行"图形编辑器 > 轨迹视图-曲线编辑器"菜单命令，如图6-34和图6-35所示，弹出"轨迹视图-曲线编辑器"窗口，如图6-36所示，可以在这里控制动画的轨迹。

图6-34

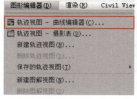

图6-35

图6-36

165

仍然用茶壶沿*x*轴方向移动50mm为例子。选中茶壶，"轨迹视图-曲线编辑器"窗口中就会出现茶壶的信息，如图6-37所示。在窗口的左边可以看到茶壶的所有信息，有基本的三大变化——位置、旋转和缩放，也有对象自己的可变函数——分段、半径等。

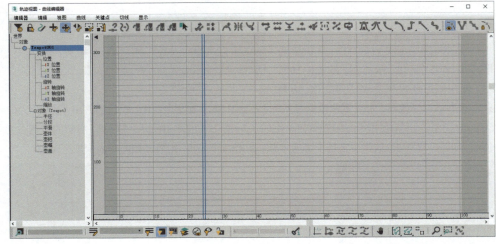

图6-37

单击"X位置"选项，如图6-38所示，窗口中出现了一条曲线，这条曲线就是茶壶"X位置"的运动轨迹。我们先来搞清楚这个图表的意思：①号红色框代表距离，0处就是3ds Max的坐标原点；②号红色框代表时间轴，跟动画控制区中的时间轴一样；③号红色框代表时间滑块，跟动画控制区中的时间滑块一样，如图6-39所示。

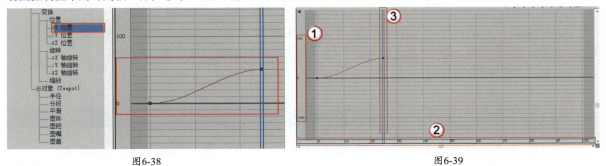

图6-38　　　　　　　　　　　　　　　　　　　　　　图6-39

再来看曲线，如图6-40所示，曲线上有两个点，左边的就是第1个关键点，对应的就是茶壶在第0帧处设置的关键点；右边的就是第2个关键点，对应的是在第25帧处设置的关键点。曲线很清晰地表达了该运动轨迹，从0帧开始，茶壶由"X位置"为0处，花了25帧的时间，"走"到了"X位置"为50处。

知道了图表的意思，那修改运动轨迹就很方便了，通过前面的学习，我们知道在时间轴里通过在关键点上单击鼠标右键就可以修改运动轨迹，但这个办法太麻烦了，而通过这个窗口进行修改就非常简单。例如，我们希望茶壶在第25帧的时候不是"走"到50处，而是"走"到100处，那么就把图表中的第2个关键点往上移动到100处即可，如图6-41所示。我们可以用这种直观的方法修改可变函数，以控制物体的运动。

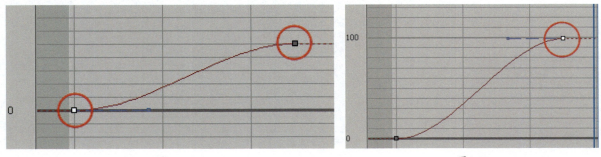

图6-40　　　　　　　　　　　　　　　　　　　　　　图6-41

这个窗口中还有很多按钮，它们起到的都是辅助作用。将鼠标指针移动到按钮上，就会出现相关的说明。它们都是用来操作曲线的，读者可以自行尝试，重点是理解前面讲到的通过图表直观地修改运动轨迹的方法。

另外，还需要了解切线的类型，也就是前面讲过的时间轴关键点处的"输入"和"输出"切线，默认的是自动切线，也就是单击"将切线设置为自动"按钮⚄后切线的效果，如图6-42所示。切线可以控制物体运动的方式（如让它变化得快一点还是慢一点），在"将切线设置为自动"按钮⚄右侧有其他按钮可以设置各种切线类型，如图6-43所示。

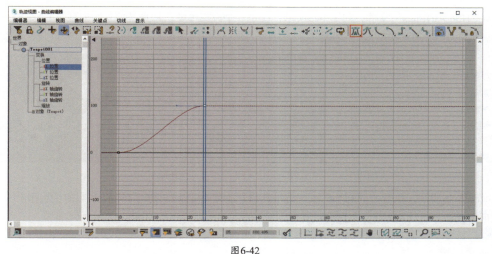

图6-42   图6-43

默认的自动切线是3ds Max智能计算而来的，其运动过程比较合理。现在将切线类型修改为快速切线。选中关键点，单击"将切线设置为快速"按钮✎，如图6-44所示可以发现曲线的形状也会跟着变化。这时单击"播放动画"按钮▶，我们发现茶壶的运动与之前相比发生了变化——视觉上变快了。注意，同样都是25帧，动画总时长是没有变化的，是因为茶壶的运动轨迹有了变化，所以我们感觉其运动速度变快了。对比曲线的形状就可以明白，"自动"时整条曲线是比较平缓的，"快速"时整条曲线的形状有了改变，让物体以很快的速度往100的方向运动。

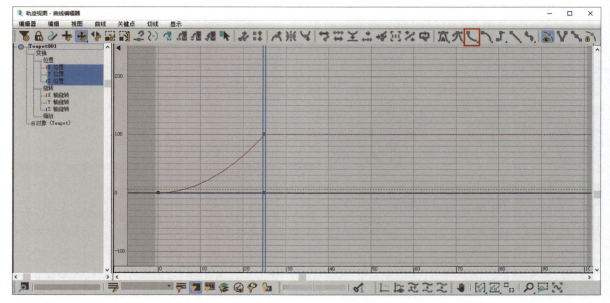

图6-44

至于其他的切线类型，读者自行尝试即可。本例的茶壶只有x轴方向上的位移，比较难看出效果，读者可以换一个复杂一点的动画进行对比。

案例实训：动画小实例

场景文件	场景文件 > CH06 > 01.max
实例文件	实例文件 > CH06 > 案例实训：动画小实例
教学视频	案例实训：动画小实例.mp4
学习目标	掌握位移和旋转动作的制作技法

通过前面的内容，我们了解了动画的核心制作原理，下面通过一个小实例进一步学习动画的制作技法。

01 打开"场景文件 > CH06 > 01.max"文件，如图6-45所示，这是一个汽车模型，车身是独立的模型，4个车轮分别也是独立的模型。现在制作一个汽车的运动动画。

📝 提示 -- >

要制作汽车运动动画，就要先确定模型的运动模式——车身是位移，车轮是位移加旋转。如果用前面的方法一个模型一个模型地逐帧调整动作是可以完成的，但太麻烦，像这种一个模型整体里面有零部件在运动的动画（如车子的车轮，直升机的螺旋桨等），需要用到动画的约束功能。至于摄影机的拍摄范围，根据对象进行确定即可。

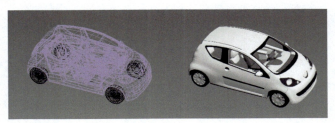

图6-45

02 选中一个车轮，如图6-46所示，执行"动画 > 约束 > 链接约束"菜单命令，如图6-47所示，视图中会出现一条虚线。单击车身，把车身和车轮链接起来，如图6-48所示。

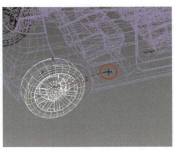

图6-46　　　　　　　　　　　　　图6-47　　　　　　　　　　　　　图6-48

03 这样，车轮和车身就被链接约束起来了。选中车身，这时车轮是没有被选中的，移动车身，被链接约束的车轮会跟着车身移动，剩下3个没被链接约束的车轮则停留在原地，如图6-49所示。被链接约束的模型，其主体无论是移动、旋转还是缩放，它都会一起进行变化。用同样的方法把其他3个车轮都链接约束到车身上。

04 选中车身，单击"自动关键点"按钮 自动关键点，时间轴变为红色，如图6-50所示。

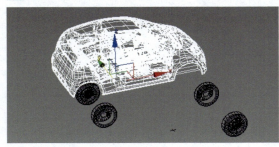

图6-49　　　　　　　　　　　　　　　　　　　　　　图6-50

05 将时间滑块拖曳到第50帧处，如图6-51所示，然后将车身往*x*轴方向移动一定的距离，如移动5000mm。这样，车身移动了5000mm的信息就在第50帧处记录下来了，自动关键点也生成了，如图6-52所示。单击"播放动画"按钮▶或者拖曳时间滑块来观察动画，整个车子的*x*轴方向上的位移动作做好了，4个车轮是链接约束到车身上的，所以车身具有的位移信息，车轮也会有。

图6-51　　　　　　　　　　　　　　　　　　　　　　图6-52

06 制作车轮的旋转动画。选中4个车轮，如图6-53所示，将时间滑块拖曳到第50帧处，如图6-54所示。在"选择并旋转"按钮 ↻ 上单击鼠标右键，在弹出的"旋转变换输入"窗口中设置"偏移:世界"下的Y参数为900，如图6-55所示（360是一圈，要准确计算当前车子走5000mm时车轮需要转多少圈），自动关键点也生成了，如图6-56所示。至此，汽车运动的动画就做好了，车轮会随着汽车的前进而旋转，单击"播放动画"按钮 ▶ 或者拖曳时间滑块观察动画。

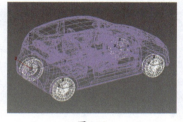

图6-53

图6-54　　　　　　　　　　图6-55　　　　　　　　　　图6-56

07 除了链接约束，下面介绍另一种常用的约束——路径约束。例如汽车刚才是沿x轴方向移动了5000mm，如果汽车要拐弯，那么调整汽车的坐标就会很麻烦，这时就可以用上路径约束。在顶视图中画一条样条线，如图6-57所示。这条样条线就是汽车将要走的路径。选中车身并执行"动画 > 约束 > 路径约束"菜单命令，如图6-58所示，拾取路径，如图6-59所示。

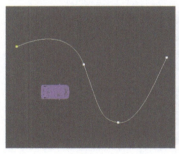

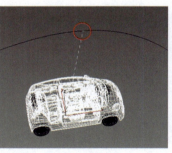

图6-57　　　　　　　　　　图6-58　　　　　　　　　　图6-59

08 拾取路径后，车子就会"粘"在路径的起点处了，如图6-60所示。但是，现在车头好像没有对准路径的方向。进入"修改"面板 ⊿，勾选"路径参数"卷展栏中的"跟随"复选框，如图6-61所示，勾选后的效果如图6-62所示。

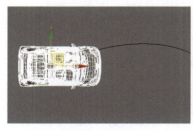

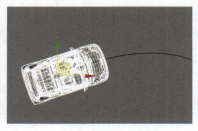

图6-60　　　　　　　　　　图6-61　　　　　　　　　　图6-62

09 这样车头就对准了，单击"播放动画"按钮 ▶，汽车从第0帧移动到了最后一帧，从路径的起点走到了终点。注意，前面制作车轮动画时，在第50帧处创建了关键点，所以跟随路径第50帧后车轮就不会转了，在曲线编辑器中把车轮的最后一帧设置为关键点可以解决此问题。路径约束在制作一些漫游动画时很常用，它可以实现让摄影机跟随路径进行拍摄的效果。

6.4 骨骼详解

创建骨骼是做动画和游戏时必须进行的一个环节。3ds Max中有两种骨骼可供使用：一种是常规的骨骼，另一种是Biped。

6.4.1 骨骼

开始讲骨骼之前，先要讲一下骨骼到底有什么作用。前面讲过的汽车动画中是没有骨骼的，只靠约束就可以做出来，是非常简单的基本动画，可以将其理解为非骨骼动画。如果要做人、动物等生物模型的动画，单靠前面的知识是无法完成的，此时就要制作骨骼动画。我们需要把骨骼做出来，然后绑定到模型上进行蒙皮。这样骨骼会带动模型，生成动画。

进入"创建"面板 ，单击"系统"按钮 ，可以看到"骨骼"和Biped两种类型，如图6-63所示。

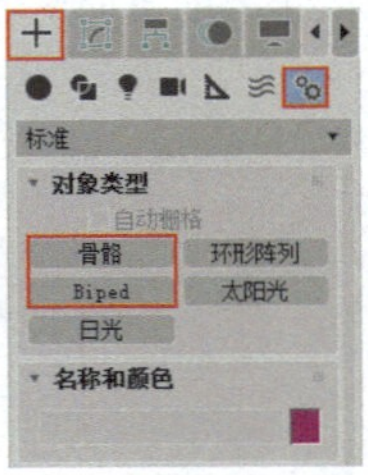

单击"骨骼"按钮 ，在视图中单击确定第1根骨骼。然后在任意处单击即可创建下一根骨骼，再次单击可以继续创建，直到单击鼠标右键结束创建为止。下面创建3根骨骼，如图6-64所示。

图6-63

创建出来的骨骼是有"父子"关系的，上一根创建出来的是下一根的"父亲"，下一根创建出来的是上一根的"儿子"，"父亲"变化的时候，"儿子"就会随之变化。选中第1根骨骼，如图6-65所示，无论是移动、旋转还是缩放，另两根都会随之变化（因为第2根会跟随第1根变化，第3根会跟随第2根变化）。

如果选择第2根骨骼，如图6-66所示，旋转一下，第3根骨骼会跟随旋转，但第1根骨骼是不会动的。

图6-64

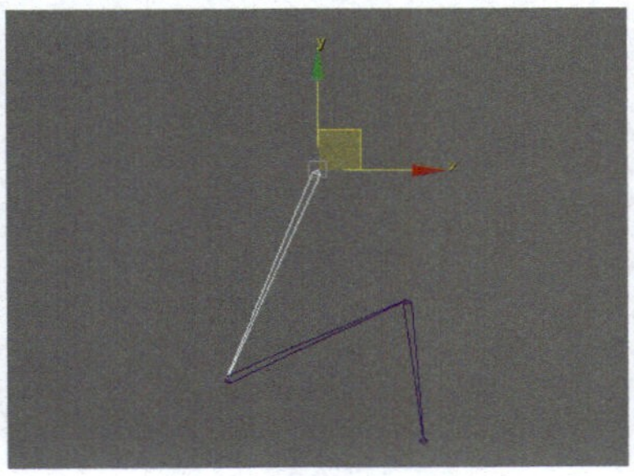

图6-65

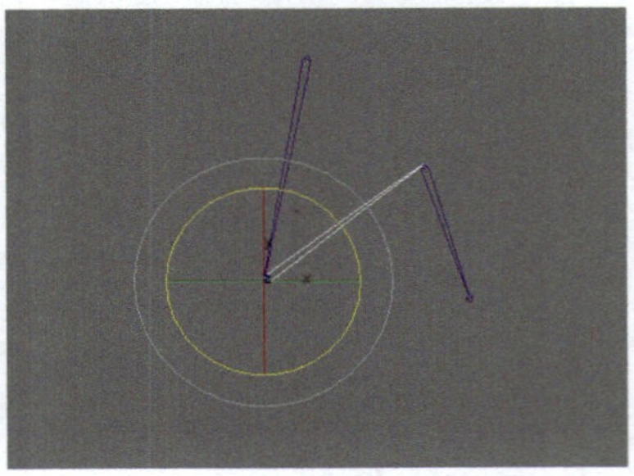

图6-66

现在来看看"骨骼参数"卷展栏，如图6-67所示，其中的参数很简单，基本上只有"骨骼对象"选项组里的参数有用，"骨骼鳍"选项组里的参数没有实际作用，可以不管。选中第1根骨骼，先设置"宽度""高度""锥化"参数，如图6-68所示，骨骼效果如图6-69所示。"宽度"和"高度"值代表骨骼的宽和高，"锥化"值为0代表骨骼是四边形的。

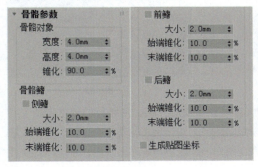

图6-67

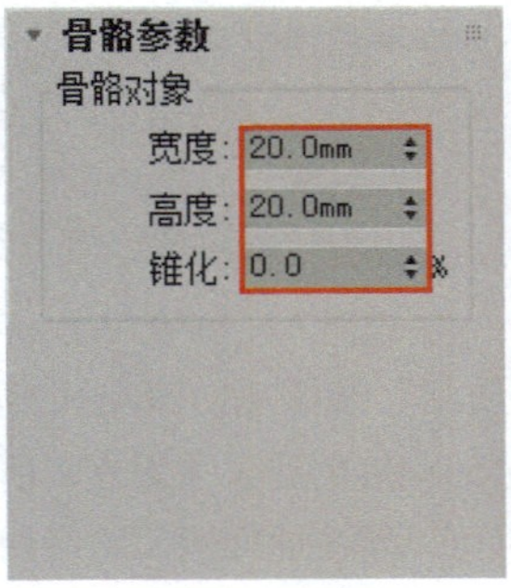

图6-68

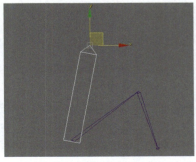

图6-69

"骨骼参数"卷展栏中可用的参数不多,那如何调整骨骼呢?我们要用到骨骼工具。执行"动画>骨骼工具"菜单命令,如图6-70所示,弹出"骨骼工具"窗口,如图6-71所示。

下面介绍该窗口中的一些常用按钮。

图6-70　　　　　　　　　　　　　图6-71

1. "骨骼编辑模式"按钮

选中第1根骨骼,如图6-72所示。

在默认状态下,因为这一根骨骼是父骨骼,所以移动它时所有骨骼都会移动。如果在创建的时候骨骼位置错了,就不能调整了,但现在通过"骨骼编辑模式"按钮 骨骼编辑模式 ,我们可以轻松实现相关修改,如仅将第1根骨骼往右边倾斜一点。

单击"骨骼编辑模式"按钮 骨骼编辑模式 ,如图6-73所示,进入骨骼编辑模式后,就能自由地对每根骨骼进行调整了。把第1根骨骼往右移动一点,如图6-74所示。记住,进入骨骼编辑模式是为了对骨骼位置进行调整,若要编辑动画就要退出此模式。

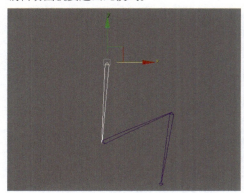

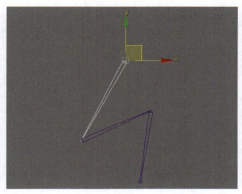

图6-72　　　　　　　　　图6-73　　　　　　　　　图6-74

接着介绍"骨骼工具"选项组,如图6-75所示,其中的按钮的作用都很直观,如"创建骨骼"按钮 创建骨骼 、"移除骨骼"按钮 移除骨骼 、"删除骨骼"按钮 删除骨骼 等,此处就不多讲解了,下面主要介绍"细化"按钮 细化 和"连接骨骼"按钮 连接骨骼 。

2. "细化"按钮

选中一根骨骼,如图6-76所示,单击"细化"按钮 细化 ,如图6-77所示,接着单击选中的骨骼,这样就在当前骨骼上增加了一个关节,从而把一根骨骼变成了两根,如图6-78所示。

图6-75

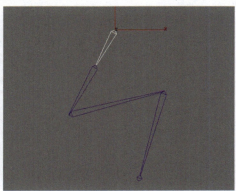

图6-76　　　　　　　　　图6-77　　　　　　　　　图6-78

3. "连接骨骼"按钮

创建一根骨骼，如图6-79所示。现在想让长骨骼的末端和短骨骼的始端连接起来。如果先选中短的骨骼，然后单击"连接骨骼"按钮 连接骨骼 ，会出现一条虚线，连接长骨骼的末端，如图6-80所示，连接后的效果如图6-81所示。很明显，这不是我们想要的效果。观察图6-80，虚线是从骨骼的末端延伸出来的。

图6-79

图6-80

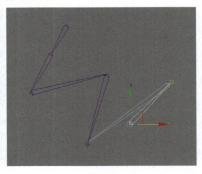
图6-81

所以我们应该先选中长骨骼的末端，如图6-82所示，然后将其删除，如图6-83所示。该末端就是骨骼创建完成后的一块小骨骼，因为我们要把新骨骼连接过来，那么这个位置肯定就不是骨骼末端了。选中长骨骼的末端，如图6-84所示，单击"连接骨骼"按钮 连接骨骼 ，最后把虚线连接到短骨骼上，如图6-85所示，连接后的效果如图6-86所示。

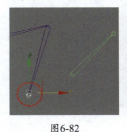
图6-82

图6-83

图6-84

图6-85

图6-86

骨骼的参数比较少，也比较简单，制作骨骼跟画二维线有相似之处，如调整位置、尺寸等。

6.4.2 Biped

Biped是3ds Max自带的两足生物的骨骼，它是一个模板，不需要创建，可以直接使用。

进入"创建"面板 + ，单击"系统"按钮 ，接着单击Biped按钮 Biped ，如图6-87所示。在视图中拖曳创建一个Biped，如图6-88所示。Biped的主要属性不在"修改"面板 中，而在"运动"面板 中，如图6-89所示。

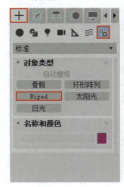
图6-87

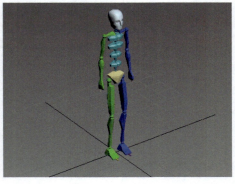
图6-88

图6-89

若要调整Biped，先要进入体形模式，单击"体形模式"按钮，如图6-90所示。在对模型进行蒙皮之前，我们要做的事情就是把骨骼的形体调整到跟模型一样，如尺寸、位置、结构等。

展开"结构"卷展栏，如图6-91所示，其中有骨骼的整体参数供我们调整。例如，设置"手指"为5，那么骨骼就有5根手指，如图6-92所示。通常需要在这个卷展栏中确定骨骼的整体参数，如高度、骨骼数量、关节数量等，这些参数都是根据需要蒙皮的模型来确定的。

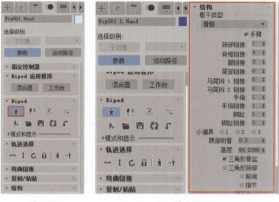
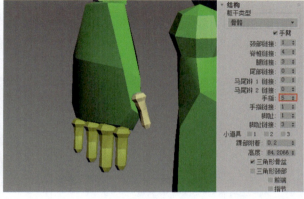

图6-90　　　　　　　　　图6-91　　　　　　　　　　　　　　　　图6-92

在体形模式里面，除了骨骼的基本参数，还需要调整骨骼的姿势。在蒙皮之前必须把骨骼的姿势调整到跟模型一样，例如我们把骨骼的一只手举起来，如图6-93所示。在工作中，生物模型在蒙皮之前姿势一般是对称的。调整骨骼的时候需要注意对称。

展开"复制/粘贴"卷展栏，单击"创建集合"按钮，如图6-94所示，在"复制收集"下拉列表框中显示了相应内容，同时复制按钮也被激活了，如图6-95所示。这里的意思就是创建一个集合，这个集合里是复制的多个姿势。

现在只创建了集合，还没有复制姿势，这里有"姿态"按钮和"姿势"按钮可供选择，"姿态"按钮用于局部，"姿势"按钮用于整体。现在要把右手的姿态复制到左手，这属于局部的调整，所以单击"姿态"按钮，然后选中右手的骨骼，单击"复制姿态"按钮，如图6-96所示，这时在"复制的姿态"预览窗口中会显示当前复制的姿态，如图6-97所示。单击"向对面粘贴姿态"按钮，如图6-98所示，这样骨骼的两只手就对称了，如图6-99所示。

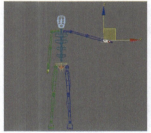

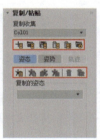

图6-93　　　　　　　　　图6-94　　　　　　　　　图6-95

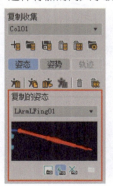

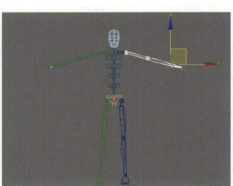

图6-96　　　　　　　　　图6-97　　　　　　　　　图6-98　　　　　　　　　图6-99

利用这个方法，我们只需要调整一边的骨骼即可，骨骼的所有信息都会复制到另一边。"复制/粘贴"卷展栏里还有一些按钮也很有用，如"保存集合"按钮■和"加载集合"按钮■，通过这两个按钮可以把调整好的动作保存起来，方便以后使用。对一般的工作来说，保存很多姿势和姿态，可以避免每次工作时都手动调整。

用这些基本的调整工具是调整不了比例的，如果想要腿粗一点、长一点，怎么办呢？在体形模式里面，我们只能通过缩放进行调整，如图6-100所示。同样地，也只需要调整一边，然后复制即可。

如果要移动整个骨骼，让它与模型相匹配。选中骨盆里的那个小骨头，也就是质心，放大骨盆并观察，如图6-101所示。选中质心后，就会发现能自由移动整个骨骼了（全选骨骼也可以）。在"运动"面板●中展开"轨迹选择"卷展栏，如图6-102所示。现在大部分按钮都被激活了，如果要旋转整个骨骼，可以单击"躯干旋转"按钮⊂。

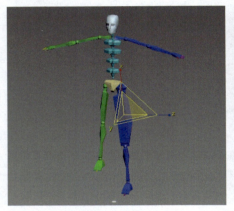

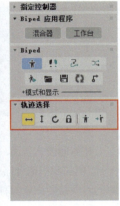

| 图6-100 | 图6-101 | 图6-102 |

用这些工具调整骨骼，让骨骼与模型相匹配。一般来说，尽量让骨骼充满模型的2/3就比较合适了。骨骼太小不行，太大也不好。调整骨骼的例子放在"6.6 蒙皮"小节中进行讲解，因为调整骨骼是蒙皮前的必需操作，一起讲解会更好理解。

调整好了骨骼的体形后，可以单击"保存文件"按钮■把当前体形保存下来，如图6-103所示，弹出"另存为"对话框，选择文件格式为FIG格式，如图6-104所示。保存完成之后，下次创建Biped的时候，就可以在"Biped"卷展栏中单击"加载文件"按钮■，找到保存好的体形并直接导入使用，如图6-105所示。

如果加载和保存时没有按下"体形模式"按钮，如图6-106所示，那么加载和保存的就是BIP格式的文件，并非体形。BIP格式的文件是包括运动数据的，这点将在"6.5 动作"小节里讲解。

| 图6-103 | 图6-104 | 图6-105 | 图6-106 |

6.5 动作

普通骨骼动作的制作方法与前面在动画中介绍的制作动作的方法没有什么区别，也是用关键点和骨骼的变化实现动作的制作。而Biped在本质上也是一样的，只是具体操作起来稍有不同。

6.5.1 骨骼动作

下面用一个蝴蝶骨骼动作实例进行说明。

进入"创建"面板 ⊕，单击"系统"按钮 ⊗，然后单击"骨骼"按钮 ⬚⬚⬚骨骼⬚⬚⬚，创建两根骨骼，如图6-107所示。设置左边骨骼的参数，如图6-108所示。复制3根骨骼，如图6-109所示，蝴蝶骨架就模拟好了。

图6-107

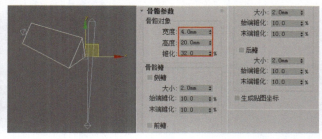

图6-108

图6-109

接下来模拟蝴蝶飞行的动作。正如图6-109所示，这5根骨骼都是独立的，并没有链接起来，试想一下，如果所有骨骼都要链接起来的话，单靠前面讲的骨骼功能根本实现不了。其实骨骼之间的链接除了前面讲的方法外，我们还可以通过创建一个虚拟物体来实现。进入"创建"面板 ⊕，单击"辅助对象"按钮 ⬚，然后单击"虚拟对象"按钮 ⬚虚拟对象⬚，如图6-110所示，在视图里拖曳创建一个虚拟对象，并把它对齐到蝴蝶骨架的中心，如图6-111所示。

虚拟对象其实就是不存在的，不会被渲染，对场景也不会有影响，创建这个虚拟对象是为了链接蝴蝶身体和翅膀。如果不将它们链接起来，那么在做动作的时候，做一个位移动作就需要调整5个骨骼，如果骨骼数量很多的话，这样根本无法操作。

图6-110

图6-111

选中一个骨骼，如图6-112所示，然后在3ds Max工具栏里单击"选择并链接" ⬚ 按钮，如图6-113所示。将鼠标指针移动到骨骼上，鼠标指针会发生变化，如图6-114所示。按住鼠标左键不放，将其拖曳到辅助对象上，如图6-115所示，这样骨骼就和辅助对象链接起来了。这跟前面讲的链接约束是一个道理。

图6-112

图6-113

图6-114

图6-115

用同样的方法把剩余的骨骼都与辅助对象链接上，链接好后，只需要移动辅助对象，所有的骨骼就会跟着移动，就像前面汽车动画中的车身和车轮一样。

选中辅助对象，单击"自动关键点"按钮 自动关键点，时间轴变为红色。将时间滑块拖曳到第50帧处，如图6-116所示，把辅助对象沿y轴方向移动200mm，这时会自动生成关键点，如图6-117所示。单击"播放动画"按钮 ▶ 或者拖曳时间滑块，现在从第0帧到第50帧，蝴蝶骨架在y轴方向上移动了200mm。

图6-116

图6-117

接下来做翅膀的动作。做到这里是不是感觉过程和前面讲过的汽车动画案例很像，没错，动画的原理都是一样的，在制作之前充分理解原理极为重要。

选中翅膀骨骼的末端，如图6-118所示，将时间滑块拖曳到第5帧处，然后沿z轴方向移动 –10mm，如图6-119所示。单击"设置关键点"按钮━，把第5帧设置成关键点，这样从0帧到第5帧翅膀就往下扇了一下。

将时间滑块拖曳到第10帧处，沿z轴方向移动20mm，如图6-120所示，单击"设置关键点"按钮 设置关键点，将第10帧设置成关键点。用同样的方法设置其他关键点，第15帧沿z轴方向移动 –20mm，第20帧沿z轴方向移动20mm，如此到第50帧，动画就制作完成了。时间轴如图6-121所示，每一次变化都用一个关键点记录。单击"播放动画"按钮▶，就能看到蝴蝶骨骼从第0帧到第50帧的飞行动画了。

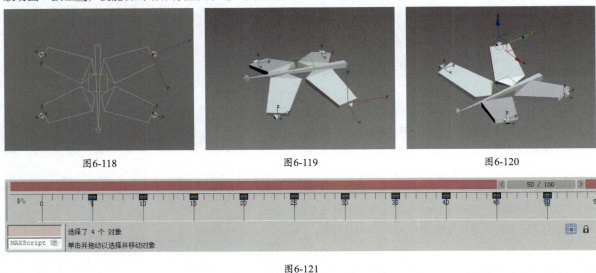

图6-118　　　　　　　　　　图6-119　　　　　　　　　　图6-120

图6-121

📝 提示

注意，这里手动单击了"设置关键点"按钮 设置关键点。在自动模式下，是不用手动单击此按钮的，但是骨骼的位移动作在时间轴上也不会显示关键点。为了方便查看，初学的时候最好还是手动设置关键点，就算不手动设置关键点，其实系统已经记录了动作，动画也能正常播放。

在下一节学习了蒙皮的相关知识后，骨骼绑定了模型，我们就能做模型的动画了。

6.5.2 Biped动作

有4种Biped动作模式可供我们选择，一般来说会综合使用各种模式，以便操作。第1种是手动调整关键点的关键点模式（体形模式是关键点模式的一种），前面的动画中我们用到的正是此模式，它是原始的一种模式。第2种模式是足迹模式，第3种模式是运动流模式，第4种模式是混合器模式。

1.足迹模式

在"体形模式"按钮 🧍 的右边有一个"足迹模式"按钮 🐾，单击"足迹模式"按钮 🐾 即可进入足迹模式，这时就会出现足迹模式的相关卷展栏，如图6-122所示。这个模式提供了3种基本的足迹供我们选择，分别是走、跑和跳，便于快速创建这3种动作。

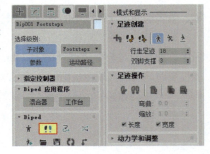

图6-122

展开"足迹创建"卷展栏，单击"行走"按钮 ，如图6-123所示。单击左边的"创建多个足迹"按钮 ，如图6-124所示，弹出"创建多个足迹：行走"对话框。这个对话框中常用的是"足迹数"参数。这里设置"足迹数"为6，如图6-125所示。至于其他的参数，读者可以自行调整，都是很直观的参数，大多数是用于控制脚步细节的参数，如"参数化步幅长度""参数化步幅宽度"等。

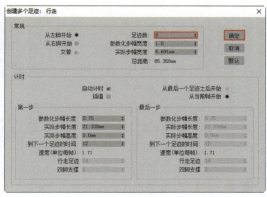

图6-123

图6-124　　　　　　　　　　图6-125

单击"确定"按钮 ，视图里出现6个足迹，如图6-126所示。足迹上面有数字，对象会按照这些数字顺序行走，而且绿色的足迹对应绿色的脚，蓝色的足迹对应蓝色的脚。

足迹创建后，我们还需要设置关键点。单击"足迹操作"卷展栏中的"为非活动足迹创建关键点"按钮 ，如图6-127所示，这样系统就会自动生成关键点了。单击"播放动画"按钮 或拖曳时间滑块，就可以看到Biped的行走动画，如图6-128所示。

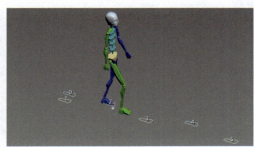

图6-126　　　　　　　　图6-127　　　　　　　　图6-128

我们可以自由控制这些足迹。在"足迹操作"卷展栏中，我们可以通过修改"弯曲"参数值让足迹拐弯，如图6-129所示。选中3、4和5号足迹（选中需变化的足迹），设置"弯曲"为20，足迹如图6-130所示。如果设置"弯曲"为负数，则足迹拐弯的方向相反。

"弯曲"的下面是"缩放"参数，这

图6-129　　　　　　　　　　图6-130

里的"缩放"并不是指单个足迹的大小缩放，而是多个足迹之间的距离缩放。选中所有的足迹，如图6-131所示，设置"缩放"为2，如图6-132所示，足迹间在长度、宽度方向上的距离都大了很多。如果需要单独控制足迹长度或宽度方向上的变化，取消勾选"宽度"或"长度"复选框即可，如图6-133所示。

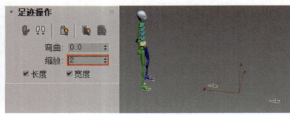

图6-131　　　　　　　　图6-132　　　　　　　　图6-133

我们可以在数值右边的微调按钮上滚动鼠标滚轮,对参数值进行设置。当调整"缩放"参数值时,可以看到,如果"缩放"值为0,那么足迹几乎重叠在一起,如图6-134所示。继续调整,把"缩放"值调成−1,现在足迹如图6-135所示。这样足迹就处于倒退的状态。单击"播放动画"按钮▶,就可以看到Biped的倒退行走动画了。

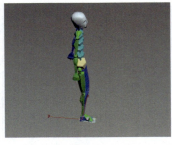

图6-134

图6-135

现在播放动画,可以看到Biped的动作有点怪,如图6-136所示,出现了交叉脚,这是因为勾选了"长度"和"宽度"复选框。倒退回去,取消勾选"宽度"复选框,然后设置"缩放"为−1,如图6-137所示。缩放后的足迹如图6-138所示,现在单击"播放动画"按钮▶,Biped就正常地往后行走了,如图6-139所示。

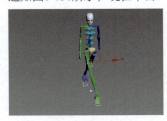

图6-136

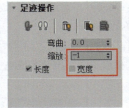

图6-137

图6-138

图6-139

还可以手动调整足迹。选中任意足迹,可以任意地移动与旋转足迹,如图6-140所示。手动一个一个地调整足迹,可以做出想要的运动轨迹。单击"播放动画"按钮▶,Biped就跟着足迹进行运动了,如图6-141所示。

除了可以直接创建足迹外,我们还可以手动设置每一个足迹。下面有一个小场景,如图6-142所示,我们要制作Biped走上台阶的动画,如果通过单击"创建多个足迹"按钮来做,那么足迹创建出来后仍需要手动调整,即手动把足迹放到每一个台阶上。下面介绍另一种方法。

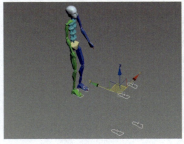

图6-140

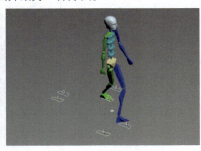

图6-141

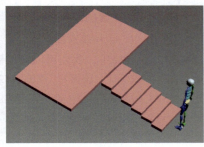

图6-142

在"创建多个足迹"按钮的左边有一个"创建足迹(在当前帧上)"按钮,如图6-143所示,单击该按钮,即可在视图里自由地单击创建足迹。激活3D捕捉功能,然后设置"捕捉"为"面",如图6-144所示,在台阶上单击即可在台阶上创建出足迹,如图6-145所示。足迹创建好后,记得单击"为非活动足迹创建关键点"按钮,如图6-146所示。关键点生成后,单击"播放动画"按钮▶或拖曳时间滑块,即可播放该动画,如图6-147所示,可以看到Biped有了走上台阶的动作了。

图6-143

图6-144

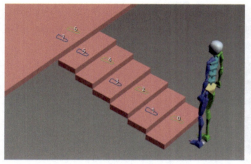

图6-145

图6-146

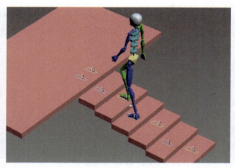

图6-147

当前动画不在第0帧，而在图6-147所示场景的帧上。如果继续使用"创建足迹（在当前帧上）"这种方法添加足迹，单击按钮后会弹出一个警告框，如图6-148所示，提示无法添加足迹。这是因为这种方法是在当前帧上创建足迹，而当前帧已经有足迹了，所以此时是不能完成足迹的创建的。

如何解决这个问题呢？有以下两种方法。

第1种：在没有足迹的帧上创建。

第2种：使用"创建足迹（附加）"按钮 创建，如图6-149所示。单击该按钮后就可以在视图里直接单击创建新的足迹了，如图6-150所示。创建出来的新足迹是没有关键点的，颜色和旧的足迹是不同的，因此必须创建关键点，如图6-151所示。创建关键点之后，可以看到，现在足迹的颜色都一样了，如图6-152所示。单击"播放动画"按钮 或拖曳时间滑块即可播放动画。

图6-148

图6-149

图6-150

图6-151

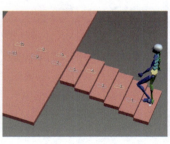

图6-152

足迹模式里剩下的基本动作是跑和跳，读者自行尝试即可。退出足迹模式，如图6-153所示（"足迹模式"按钮 未被按下），退出之后就返回默认的关键点模式了。现在看看时间轴，如图6-154所示，系统在"足迹模式"里面创建的关键点在"关键点模式"里出现了，每一块骨骼的关键点都会被自动创建。

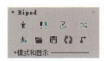

图6-153

图6-154

图6-155

在关键点模式下选中手骨，如图6-155所示，时间轴上会显示出手骨的关键点，如图6-156所示，进入自动关键点模式。

图6-156

把时间滑块拖曳到第6帧处，如图6-157所示，移动一下手骨，如图6-158所示，这时在第6帧处就自动创建了一个关键点，如图6-159所示。单击"播放动画"按钮▶或者拖曳时间滑块就能播放动画，可以看到，Biped在第6帧处有一个抬手的动作。

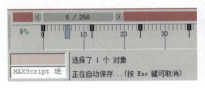
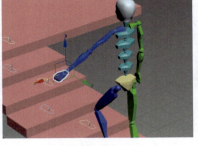
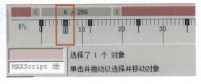

图6-157　　　　　　　　　　图6-158　　　　　　　　　　图6-159

从这里可以看出，在Biped自带的足迹模式下创建出来的动画，还是可以在原始的关键点模式下进行调整，其核心制作原理还是跟普通动画一样。

如果退出自动关键点模式，用手动设置关键点的方式，如图6-160所示，这在Biped里面是不行的，在Biped里不能用3ds Max自带的"设置关键点"按钮 设置关键点 。如果需要手动设置关键点，可以用到Biped自带的"关键点信息"卷展栏，如图6-161所示。

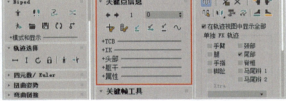

图6-160　　　　　　　　　　　　　　　　　图6-161

将时间滑块拖曳到第20帧（任意没有关键点的帧）处，如图6-162所示，先移动一下手骨，如图6-163所示，接着在"关键点信息"卷展栏中单击"设置关键点"按钮 ，如图6-164所示。这样就手动设置好关键点了，单击"播放动画"按钮▶或拖曳时间滑块，即可看到Biped在20帧处有抬手动作。

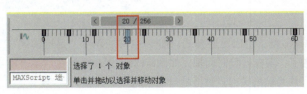
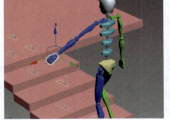

图6-162　　　　　　　　　　图6-163　　　　　　　　　　图6-164

📝 提示 --->

补充介绍一个足迹模式下的小技巧。如果创建了数个足迹后，又添加了一些其他足迹，在播放动画的时候，足迹有点别扭。要解决这个问题，可以先单击"取消激活足迹"按钮 ，再单击"为非活动足迹创建关键点"按钮 ，将这些足迹的关键点重设一次，这样就可以解决在手动调整过程中出现的小问题了。

2.运动流模式

现在来看另一个模式——运动流模式。在开始之前，先在足迹模式下创建一个骨骼行走了6步的动画，如图6-165所示，然后在Biped卷展栏中单击"保存文件"按钮 ，如图6-166所示。注意，在体形模式下保存的是FIG格式的体形，而在默认模式下保存的是BIP格式的带动画信息的文件（在足迹模式下也可以）。单击后，我们把这个行走的动画保存为"行走.bip"文件，如图6-167所示。

图6-165 图6-166 图6-167

在工作中，大部分时候都会用到动作库，从动作库里导入BIP格式的动作文件。BIP文件与贴图一样，属于必备的素材，我们需要准备很多动作库以满足工作需求，可以自己制作，也可以在网络中下载。在工作中是不可能每次都重新手动调整动作的，特定的动作（动作库中没有的）需要手动调整，但是一般的动作，如走、跑、跳、

打等比较常见的动作，每次都重新手动调整就太麻烦了。
这点和制作室内模型一样，家具模型大多数都是从外部
导入的，不可能每次都手动建模。当然，手动调整动作
的能力是我们制作动画的核心能力，工作中经常需要不断
地改动作，而且需要一点一点地改，这是非常考验耐心和
能力的。

在足迹模式里继续创建动画，这次创建跳的动画，如
图6-168所示。用前面的方法创建出有6个足迹的跳动画，
如图6-169所示，然后将其保存为"跳.bip"文件。

图6-168 图6-169

现在保存了两个动画，我们来做一个先走后跳的动画，需要用到运动流模式。选中一个Biped，单击"运动流模式"按钮，如图6-170所示。进入运动流模式后，其卷展栏如图6-171所示，里面也有"保存文件"按钮和

"加载文件"按钮。这和保存与
加载BIP文件是一个道理，不过这里
保存和加载的是MFE格式的运动流
文件。

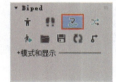

图6-170 图6-171

制作先走后
跳的动画。单击
"运动流"卷展
栏中的"显示图
形"按钮，如图
6-172所示，这时会
弹出"运动流图:
Bip002"窗口，如
图6-173所示。

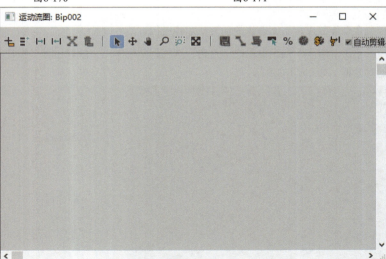

图6-172 图6-173

把保存好的行走和跳动画导入窗口中。单击"创建多个剪辑"按钮▤，如图6-174所示，在弹出的对话框里选择刚才保存的"行走.bip"和"跳.bip"文件，如图6-175所示。文件导入后，"运动流图：Bip002"窗口中会有相应的显示，如图6-176所示。

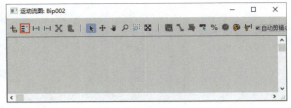

图6-174

图6-175

图6-176

单击"定义脚本"按钮▦，如图6-177所示，脚本定义完成后，在"运动流图：Bip002"窗口中先单击"行走"按钮，再单击"跳"按钮，在"行走"按钮处就会有一个箭头指向"跳"按钮，如图6-178所示，在脚本选项组的列表框中就会显示"行走"和"跳"，如图6-179所示。"行走"右边出现的***就是"行走"和"跳"的过渡，Biped和足迹如图6-180所示。

图6-177　　　　　　　图6-178　　　　　　　图6-179　　　　　　　图6-180

单击"播放动画"按钮▶或拖曳时间滑块，即可看到先走后跳的动画，如图6-181所示，4和5是行走的最后两步，0和1是跳的开始两步。通过足迹可以看出，Biped行走到4号足迹的1/3处起跳。这是默认的过渡效果，如果发现混合动作的过渡不太理想的话，就需要进行过渡的调整。

单击"脚本"列表框里的"行走"选项，然后单击"编辑过渡"按钮▦，如图6-182所示，弹出用于编辑过渡的对话框，如图6-183所示。

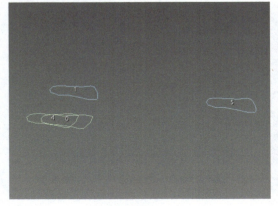

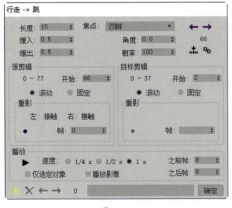

　　　　　　　图6-181　　　　　　　图6-182　　　　　　　图6-183

　　在使用运动流模式组合动作的时候，只要默认的过渡效果不流畅，就会用这个对话框进行手动调整（本例的过渡效果是流畅的，现在只是演示如何修改过渡效果）。对话框中的"源剪辑"指的就是"行走"，"目标剪辑"指的就是"跳"。

　　如果想让Biped早一点起跳的话，可以先拖曳时间滑块到第40帧处，现在Biped所处的状态如图6-184所示，黄色的是行走足迹，红色的是跳足迹，本来Biped在04号足迹上才开始跳，现在改成Biped在第40帧处就起跳。在"源剪辑"选项组中"重影"的"帧"数值框中输入40，以设置开始帧，如图6-185所示。可以看到视图中发生了变化，效果如图6-186所示。

图6-184

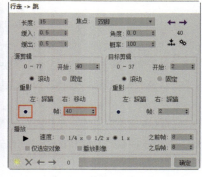
图6-185

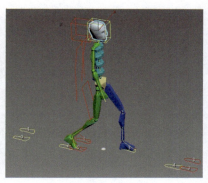
图6-186

　　现在Biped在第40帧处起跳，通过这个对话框就可以微调过渡效果。这个对话框中的其他参数的效果也很直观，读者可以自行尝试，让动作之间衔接得更流畅。

　　在运动流模式里做的动画只在运动流模式里有效，当退出运动流模式后，Biped先走后跳的动画就没有了。如果想要在普通模式下编辑在运动流模式里做的动画，先要在运动流模式里保存BIP格式的文件，然后在普通模式下导入文件。

3.混合器模式

　　下面讲另一个模式——混合器模式。单击"混合器模式"按钮 ，如图6-187所示，再单击"Biped应用程序"卷展栏中的"混合器"按钮 混合器 ，如图6-188所示，弹出"运动混合器"窗口，如图6-189所示。

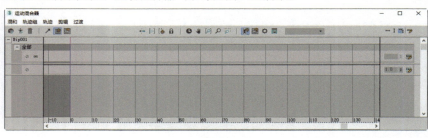

图6-187　　　　　　图6-188　　　　　　　　　　　　　　　　图6-189

　　混合器模式跟运动流模式其实都是用来加载多个动画的，只不过它们的加载形式不同。"运动混合器"窗口左边有一个Bip001，它就是当前Biped，单击其对应栏的空白处，如图6-190所示。单击鼠标右键并在弹出的快捷菜单中执行"新建剪辑 > 来自文件"命令，如图6-191所示，在计算机中选择多个BIP文件，如图6-192所示。

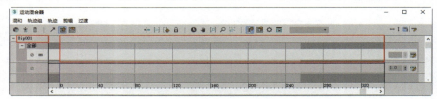
图6-190

图6-191   图6-192

这里继续加载前面创建的"行走.bip"和"跳.bip"文件，如图6-193所示，拖曳时间滑块就可以查看动画。这时，混合器中也有一条紫色的线，如图6-194所示，这条紫线就是时间滑块，最下方就是时间轴。播放动画，Bipde从第0帧开始行走，到第77帧结束行走；从第82帧开始跳，到第119帧结束跳。这些效果在视图里面都能直观地看到。

如果出现图6-195所示的情况，即有一部分区域是深灰色的，无法拖曳紫线，那是因为当前设置的时间轴帧数比动画帧数少。我们可以按快捷键Ctrl+Alt，然后按住鼠标右键并在时间轴上左右拖曳以增减帧数，这种方法更加方便。

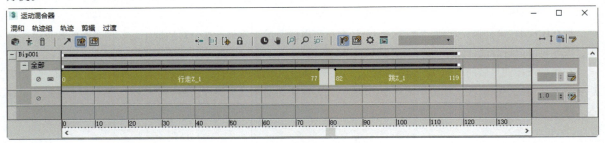

图6-193

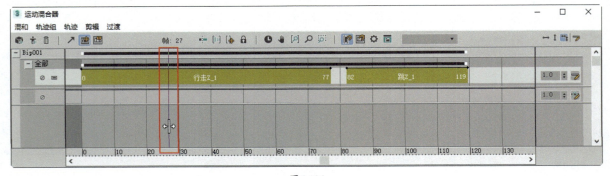

图6-194

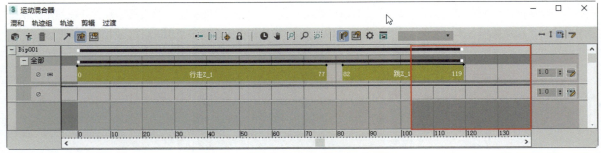

图6-195

播放动画,这时我们发现一个问题:当播放完行走动画的时候,Biped会返回最开始的地点并起跳,而不是在行走结束的那个位置起跳。在轨迹的空白处单击鼠标右键,在弹出的快捷菜单中执行"转化为过渡轨迹"命令,如图6-196所示,轨迹就变成过渡轨迹了,如图6-197所示。

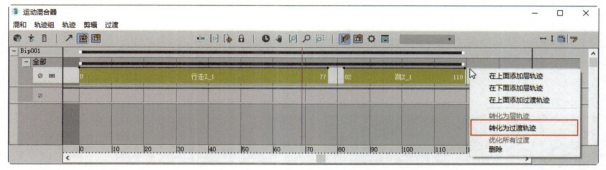

图6-196

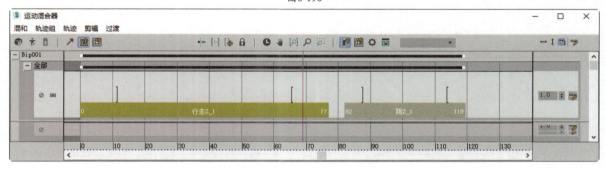

图6-197

把行走动画往上拖曳,如图6-198所示,可以看到出现了一个过渡栏,现在从第66帧开始过渡。播放动画,现在的动画效果就非常流畅了。也可以把"跳"往前拖曳,"行走"往后拖曳,如图6-199所示,这样就做出先跳后行走的动画了。

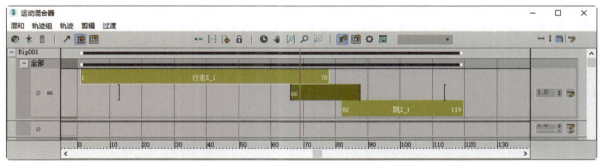

图6-198

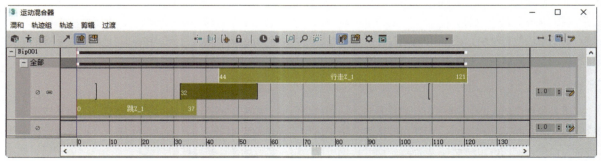

图6-199

如果只需加载多个动画并调整它们间的过渡，在混合器模式和运动流模式之间，更推荐使用混合器模式，因为其效果非常直观，且操作简单。但是，在"运动流模式"中可以将动画保存为BIP格式的文件并导出到普通模式中修改，在"混合器模式"中则不行。

4.摄影表

几种动作模式讲完后，下面讲一些重要工具和工作中常用的技巧。

进入足迹模式，先创建一个有6步的行走足迹，如图6-200所示，然后执行"图形编辑器 > 轨迹视图-摄影表"菜单命令，如图6-201所示，打开"轨迹视图-摄影表"窗口，在摄影表的左边找到"对象 > Bip001 Footsteps > 变换"，如图6-202所示。

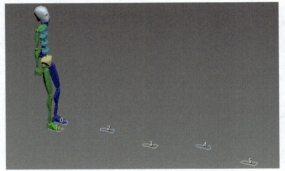 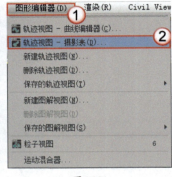 

图6-200　　　　　　　　　　图6-201　　　　　　　　　　图6-202

这时会看到表里面有一些色块，这些色块就是创建的足迹，无论是颜色、号数还是帧数，它们都是一一对应的，在这个表中可以很清楚地看到足迹的状态。同样都是足迹，但这些色块却有长有短，其实这里的色块长度代表的就是该足迹与地面接触的时长。拖曳时间滑块（摄影表里的蓝色双竖线也是时间滑块），然后仔细观察，可以看出，当时间轴上没有色块时，模型对应的脚就离开了地面。

单击色块左边，色块左边会出现一个小圆点，如图6-203所示；单击色块右边，色块右边会出现一个小圆点，如图6-204所示；单击色块中间，色块左右两边都会出现一个小圆点，如图6-205所示。

图6-203

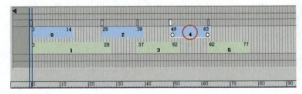 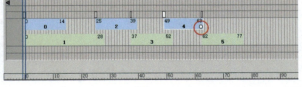

图6-204　　　　　　　　　　　　　　　图6-205

激活左边的小圆点，就能将色块往左边拉长；激活右边的小圆点，就能将色块往右边拉长；激活两个小圆点，就能平移色块。这样，我们就可以在摄影表中调整足迹的细节了。移动这些色块，相当于在视图中移动足迹。我们可以拉长色块，让Biped离地时慢一点；缩短色块，让Biped离地时快一点。Biped与地面的关系无非就是单脚离地、双脚离地和双脚不离地，Biped的跑、跳和行走都可以在这里灵活地调控。

5.质心

质心是整个Biped的质量中心，它就是骨盆里面的小物体，如图6-206所示。如果选不到它，可以任意选择一块骨骼，然后单击鼠标右键，在弹出的快捷菜单中执行"选择躯干水平"、"选择躯干垂直"或者"选择躯干旋转"命令，如图6-207所示，就能选中质心；也可以使用"轨迹选择"卷展栏中与这3个命令对应的按钮，如图6-208所示。

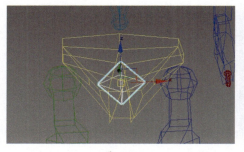

图6-206　　　　　　　　　　　图6-207　　　　　　　　　　　图6-208

质心不像其他骨骼那样只有默认的一种状态,它有3种独立的状态,这是什么意思呢?例如,选中手骨,然后进行水平移动、垂直移动和旋转,如图6-209所示,创建关键点,如图6-210所示。这3种信息就一起被记录下来了。但是如果选中质心,然后进行水平移动、垂直移动和旋转,就不能像手骨那样只创建一个关键点,我们需要分别在"轨迹选择"卷展栏中对应的3种状态下创建3个关键点,以记录质心的信息。

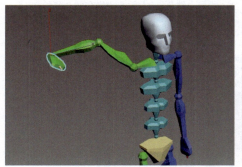

图6-209

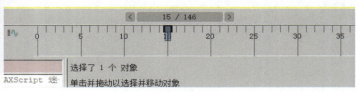

图6-210

在躯干水平的状态下为质心创建的关键点是红色的,如图6-211所示;在躯干垂直的状态下为质心创建的关键点是黄色的,如图6-212所示;在躯干旋转的状态下为质心创建的关键点是绿色的,如图6-213所示。如果在同一帧为3种状态都创建了关键点的话,会有3种颜色,如图6-214所示。读者务必记住,为质心创建关键点的时候要在3种状态下都创建,不能像其他骨骼那样只创建一个。

图6-211

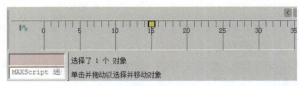

图6-212

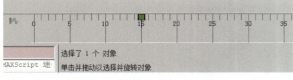

图6-213

图6-214

6.四元数/Euler(欧拉角)

该卷展栏如图6-215所示,默认选择了"四元数"单选项,一般保持默认设置即可。做角色动画时一般都会用到四元数,这只是一种计算方法。一样的物体,一样的动作,用不同的算法会得到不一样的结果,当然读者也可以尝试一下Euler算法。

图6-215

7.FK和IK

FK和IK非常重要，只有将FK和IK理解到位，才能准确调整Biped的动作。先来介绍一下什么是FK和IK，FK就是正向动力学，IK就是反向动力学。

FK完全遵循"父子"关系的运动规律，用父骨骼带动子骨骼。

IK是一种先确定子骨骼的位置，然后反向推导出其所在骨骼链上n级父骨骼位置，从而确定整条骨骼链的方法。

它们的原理相反，可以理解为一个是上带动下，另一个是下带动上。例如我们自主地动一下头，这个运动属于FK，头的运动轨迹由我们控制；如果有一个球砸中了我们的头，导致头动了一下，这个运动属于IK，头的运动轨迹由球控制。

在做Biped动作的时候，必须分清楚两者并适当地调整。在默认的情况下，Biped的一切动作都属于FK，我们要做的就是把一些动作调整成IK的动作，下面用一个经典的例子来说明IK的工作原理。

现在来做一个蹲下的动作。创建一个Biped和一个长方体，如图6-216所示，然后选中质心，并在第0帧处创建一个躯干垂直状态下的关键点，如图6-217所示。在第30帧处把质心往下移动一些，创建一个躯干垂直状态下的关键点，如图6-218所示。

图6-216　　　　　　　　　　　　图6-217　　　　　　　　　　　　图6-218

回到第0帧处，选中双脚，创建一个关键点，如图6-219所示。到第30帧处，这时质心已经往下移动了，双脚如图6-220所示，把双脚往上移回地面并创建关键点，如图6-221所示。

下蹲的动作就做好了。播放动画，我们发现，在下蹲的过程中，脚掌插到地面里去了，如图6-222所示。这就是因为模型现在处于FK状态。在FK状态里面，由质心控制运动轨迹，所以脚掌的运动轨迹变化不由它自己说了算。

 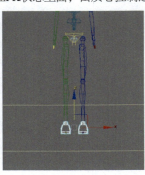 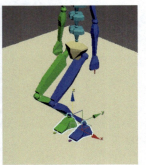 

图6-219　　　　　　图6-220　　　　　　图6-221　　　　　　图6-222

如果想让脚掌从第0帧到第30帧都位于地面上，需要把脚掌设置为IK状态。

在第0帧处单击"关键点信息"卷展栏里的"设置拖曳关键点"按钮，如6-223所示，面板中的相关参数值会发生变化，如图6-224所示。其实这个按钮就是设置IK的按钮，"IK混合"值为1.0代表开启了IK模式，为0代表退出了IK模式。也可以不单击按钮，手动调整参数值。这样就把第0帧的脚掌设置成了IK对象。然后把第30帧的脚掌也设置成IK对象，再播放动画，可以看到现在模型的双脚就稳稳地站在地面上，不会插到地面里了。

"设置拖曳关键点"按钮 的左边是"设置踩踏关键点"按钮 ，右边是"设置自由关键点"按钮 ，如图6-225所示。

单击"设置踩踏关键点"按钮 也可以开启IK模式，与单击"设置拖曳关键点"按钮 不同的是，通过这个按钮开启IK模式后，还需要勾选"连接到上一个IK关键点"复选框，如图6-226所示，这会让新设置的IK关键点连接到上一个IK关键点。

单击"设置自由关键点"按钮 则会退出IK模式。

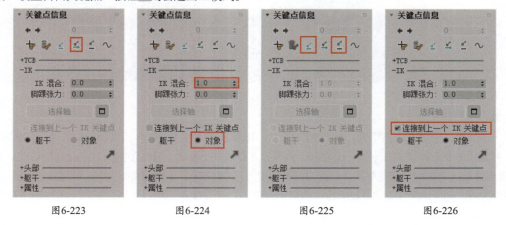

图6-223　　　　　　　图6-224　　　　　　　图6-225　　　　　　　图6-226

IK轴

选中手骨，在默认情况下，也就是在FK模式下，旋转手骨，手骨是不会带动小臂的，它只会带动手指，如图6-227所示。试想一下，我们自己转动手腕，会不会带动小臂呢？如果在做手腕转动动作的时候没有带动小臂，会显得非常僵硬，不自然。所以这时应该把手骨设置成IK对象，让手骨带动小臂，如图6-228所示。

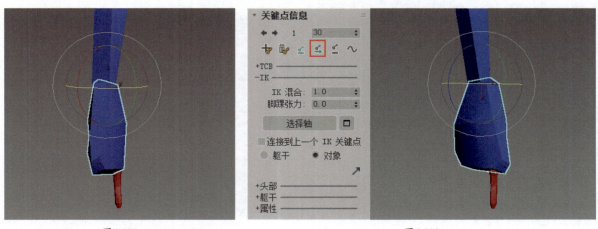

图6-227　　　　　　　　　　　　　　　　　　图6-228

现在旋转手骨，小臂和手指都被带动了。假如要做指尖粘着某个东西转动的动作，旋转手骨，手指就会像圆规一样画圆，而不是指着一个点不动。单击"选择轴"按钮 选择轴 ，如图6-229所示，手骨的周围会出现一些小球，如图6-230所示。

红色的小球处就是现在默认的轴，单击指尖的小球，把轴切换到指尖的小球处，如图6-231所示。指尖处的小球变红了，代表现在轴在指尖处。旋转手骨，就会发现指尖固定在一个点了。只有在IK模式中才能改变轴，在FK模式中是不行的。

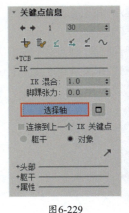

图6-229

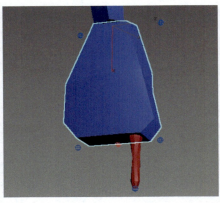

图6-230

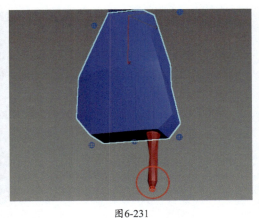

图6-231

IK对象

创建一个正方体并放在手指下面，如图6-232所示。IK反作用力不仅可以作用在Biped上，还可以作用在其他对象上，如这里的正方体。现在来做一个动画，内容为正方体往上移动，直到手指下方，让其带动整只手。那么Biped中要设置成IK对象的肯定是手指了，因为只有手指与正方体接触。选中手指，单击"关键点信息"卷展栏中的"选择IK对象"按钮，如图6-233所示，拾取正方体，在"关键点信息"卷展栏的IK下就出现了正方体的名字，如图6-234所示。

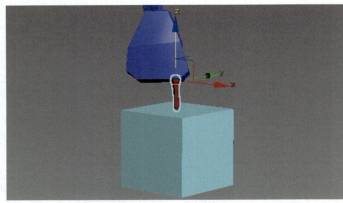

图6-232

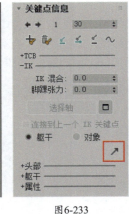

图6-233

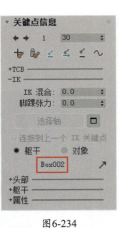

图6-234

拾取正方体，单击"设置拖曳关键点"按钮，把手指设置成IK对象，如图6-235所示。这样，把正方体往上移动时，就能带动手指和整只手了，如图6-236所示。通过设置IK对象，我们可以很方便地做出很多IK动画。

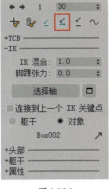

图6-235

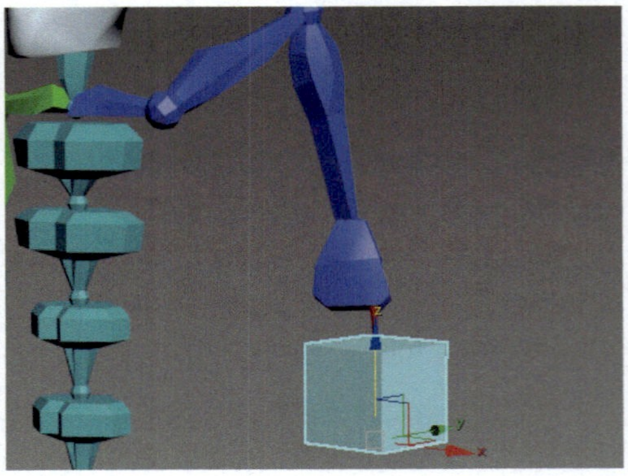

图6-236

头部动作

做Biped动画时，很多时候都需要调整头部，如角色往哪看，或者一直盯着什么。如果每次都手动调整，就会很麻烦，Biped提供了很方便的功能来解决头部运动问题，就是"头部对准"。

以图6-237所示骨骼为例，选中头骨，在"关键点信息"卷展栏里出现了"头部"选项，单击"选择注视目标"按

钮 ↗，如图6-238所示，拾取绿色手骨，"关键点信息"卷展栏如图6-239所示，可以看到其中出现了手骨的名称。

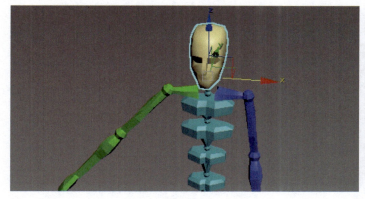

图6-237　　　　　　　　　　图6-238　　　　　　图6-239

手骨拾取好了还不能用，先创建关键点，然后设置"目标混合"为1.0，如图6-240所示。这时Biped如图6-241所示，头部就对准手骨了，若移动手骨，头部也会跟着移动。"目标混合"值为1.0表示完全地对准目标，0是不对准，可以将其设置为0~1的小数，如0.1、0.2等，值越大，头部越对准目标。通过这种方法，可以轻松做出一些复杂的头部运动动画。

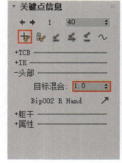

图6-240　　　　　　　　图6-241

躯干控制

创建一个Biped，把其腿和脚都设置为IK对象（为了方便观察躯干和腿的关系）。选中最下面一块躯干骨骼，旋转一下，如图6-242所示，这样就得到了一个身体前倾的动作。但是在旋转的时候发现，腿是完全不会动的，哪怕旋转的角度很大。参照正常现象，身体往前倾，随着角度的增大，身体下半部分肯定会有相应的运动，如骨盆会后翘，大腿骨会往后移。

这是因为躯干的"平衡因子"参数值默认为0，也就是没有启用平衡状态功能。选中质心，在躯干水平的状态下设置"平衡因子"为1.0，如图6-243所示（注意要在关键点模式下操作）。重复上面的动作，选中最下面的躯干骨骼并旋转，效果如图6-244所示。整体开启平衡状态功能后，无论做什么样的动作都不会出现一些违反平衡规律的动作了。"平衡因子"参数值最大可以设置为2.0，读者可以根据当前动作所需的平衡状态合理调整。

至于"平衡因子"下的"动力学混合"和"弹道张力"参数，下面创建一个跳的动画来说明。在足迹模式下创建一个4步的跳动画，效果如图6-245所示，退出足迹模式，回到默认的关键点模式。

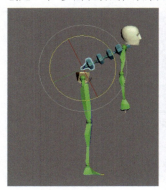

图6-242　　　　图6-243　　　　图6-244　　　　图6-245

选中质心，然后移动时间滑块到第10帧处，效果如图6-246所示。在这一帧，Biped差不多跳到最高点了，如果想让它跳得更高，常规的操作是把质心往上移动一段距离，然后设置关键点。现在把质心往上移动到图6-247所示的位置，然后设置关键点。可以发现，只要单击"设置关键点"按钮 ，Biped就马上返回原处。

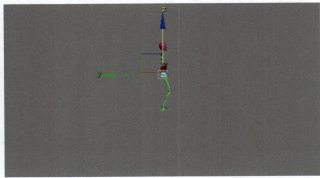

图6-246   图6-247

这是因为在默认的情况下，质心会受"重力加速度"参数影响，如图6-248所示，这个参数值越大，它就跳得越高。现在回头看躯干中的"动力学混合"参数，如图6-249所示，其默认值为1.0，1.0代表跳的高度完全由"重力加速度"参数值控制。如果设置"动力学混合"为0，即可实现调多高就跳多高的效果。

"弹道张力"是躯干垂直状态下的参数。选择质心，在躯干垂直的状态下移动

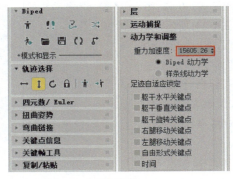

图6-248   图6-249

时间滑块到第17帧处（这个帧是落地前的一个关键点，并不是所有关键点都有"弹道张力"参数，创建跳动画后系统会自动为相应关键点设置此参数），如图6-250所示。这时候，就可以设置"弹道张力"参数了，默认值为0.5，如图6-251所示。如果设置"弹道张力"为0，代表没有张力，那么Biped落地时会蹲得更低；如果设置"弹道张力"为1.0（最大），Biped落地时就会蹲得相对高一些。

在"关键点信息"卷展栏中还有一个TCB选项组。单击TCB左侧的加号按钮 将其展开，如图6-252所示，其中有几个参数，下面分别介绍。

"缓入"和"缓出"就是常说的慢入与慢出，用来控制两个关键点之间动画的出入快慢。

"张力""连续性""偏移"的默认值均为25.0，一般保持默认设置即可。这些参数都是用来调整动画关键点之间的过渡效果的，它们的最大值都是50.0。

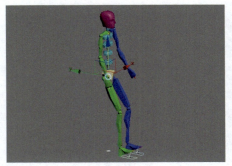

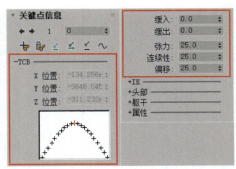

图6-250   图6-251   图6-252

例如，有一个从第0帧到第30帧的抬脚动画，如果在第0帧处设置"缓入"为50，那么在0帧处的开始抬腿动作就会变得很慢。同理，调整"张力"、"连续性"和"偏移"参数值也会得到相应的变化。读者可以分别设置这些参数值为0和50并进行对比，了解各参数对两个关键点之间的过渡效果的影响。此外，随着参数值的变化，图中的曲线也会发生变化，可以很直观地看出两个关键点之间的曲线变化。

除了能在TCB中调整两个关键点之间的变化曲线以外，还可以使用前面介绍过的曲线编辑器调整，其原理与这里是一样的。但应注意，Biped用的不是3ds Max自带的曲线编辑器，它要用自己的曲线编辑器。在"Biped应用程序"卷展栏中有一个"工作台"按钮 工作台 ，如图6-253所示，单击之后就会弹出Biped的曲线编辑器——"动画工作台"窗口，如图6-254所

示。这个曲线编辑器跟3ds Max自带的曲线编辑器的用法一样，很多功能也是一样的。

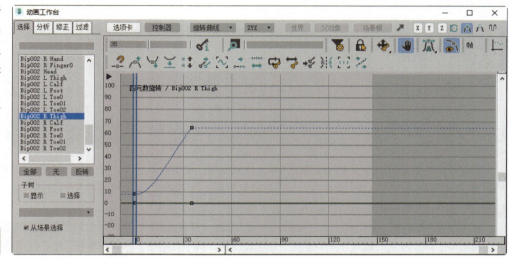

图6-253　　　　　　　　　　　　图6-254

层

关于Biped，最后要介绍的就是层，下面用一个小例子进行说明。在足迹模式中创建一个6步的行走动画，然后返回普通模式。选中手骨，如图6-255所示，手骨的时间轴如图6-256所示。

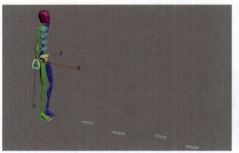

图6-255

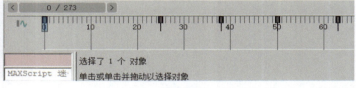

图6-256

这些关键点就是Biped每走一步时，其手骨的信息，假如我们希望在这段行走动画里只改动手骨，是不是需要在每个关键点处都做出调整呢？只改一个再复制关键点是行不通的，因为会影响到整只手。显然，这样操作十分烦琐。此时就可以用到"层"卷展栏中的相应功能来快速调整了。单击"层"卷展栏中的"创建层"按钮 ，创建层之后会显示"层1"，如图6-257所示，时间轴如图6-258所示，现在还没有关键点。

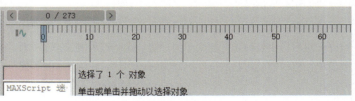

图6-257　　　　　　　　　　　　图6-258

这里的层与Photoshop中的图层是一样的，现在看到的是新建的层，单击上下箭头图标 ⬇ ⬆，如图6-259所示，即可切换层。

在新建的层中设置手骨的动作和关键点，这样在播放动画的时候，新建层中的信息就会覆盖原来的信息，且不会影响到整只手，简单来说就是"换"了一个手骨。通过"层"卷展栏，可以对动画进行局部修改。

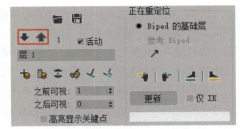

图6-259

6.6 蒙皮

有了模型与骨骼，接下来就要进行蒙皮了。把骨骼绑定到模型上后，就可以用模型做出各种动画了。

6.6.1 认识蒙皮

蒙皮的命令很简单，但蒙皮的过程很烦琐，也就是说，蒙皮需要进行非常耐心的调整。3ds Max里面一般用到的蒙皮方法就是skin蒙皮，skin蒙皮是大部分游戏引擎都支持的蒙皮方法，也是主流的蒙皮方法。当然还有一些主流的蒙皮插件，如bonepro，但在3ds Max里面，我们更常用skin蒙皮。

普通骨骼和Biped的蒙皮方法是一样的。下面直接用一个Biped和一个两足生物模型的实例进行介绍，帮助读者更清楚地了解蒙皮这一过程，学会蒙皮的原理和步骤。其难点不在于命令，而在于耐心地调整。

打开相应文件，效果如图6-260所示，蒙皮前，最重要的就是确定骨骼的体形，骨骼约占模型的2/3。骨骼的体形与模型越匹配，后续的蒙皮就越容易。创建一个Biped，如图6-261所示。

在体形模式下选中Biped的质心，然后把Biped和模型对齐，如图6-262所示。选中模型，按快捷键Alt+X让模型半透明，单击鼠标右键并在弹出的快捷菜单中执行"冻结当前选择"命令，把模型冻结，这样在操作Biped时就不会选到模型了，线框显示效果如图6-263所示。

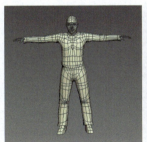
图6-260

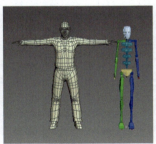
图6-261

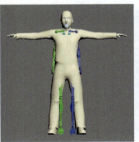
图6-262

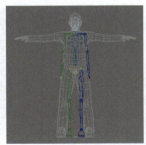
图6-263

调整骨骼的体形。先根据模型的体形进行骨骼参数的初步调整，进入体形模式，展开"结构"卷展栏，设置Biped的"躯干类型"为"男性"，"手指"为5，"手指链接"为2，"脚趾"为1，"脚趾链接"为1（因为模型穿了鞋，所以没必要做5根脚趾），"高度"为1750.0mm（跟模型一样），如图6-264所示，设置完成后，Biped的效果如图6-265所示。

接下来，通过移动、旋转和缩放操作，从正面、顶面和侧面把Biped与模型匹配好。注意，调整一边即可，调整好一边后再用复制功能复制出另一边。这个过程要注意的是模型的关节和Biped的关节要对好。这也是一个原理很简单，但很需要耐心的操作。调整好一边后，正视图如图6-266所示，顶视图如图6-267所示。

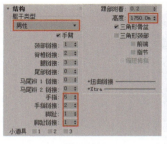

图6-264

图6-265

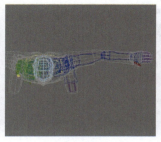

图6-266

图6-267

一边的姿态调整好后，单击"创建集合"按钮 ，然后选中手、胳膊、腿和脚等，如图6-268所示。单击"复制姿态"按钮 ，如图6-269所示，再单击"向对面粘贴姿态"按钮 ，如图6-270所示。这样，Biped的姿态就做好了，如图6-271和图6-272所示。

图6-268

图6-269

图6-270

图6-271

图6-272

接下来开始蒙皮，3ds Max自带了两种蒙皮方法，一种是physique蒙皮，另一种是skin蒙皮。physique蒙皮比skin蒙皮简单、方便，但是很多游戏引擎不支持这个算法，所以不建议用physique蒙皮。在3ds Max里面用skin蒙皮比较好，它是被众多游戏引擎支持的算法。

单击鼠标右键，在弹出的快捷菜单中执行"全部解冻"命令，把模型解冻。因为模型是半透明的，如图6-273所示，所以在透视视图中也可以看到骨骼。在蒙皮过程中，可以按快捷键Alt+X切换半透明和不透明模式，以观察模型和骨骼。

选中模型，在"修改"面板 中找到"蒙皮"修改器，如图6-274所示，将该修改器添加给模型。为模型添加"蒙皮"修改器后，"修改"面板 如图6-275所示。

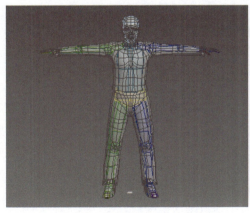

图6-273

图6-274

图6-275

展开"参数"卷展栏，单击"添加"按钮 ，如图6-276所示，弹出"选择骨骼"对话框，如图6-277所示。其中的Bip001就是场景里的骨骼，单击名称左边的小三角形按钮 ，就能看到其子层级的骨骼，如图6-278所示。

图6-276

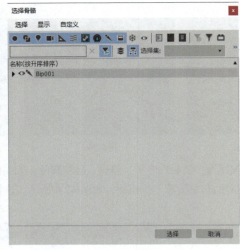

图6-277

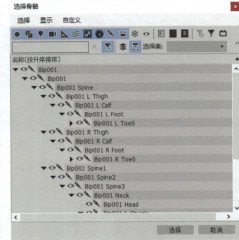

图6-278

执行"选择 > 选择子对象"命令，如图6-279所示。按快捷键Ctrl+A全选骨骼，单击"选择"按钮 选择 ，如图6-280所示。

图6-279

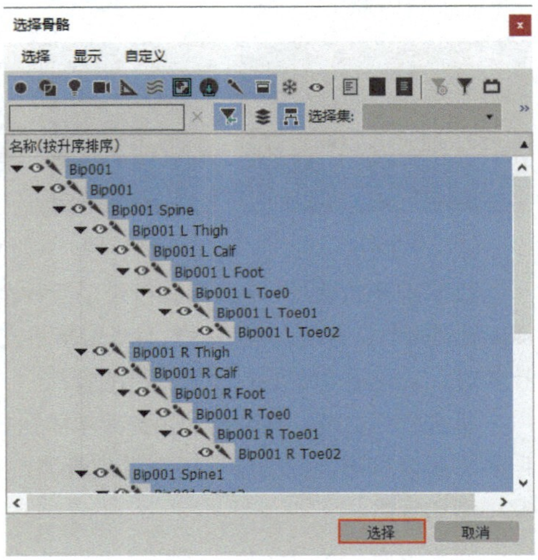

图6-280

现在在蒙皮的面板中就可以看到所有需要进行蒙皮的骨骼了，如图6-281所示。如果不小心把非骨骼对象也添加进来了，可以用"添加"按钮 添加 右边的"移除"按钮 移除 把它移除。

按快捷键Alt+X取消模型的半透明显示效果（为了更清楚地看到封套效果），单击"编辑封套"按钮 编辑封套 ，如图6-282所示，模型如图6-283所示。模型上出现了一些黑点和一些连线，这些点和连线就是蒙进来的骨骼，我们可以通过选中这些点来选中相应的骨骼，现在选中的是质心，质心处会有一些颜色。注意，如果某些骨骼露在模型外阻碍了观察，可以把骨骼都隐藏。

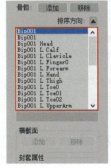

图6-281

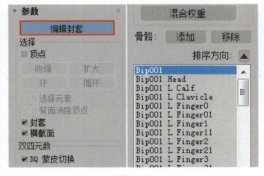

图6-282

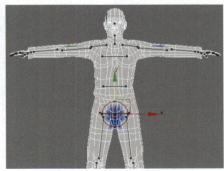

图6-283

选中头部的骨骼，如图6-284所示，在蒙皮的面板中也会有对应的显示，如图6-285所示。观察视图，当选中头骨时，头部有两个像胶囊一样的封套，外封套的颜色是暗红色的，内封套是鲜红色的。切换到左视图中，效果如图6-286所示。

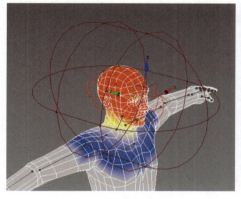
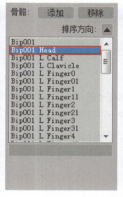
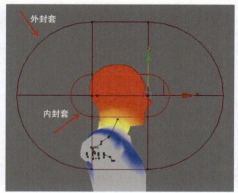

图6-284　　　　　　　　　　　　图6-285　　　　　　　　　　　　图6-286

内封套代表当前骨骼对模型的完全（100%）影响区，外封套代表当前骨骼对模型的最远影响区，两个封套之间有过渡效果。从内封套到外封套，骨骼对模型的影响越来越弱。

封套的长度和宽度可以改变。移动原来选中的黑点，可以改变封套的长度，如图6-287所示。封套横截面上有4个点，如图6-288所示，拖曳这些点可以改变封套的半径，如图6-289所示。这里的半径对应面板中的"半径"参数，如图6-290所示。读者可以手动调整，也可以在面板中输入尺寸精确调整。

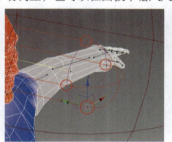
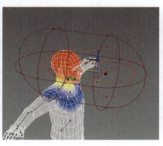

图6-287　　　　　　　　　图6-288　　　　　　　　　图6-289　　　　　　　　　图6-290

选中大腿骨，如图6-291所示，可以清晰地看到该骨骼对模型的影响，红色代表绝对影响，黄色代表过渡影响，蓝色代表微弱影响。把外封套的半径调大一点，如图6-292所示。

很明显，这是不合理的，一条腿的骨骼是不应该影响到另外一条腿的，这对动画有何影响呢？退出编辑封套模式，选中Biped的小腿骨骼，将其向上抬，如图6-293和图6-294所示。很显然，现在出现了错误。左腿错误的原因就是权重太大了，错误的部分是黄色的，左腿不应该拥有右腿的骨骼权重，这导致了右腿向上抬时，左腿有权重的部分会跟着动。右腿上方凹下去的错误部分的权重太小了，它现在是黄色，还没有设置正确的权重，如果得到了正确的权重，右腿向上抬后就不会出错了。

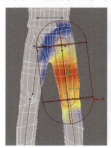
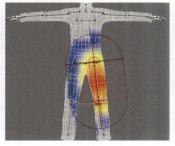
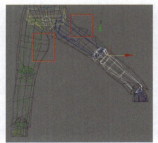
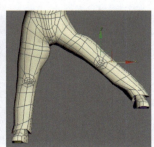

图6-291　　　　　　　　　图6-292　　　　　　　　　图6-293　　　　　　　　　图6-294

由此可知，其实蒙皮就是控制权重，把骨骼对应的模型的所有点的权重（权重以点计算，不以面）都合理地分配好，这样动画就不会出现破面和穿帮的镜头了。

6.6.2 蒙皮方法

蒙皮过程一般分为3步，第1步为粗调，第2步为控制权重，第3步为精调。下面进行详细讲解。

1.粗调

粗调就是根据模型的体形调整外封套和关键位置，其实就是进行大范围的调整。同样地，只调整一边即可，再复制出另一边。外封套调整的原则就是把外封套调整到不影响其他部分的位置，再移动小黑点以修正一些位置上的错误。

调整大腿骨，如图6-295所示，然后稍微调整一下小黑点的位置并让过渡位置位于膝盖。调整外封套的大小，让其不影响左腿。这样大腿的粗调就完成了。

选中小腿，如图6-296所示，很明显，膝盖的位置也是不对的，要进行调整。调整小腿，如图6-297所示。注意，重点位置是膝盖，因为它是大腿和小腿的连接处，做动画的时候能动的关节是调整的重点。

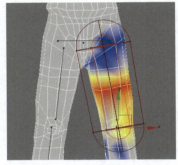
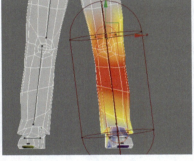
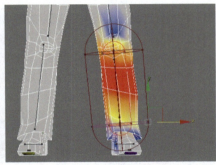

| 图6-295 | 图6-296 | 图6-297 |

在调整的时候很难看出大小腿之间的过渡有没有处理好，因为现在只能显示一个骨骼的封套。如何同时显示多个骨骼的封套呢？选中小腿的封套，单击"封套属性"卷展栏中的"封套可见性"按钮，如图6-298所示。选择大腿，如图6-299所示，这样就能看到两个封套了。放大观察，两个封套的交接处如图6-300所示，它们并没有对好，还需要进行相应调整，效果如图6-301所示。

图6-298

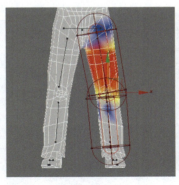

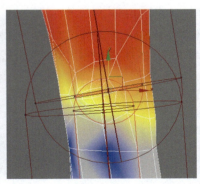
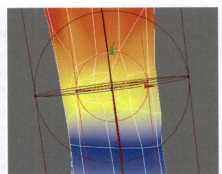

| 图6-299 | 图6-300 | 图6-301 |

关键的位置过渡就调整好了，大腿和小腿都有权重。下面进行脚掌和脚趾的调整，如图6-302和图6-303所示。至此，右腿的粗调就完成了。

选中质心，设置外封套的"半径"为0。质心也是骨骼，这样设置是不希望质心影响到模型的变化。下面调整骨盆，如图6-304所示。

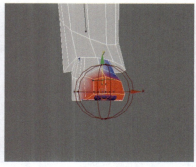
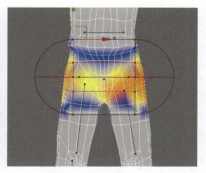

图6-302　　　　　　　　　　图6-303　　　　　　　　　　图6-304

　　上半身的调整原理和方法和前面一样,这里就不重复讲解了。现在把粗调好的一边复制到另一边,单击"镜像参数"卷展栏中的"镜像模式"按钮 镜像模式 ,开启镜像模式,如图6-305所示,模型如图6-306所示。现在模型一边有蓝色点,另一边有绿色点,中间还有红色点,中间的红色点是无法镜像的。

　　接下来要做的是把绿色的点镜像到蓝色点处。单击"将绿色粘贴到蓝色骨骼"按钮 ,如图6-307所示。这样右边的骨骼就复制到左边了,再次单击"镜像模式"按钮 镜像模式 ,退出镜像模式。选中左脚检查,如图6-308所示,如果没问题,粗调就完成了。

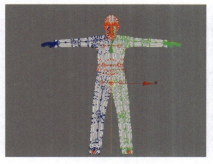

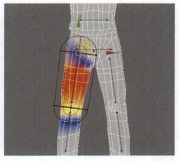

图6-305　　　　　　　图6-306　　　　　　　　图6-307　　　　　　　　图6-308

2.控制权重

　　粗调之后还要控制权重,在控制权重之前,可以用一个动作进行测试。退出封套模式,选中Biped,在第0帧处设置一个关键点;接着在第30帧处摆出一个抬膝的动作,设置关键点,如图6-309所示。设置好之后,隐藏Biped(方便观察模型),然后拖曳时间滑块或者单击"播放动画"按钮▶观察模型,如图6-310所示。

　　粗看之下,模型好像没有什么问题,但是放大看就可以发现错误的地方,如图6-311所示。这些地方就是后续要处理的地方(通常测试动作都是从外部直接导入的,如导入一些跳舞的BIP文件,基本不需要自己手动调整动作)。

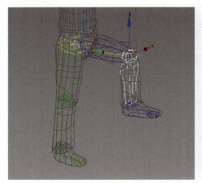
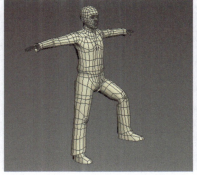
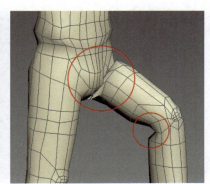

图6-309　　　　　　　　　　图6-310　　　　　　　　　　图6-311

选中模型，进入封套模式，处理出错的地方。选中大腿骨，如图6-312所示，选中骨盆，如图6-313所示。

观察颜色可知，骨盆的影响范围太大，而大腿对穿帮处的影响太小，把这一边骨盆的半径调小一点，效果如图6-314所示。细心观察，大腿下方的黄色变少了，大腿下方就由尖而变得平整些了。骨盆不能复制，手动把两边的半径调成一样，如图6-315所示。

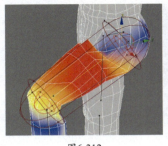 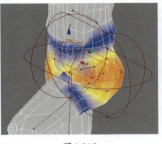 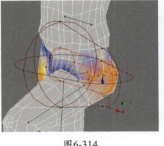 

图6-312　　　　　　　　图6-313　　　　　　　　图6-314　　　　　　　　图6-315

选中大腿骨，放大观察一下，效果如图6-316所示。凹进去的部分是没有颜色的，也就是说大腿骨对这部分没有影响。把外封套调大一点，效果如图6-317所示，凹进去的地方开始恢复正常了，因为它开始有大腿骨的权重了。

用这种方法修正了模型之后，回到第0帧看看，效果如图6-318所示，可以看到已经影响到另外一条腿了。我们很难用普通的调整方法达到既有合适的权重，又不影响其他部分的效果，此时就要用到"刷"权重的方法。

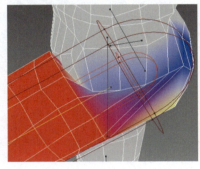 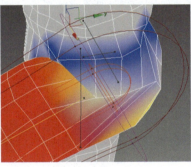 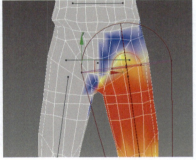

图6-316　　　　　　　　　　图6-317　　　　　　　　　　图6-318

在"权重属性"选项组中单击"绘制权重"按钮 绘制权重 ，如图6-319所示，将鼠标指针放到模型上会出现一个笔刷，如图6-320所示。按住快捷键Shift+Ctrl并拖曳鼠标可以调整笔刷大小，往上拖曳是放大笔刷，往下拖曳是缩小笔刷。

单击"绘制权重"按钮 绘制权重 右边的按钮 ... ，如图6-321所示，弹出"绘制选项"窗口，如图6-322所示。该窗口中的"最大强度"参数用于控制笔刷的强度，"最大大小"参数用于控制笔刷的大小（前面是用快捷键调整的）。

 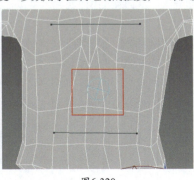  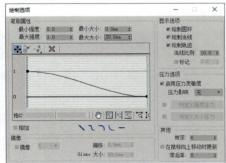

图6-319　　　　　　图6-320　　　　　　图6-321　　　　　　图6-322

取消勾选"绘制混合权重"复选框，如图6-323所示。如果不取消勾选，那么笔刷的权重会跟原来的权重混合；如果取消勾选，笔刷的权重就会直接覆盖原来的权重。

设置"最大强度"为1.0，按住鼠标左键刷一下大腿（以点作为单位），可以看到被刷处变红了，如图6-324所示。现在右腿可以直接控制左腿的红色部分了。既然可以增加权重，当然也可以降低权重。设置"最大强度"为 –1.0，如图6-325所示，然后把左腿上的颜色全部刷掉，如图6-326所示。笔刷的强度不一定为1.0或 –1.0，记住，正数是加权重，负数是减权重，很多时候需要用更精确的值来微调细节，如0.1、0.2等。

 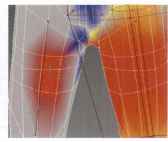 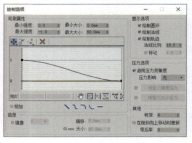 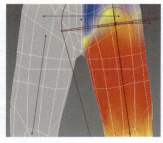

图6-323　　　　　　　图6-324　　　　　　　　　　图6-325　　　　　　　　　图6-326

至此，我们用笔刷完成了权重的调整，大腿的权重如图6-327所示，小腿的权重如图6-328所示。拖曳时间滑块，观察一下动作，效果如图6-329所示。

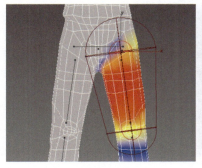 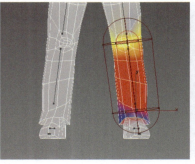 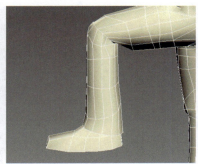

图6-327　　　　　　　　　图6-328　　　　　　　　　图6-329

3.精调

整体基本上已经没问题了，最后一步就是精调，精调的关键是调整关节，只要关节的连接没有问题就可以了。这和模型最后的效果有很大关系，关节的连接不好，模型怎么调整都不合适，所以关节的连接是能否顺利制作动画的关键。观察一下模型的膝盖，如图6-330所示，此处的面有问题，下面通过精调来解决。

精调之前先来了解一个概念——点权重。在"参数"卷展栏中勾选"顶点"复选框，如图6-331所示，勾选之后就可以选择模型的顶点了。选中膝盖处的顶点，如图6-332所示，它就会以顶点模式显示。

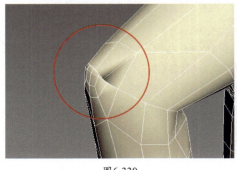  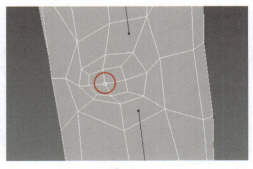

图6-330　　　　　　　　图6-331　　　　　　　　图6-332

单击"权重属性"选项组中的"权重表"按钮 权重表 ，如图6-333所示，权重表如图6-334所示。表格最左边的一列就是顶点的序号列，包括整个模型的所有顶点。右边顶部的行中是所有骨骼。两者对应处有一些数字，这些数字就是权重，权重的总和为1。

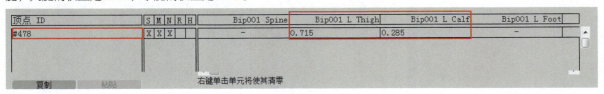

图6-333   图6-334

单击表格左下方的选项框，选择"选定顶点"选项，隐藏没被选中的顶点，如图6-335所示。通过这个表可以清晰地看到选中顶点（膝盖那个点）的ID，以及它对应的骨骼。本例中，选中顶点对应的骨骼只有大腿和小腿，大腿的权重是0.715，小腿的权重是0.285。

顶点 ID	S	M	N	R	H	Bip001 Spine	Bip001 L Thigh	Bip001 L Calf	Bip001 L Foot
#478	X	X	X			-	0.715	0.285	-

右键单击单元将使其清零

图6-335

在表格里单击相应的骨骼名称，如图6-336所示，单击大腿骨骼，视图中会有相应的显示，如图6-337所示。

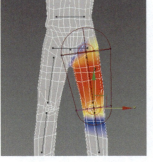

图6-336   图6-337

很明显这个点的权重是不对的，它位于大腿和小腿之间，所以大腿和小腿的权重应该各为0.5。当用笔刷刷权重的时候，这个表中的权重值也会跟着改变。单击表格中的权重值可以直接更改数值，但是这样太麻烦了。单击"权重属性"选项组中的"权重工具"按钮 ，如图6-338所示，弹出"权重工具"对话框，如图6-339所示。

该对话框下面显示的信息与权重表中的信息是一样的，大腿的权重为0.715，小腿的权重为0.285，其他的骨骼没有权重，权重的总和为1。在"权重工具"对话框中可以很直观地修改顶点的权重：第1栏是选择顶点的方式；第2栏用于直接设置权重值，这里有一些常用的预设值；第3栏用于增加或者减少权重，数值可以自己调整，加号 代表增加权重，减号 代表减少权重；第4栏用于缩放权重值，数值也可以自己调，加号 代表放大权重，减号 代表缩小权重，如图6-340所示。

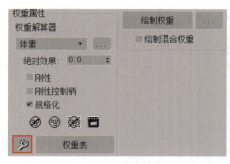

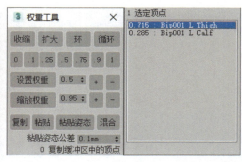

图6-338　　　　　　　　　　　　　图6-339　　　　　　　　　　　　　图6-340

选中膝盖处的所有连接点，如图6-341所示，在"权重工具"对话框中选择大腿骨骼，如图6-342所示，视图里的大腿骨骼也会被选中，如图6-343所示。

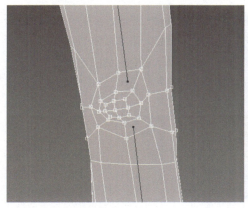

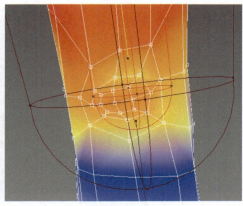

图6-341　　　　　　　　　　　　　图6-342　　　　　　　　　　　　　图6-343

拖曳时间滑块到抬膝动作的关键点处，膝盖如图6-344所示。现在此处的顶点因为权重不对所以比较乱，在"权重工具"对话框中单击.5按钮 ，把这些点的权重调整为大小腿各0.5，如图6-345所示。现在大腿和小腿的权重均衡了，效果如图6-346所示。退出封套模式，效果如图6-347所示。可以看到，效果比刚才好多了，但是还没有完全调整好，精调非常考验操作者的耐心。

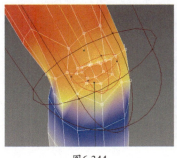

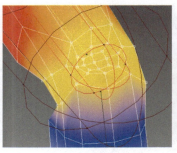

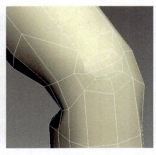

图6-344　　　　　　　　　图6-345　　　　　　　　　图6-346　　　　　　　　　图6-347

现在看到腿的背面出问题了，因为刚才我们把此处的点都选了，为它们设置了上下各0.5的权重，侧面效果如图6-348所示，下面继续调整腿背面的效果。

选中图6-349所示的顶点，在动作变形的时候，哪些地方有问题，我们就选择哪些地方的顶点进行精调。这个模型比较粗糙，点比较少，调整过程比较直观，以后读者用精模进行蒙皮的时候可能会有许多顶点，需要耐心地逐步调整。

选中对应的骨骼，然后进行权重的调整，用加号按钮 和减号按钮 调整其权重，如图6-350所示。注意，每调整一次都要观察模型的变化，权重的变化会让模型发生直观的变化。

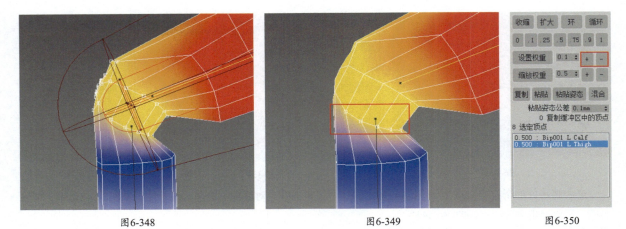

图6-348   图6-349   图6-350

连续单击8下减号按钮■（一边单击一边观察模型的变化），权重调整结果如图6-351所示，小腿的权重为0.9，大腿的权重为0.1，这时模型的效果如图6-352所示。对比一下，模型有了非常大的变化，错误的地方被修正了。

继续观察，虽然错误处已经被修正了，但是刚才被修正的地方下面的一排顶点，颜色比被修正点的还要深，也就是其权重比上面的更大，这是不对的。选中下面一排点，如图6-353所示，将其权重调整到跟上面的权重一样，效果如图6-354所示。

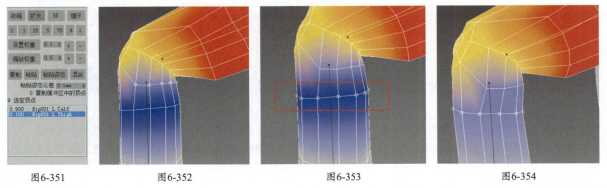

图6-351   图6-352   图6-353   图6-354

选中图6-355所示的一排点进行权重的调整，也就是刚开始将大腿和小腿的权重一起调成了0.5的部分点，权重调整结果如图6-356所示，大腿的权重为0.4，小腿的权重为0.6，效果如图6-357所示。可以看到，整体效果变得越来越好了。

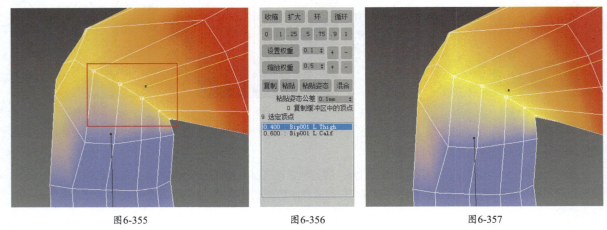

图6-355   图6-356   图6-357

继续选中大腿上有问题的点，如图6-358所示，"权重工具"对话框如图6-359所示。现在大腿的权重为1，也就是其他骨骼没有权重。显然这里权重为1是不对的，导致了大腿下方的变形。

选中小腿骨骼，如图6-360所示，在"权重工具"对话框中单击.1按钮 **1**，如图6-361所示。

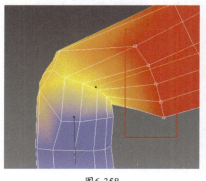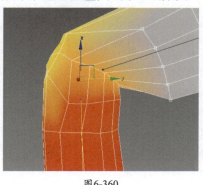

图6-358	图6-359	图6-360	图6-361

现在大腿的权重为0.9，小腿的权重为0.1，模型效果如图6-362所示。对比之前的效果，可以发现大腿下方的效果更自然了。

就这样，通过"权重工具"对话框，可以对所有变形的地方进行细调。这就是蒙皮的最后一步——精调。当把所有需要调整权重的顶点都调整好之后，单击"镜像模式"按钮 镜像模式 ，如图6-363所示，然后单击"绿色粘贴到蓝色顶点"按钮 。至此，蒙皮就完成了。

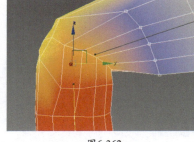

图6-362	图6-363

综上可知，蒙皮的原理和操作方法都非常简单，但过程需要耐心，特别是模型顶点很多的时候。这个过程对动画很重要，不能忽视。

提示

一直以来，3ds Max的动力学系统几乎是没法用的，因为其效果差，出错率高。3ds Max不断更新其动力学系统，3ds Max 2021搭载的是massFX，虽然一些问题得到了改善，但效果也不是十分理想。一般来说，如果要做与动力学相关的工作，如游戏、交互动画等，都会在别的引擎里面进行，如Unreal Engine。正如前面说的，并不是所有的工作都在3ds Max里完成。

粒子系统是用来做特效的，如爆炸、烟火等。对特效师来说，如果是做游戏里的特效，那么会在游戏引擎里做，如Unreal Engine；如果是做影片里的特效，那么会用专业的特效软件做，如Houdini；如果是做后期合成特效，那么会用After Effects。特效师要学的并不是如何在3ds Max里面做特效。

所以关于动力学和粒子系统的内容，有兴趣的读者可以自行学习，本书不展开讲解。

6.7 不同类型动画的制作方法

在学习完制作动画所需的各个工具后，下面将通过案例实训的方式讲解不同类别动画的制作方法，读者可以跟随本书的步骤，配合相应的教学视频进行学习。

案例实训： 制作漫游动画

场景文件	场景文件 > CH06 > 02.max
实例文件	实例文件 > CH06 > 案例实训：制作漫游动画
教学视频	案例实训：制作漫游动画.mp4
学习目标	掌握漫游动画的制作方法

漫游动画是3ds Max里面很常见的动画类型，它广泛应用于室内设计和建筑外观设计，其制作核心是控制摄影机的运动轨迹。

01 打开"场景文件 > CH06 > 02.max"文件，如图6-364所示，现在要制作一个室内漫游动画。先观察模型，然后确定摄影机的运动轨迹，室内漫游动画的制作比视频动画简单得多，一个人就可以完成。制作该动画之前的所有步骤与制作室内效果图的步骤没什么两样，只是确定摄影机角度变成了确定摄影机的运动轨迹。

02 在创建摄影机之前，要先写剧本，制作任何动画之前都应该准备好剧本，我们就像导演，要控制好镜头并展示合适的东西。通常室内漫游动画的起点会在门口，然后直奔最重要的空间，接着浏览次要的空间。本例的动画也是摄影机在进门处开始的，然后往客厅里走，把客厅拍完后就往回走，到厨房拍一下，拍完厨房后回到进门处，对着客厅进行最后的定格。剧本写好后，创建一个自由摄影机，约距离地面1000mm，把摄影机移动到进门处，如图6-365所示。摄影机的参数设置如图6-366所示。

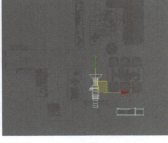

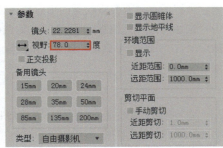

图6-364	图6-365	图6-366

03 按C键进入摄影机视图，观察当前的摄影机视角，如图6-367所示，确定没问题后，就可以开始制作摄影机的运动轨迹了。我们可以一边手动移动摄影机，一边设置关键点，这是比较麻烦的调整方法，但是得到的效果更精准。也可以用路径约束的方法，为摄影机制作一条路径，这样更简单快捷。

04 进入顶视图，画一条二维线，如图6-368所示。移动二维线到距离地面约1000mm的位置。二维线的起点在进门处，先进门，然后走到客厅，接着走到厨房，再走到餐厅，最后对着客厅并定格。

05 接下来就可以制作动画了。打开"时间配置"对话框，然后设置动画信息，如图6-369所示。设置FPS为25，"长度"为750，即设置动画时长为30秒。

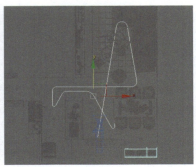

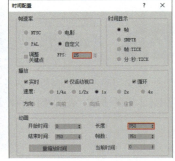

图6-367	图6-368	图6-369

06 选中摄影机，然后单击"自动关键点"按钮 自动关键点 （手动设置也可以），如图6-370所示。执行"动画 > 约束 >

路径约束"命令，如图6-371所示，拾取视图中的路径。在"路径参数"卷展栏中勾选"跟随"复选框，设置"轴"为Y，如图6-372所示。

图6-370

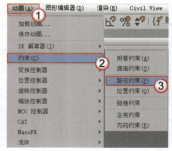

图6-371

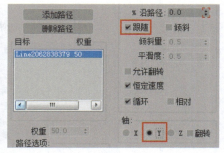

图6-372

07 设置完成后，按C键进入摄影机视图，拖曳时间滑块或者单击"播放动画"按钮▶，就可以看到30秒的漫游动画了。因为我们用的是自动关键点模式，所以摄影机会刚好在最后一帧走完全程，但这样就没有了最后的定格时间。如果想要留出几秒的定格时间，可以把第750帧的关键点直接拖曳到第650帧，这样最后就留出了4秒的定格时间，如图6-373所示。至此，室内漫游动画就做好了，剩下的就是调整细节和渲染工作。

图6-373

案例实训：制作生长动画

场景文件	场景文件 > CH06 > 03.max
实例文件	实例文件 > CH06 > 案例实训：制作生长动画
教学视频	案例实训：制作生长动画.mp4
学习目标	掌握生长动画的制作方法

生长动画也是广泛应用于室内设计和建筑外观设计的动画类型，其制作核心是让模型有生长的运动轨迹。

01 打开"场景文件 > CH06 > 03.max"文件，如图6-374所示。我们将利用这个场景来制作生长动画，该动画的内容就是从什么也没有的平地上建出一栋房子。

图6-374

02 除了专门制作生长动画的插件以外，在3ds Max中也能做出生长的效果。最常用的方法就是移动进场，例如先把模型放到地面以下（摄影机拍不到），然后制作一个物体从地下移动到地上的过程；又如室内的商业动画中，制作从顶部移动进场或从墙的另一边移动进场。此外，单用移动进场法是不够的，我们还需要用到切片进场法。移动进场相信大家都理解了，下面讲解一下切片进场。创建一个长方体，如图6-375所示，在修改器列表中选择"切片"选项，如图6-376所示。为长方体添加"切片"修改器之后，模型下方会出现一个线框平面，"修改"面板中会出现"切片参数"卷展栏，如图6-377所示。

图6-375

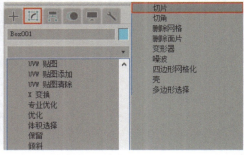

图6-376

图6-377

03 展开"切片"选项，选中"切片平面"选项，设置"切片类型"为"移除底部"，如图6-378所示。在视图中移动线框平面，模型的底部就被切掉了，效果如图6-379所示。

04 此时,如果把该平面移动到模型顶部外,如图6-380所示,模型会被全部切掉,但只要把平面移动下去,模型就又会出现。利用切片功能,我们可以制作切片进场动画。

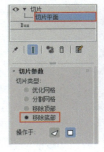

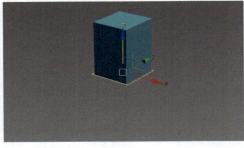

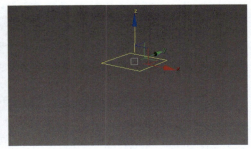

图6-378   图6-379   图6-380

05 开始写剧本。先思考以下问题:房子分为多少个部分,各部分的生长顺序是怎样的等。下面把房子模型分为6个部分,一部分一部分地生长出来。注意,实际工作中读者要根据动画时长决定生长部分的数量,太多了时间不够,太少了动画会过于简单。第1部分如图6-381所示,第2部分如图6-382所示,第3部分如图6-383所示,第4部分如图6-384所示,第5部分如图6-385所示,第6部分如图6-386所示,把各部分分别成组。此外,植物部分需要单独成组,即第7个部分,如图6-387所示。

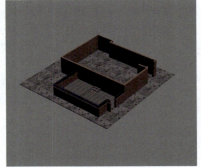

图6-381

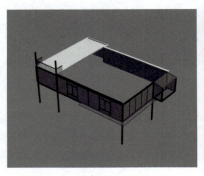

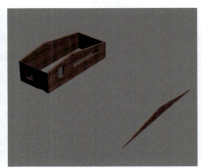

图6-382   图6-383   图6-384

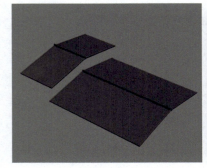

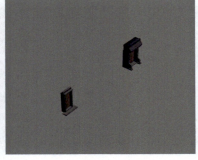

图6-385   图6-386   图6-387

06 本案例一共有7个部分,每个部分的生长时间为5秒,所以我们就做一个35秒的动画。设置"时间配置"对话框中的相关参数,如图6-388所示。

07 选中第1部分，为它添加"切片"修改器，然后进入"切片平面"层级，设置"切片类型"为"移除顶部"，如图6-389所示。把切片平面移动到刚过模型底部，效果如图6-390所示，这时整个模型处于被切掉的状态。

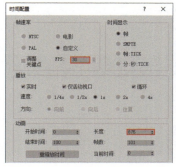

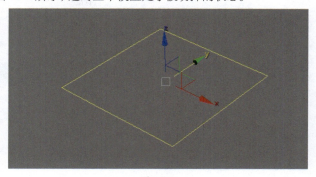

图6-388　　　　　　　　　　图6-389　　　　　　　　　　图6-390

08 激活自动关键点模式，将时间滑块拖曳到第125帧（也就是第5秒）处，往上移动切片平面，一直移动到模型刚好全部出现，如图6-391所示。这时系统会自动生成关键点，如图6-392所示。拖曳时间滑块或单击"播放动画"按钮▶，即可看到模型在地面上"生长"出来的过程。

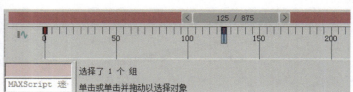

图6-391　　　　　　　　　　　　　　　　图6-392

09 选中第2部分，用相同的方法为它制作生长动画。注意关键点的设置，第2部分的生长帧应该是第125帧到第250帧，第1部分的生长结束了，第2部分的生长再开始。因为上一步激活了自动关键点模式，所以系统会把第0帧和第250帧设置为关键点，如图6-393所示，这时拖曳第1个关键点到第125帧处即可，如图6-394所示。

图6-393　　　　　　　　　　　　　　　图6-394

10 第1部分为第0~125帧，第2部分为第125~250帧，第3部分为第250~375帧，第4部分为第375~500帧，第5部分为第500~625帧，第6部分为第625~750帧，第7部分为第750~875帧。用同样的方法制作剩下的所有动画，记住设置对应的关键点即可。所有生长都是从下往上的话，最终效果可能会显得有点呆板，例如第5部分的屋顶，如图6-395所示，它横着生长效果会更好，我们可以把切片平面旋转一下，如图6-396所示。其他的操作同上，这样动画播放到屋顶的时候，屋顶就会横着生长出来了。

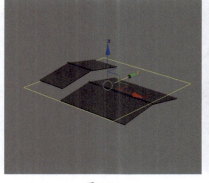

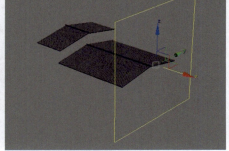

图6-395　　　　　　　　　　　　　　　图6-396

所有动画都制作好后，播放动画就可以看到完整的生长动画了。读者可以根据播放效果调整帧数，一步一步地完善动画。除了移动进场和切片进场，其他的工具如果能实现生长效果的话，也可以用来制作生长动画。

影视动画一个人是很难完成的，它通常由一个团队制作。下面用一个简单的例子讲解如何用3ds Max制作影视动画。

案例实训：制作影视广告动画

场景文件	场景文件 > CH06 > 04.max
实例文件	实例文件 > CH06 > 案例实训：制作影视广告动画
教学视频	案例实训：制作影视广告动画.mp4
学习目标	掌握影视广告动画的制作方法

01 打开"场景文件 > CH06 > 04.max"文件，如图6-397所示。现在要做一个倡导人们遵守交通规则，不闯红灯的动画。调整好所有模型的位置，如图6-398所示。

02 写剧本，思考用什么形式表现主题。例如，红灯亮着的时候，角色还想过马路，此时可以定格几秒，以便后期合成和配音（例如出现一个警察说，红灯亮起时是不可以过马路的）；接着让角色倒退回起点，红灯变为绿灯，角色正常通过，再进行后期合成或配音等。那么在3ds Max中要做的就是红绿灯动画和角色行走的动画。

03 创建一个摄影机，角度如图6-399所示，设置动画的基本参数，如图6-400所示。如果客户没有要求动画的具体时长，那么开始时大概设置帧数即可，帧数可以随时调整。

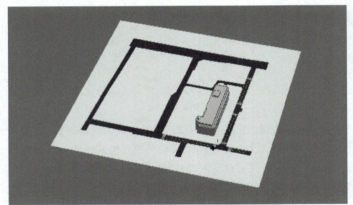

图6-397

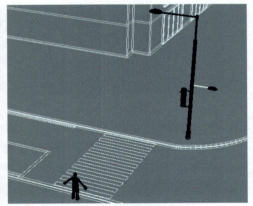

图6-398

图6-399

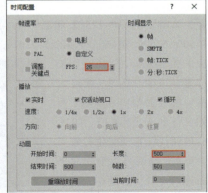

图6-400

04 选中角色的Biped，进入"运动"面板 ⊙，单击"足迹模式"按钮 ‼，如图6-401所示。接着单击"创建多个足迹"按钮 ‼，设置相应的参数，如图6-402所示，足迹如图6-403所示。

图6-401

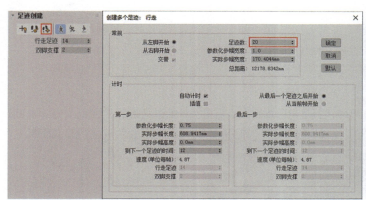

图6-402

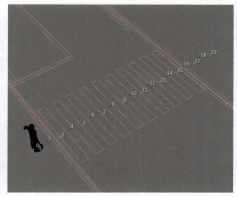

图6-403

05 调整一下足迹，我们要制作的是角色刚迈出腿想闯红灯的时候画面定格，角色倒退回起点，绿灯亮，角色继续走的动画。选中4号足迹，如图6-404所示，把它移动到2号足迹处，如图6-405所示。同样地，把5号足迹移动到2号足迹旁边，如图6-406所示。

图6-404

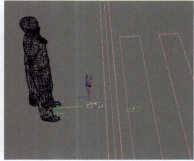

图6-405

图6-406

06 这样，角色走出3步后就会返回4号和5号足迹处了。继续调整剩余足迹。全选6~19号足迹，如图6-407所示，把它们移动到图6-408所示的位置，6号足迹正好在3号足迹旁边，调整后的所有足迹如图6-409所示。

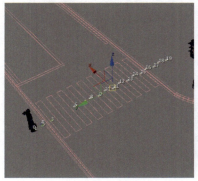

图6-407

图6-408

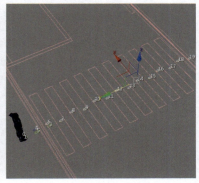

图6-409

07 足迹调整好后，单击"为非活动足迹创建关键点"按钮  生成关键点，如图6-410所示。现在，播放动画即可看到角色先迈出一步，然后返回起点，接着过马路的动画，效果如图6-411所示。

图6-410　　　　　　　　　图6-411

08 退出足迹模式，这时可以看到时间轴上有很多关键点，如图6-412所示，这一段就是角色的动画。

图6-412

09 拖曳时间滑块观察角色的动作，可以看到第65帧就是角色返回起点后重新开始过马路的开始帧，如图6-413所示。因此红绿灯动画中第0~65帧是红灯，第65帧到结束是绿灯。

10 选中红灯模型，如图6-414所示，打开"材质编辑器"窗口，选中它的材质球，如图6-415所示。把材质球的"自发光"设置为红色，如图6-416所示，这时红灯模型就"亮"了，如图6-417所示。

图6-413　　　　　　　　　图6-414

图6-415　　　　　　图6-416　　　　　　　　图6-417

11 单击"自动关键点"按钮 自动关键点 ，设置红灯不亮的效果。现在在第0帧，我们希望红灯是瞬间不亮的。拖曳时间滑块到第1帧，在"材质编辑器"窗口中修改材质球的"自发光"为黑色，如图6-418所示。系统会自动生成关键点，如图6-419所示，拖曳时间滑块就可以看到红灯从亮到不亮的动画了。

图6-418　　　　　　　　　　图6-419

12 按住Ctrl键选中两个关键点，将它们移动到第65帧处，如图6-420所示。

13 用同样的方法为绿灯做一个从不亮到亮的1帧动画。选中绿灯模型，打开"材质编辑器"窗口并找到其材质球。默认情况下"自发光"是黑色的，不用修改。单击"自动关键点"按钮 自动关键点，拖曳时间滑块到第1帧处，修改"自发光"为绿色。这样系统就自动生成了关键点，绿灯模型从不亮变亮的1帧动画就做好了，如图6-421所示。把这两个关键点移动到第65帧处，如图6-422所示。注意，红灯在第65帧处不亮，那么绿灯应该在第66帧处亮起（红灯的结束帧是第65帧，绿灯的开始帧是第65帧）。

图6-420

图6-421

图6-422

14 播放动画，第0~65帧红灯亮，第65帧后绿灯亮的动画就做好了。按C键进入摄影机视图，播放完整动画，整个动画就完成了，如图6-423~图6-425所示。第65帧处的定格内容不在3ds Max里制作，后续在After Effects中合成和配音即可。动画做好之后剩下的就是渲染和后期处理工作。

图6-423

图6-424

图6-425

6.8 技术汇总与解析

在工作中，动画大多是由团队完成的，团队中有专门建模的人员，有专门做动作的人员，有专门渲染的人员，有专门写剧本的人员，也有专门做材质贴图的人员。读者在学会相关技术之后，也要考虑以后如果从事动画行业的话，想做哪种细分工作，从而有针对性地学习。

制作动画其实就是通过命令实现"变化"，并且用关键点记录"变化"。非生物动画的制作很简单，生物动画的制作关键是熟悉普通骨骼和Biped。骨骼制作好后要进行蒙皮，蒙皮的方法和原理很简单，但过程很漫长，包括粗调、控制权重和精调，我们需要根据骨骼的动作合理地设置所有顶点的权重。

6.9 动画制作实训

学习完本章的知识后，下面安排了3个拓展实训供读者练习。读者可以打开场景文件自行练习，根据自己的想法自由发挥，也可以观看教学视频，参考其中的制作思路。

拓展实训：制作漫游动画

场景文件	场景文件 > CH06 > 05.max
实例文件	实例文件 > CH06 > 拓展实训：制作漫游动画
教学视频	拓展实训：制作漫游动画.mp4
学习目标	巩固漫游动画的制作方法

训练要求和思路如下。

第1点：打开"场景文件 > CH06 > 05.max"文件。

第2点：写剧本，然后确定场景中的重要部分和次要部分等。

第3点：创建摄影机，然后制作摄影机的运动动画。

第4点：播放动画并完善细节。

拓展实训：制作生长动画

场景文件	场景文件 > CH06 > 06.max
实例文件	实例文件 > CH06 > 拓展实训：制作生长动画
教学视频	拓展实训：制作生长动画.mp4
学习目标	巩固生长动画的制作方法

训练要求和思路如下。

第1点：打开"场景文件 > CH06 > 06.max"文件。

第2点：写剧本，然后确定建筑的生长顺序，接着确定摄影机的位置等。

第3点：用切片进场法制作动画。

第4点：播放动画并完善细节。

拓展实训：制作影视广告动画

场景文件	场景文件 > CH06 > 07.max
实例文件	实例文件 > CH06 > 拓展实训：制作影视广告动画
教学视频	拓展实训：制作影视广告动画.mp4
学习目标	巩固影视广告动画的制作方法

训练要求和思路如下。

第1点：打开"场景文件 > CH06 > 07.max"文件。

第2点：写剧本，然后确定动作和摄影机的位置等。

第3点：调整动作，然后制作动画。

第4点：播放动画并完善细节。

第 **7** 章

渲染出图

渲染是指在制作好模型、材质和灯光后，输出最终效果图的过程。如何把握好这个过程的质量与速度，就是本章的重点内容。本章将详细讲解 3ds Max 中的渲染技巧和不同情况下渲染参数的设置方法，读者在学习本章的过程中，除了要掌握渲染技巧外，还需要掌握不同情况下对渲染质量和速度的不同需求。切记，一切渲染参数的设置都是基于工作的实际需求的。

本章学习要点

▶ 掌握 VRay 渲染器的用法

▶ 掌握渲染速度和渲染质量的取舍

▶ 掌握草图和成品图渲染参数的设置方法

▶ 掌握单帧效果图和动画渲染参数的设置方法

7.1 3ds Max渲染概述

在主流行业中，并不是所有的行业都在3ds Max里进行渲染输出。

7.1.1 需要用3ds Max进行渲染的行业

需要在3ds Max里面进行渲染输出的行业有室内设计、建筑设计和产品设计，这3个行业主要用3ds Max输出单帧效果图和成品。此外，某些动画也是通过3ds Max渲染输出的。游戏行业通常只在3ds Max里制作模型，再使用专业的渲染软件进行渲染。

7.1.2 渲染质量与渲染速度的平衡

渲染时，不要单纯地追求高参数和高质量。虽然说大多数时候，参数值设置得越高图像的质量越高，但是影响最终成品图效果的除了渲染参数外，还有模型、材质和灯光等。只有将这些都做好，最终效果才会好；如果这些设置没做好，单靠提高渲染参数值是不能提高图像质量的。

在我们的工作中，渲染速度与渲染质量也需要平衡，例如有些项目对质量的要求很高，那就应该相应地延长渲染的时间。但有些项目时间很赶，客户急着要，那必须考虑渲染时间的问题，设置适当的参数即可，在确保质量合格的同时，花最少的时间输出成品。

7.2 VRay渲染器详解

本书用的是VRay 5，无论读者使用什么版本VRay，它们的功能和属性都不会相差太多。渲染时，要调整的参数也不多，可以理解为把前面工作做好后，渲染时只需要调几个参数值，然后等待渲染完成即可。渲染器的调节很多时候都是相似的，没什么技术含量，记好所需参数即可。

7.2.1 "渲染设置"窗口

按F10键打开"渲染设置"窗口，如图7-1所示。VRay渲染器的所有属性都在这里，乍一看感觉很多，但是真正用于渲染的并不多，读者只需要掌握几个核心参数的设置方法即可。

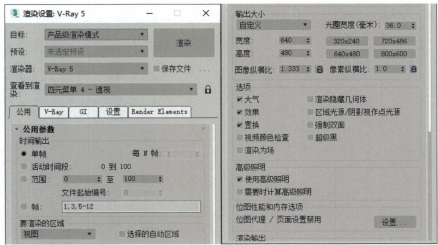

图7-1

7.2.2 渲染区域和输出大小

在"渲染设置"对话框的"公用"选项卡下,我们可以在"公用参数"卷展栏中设置"要渲染的区域"和"输出大小",如图7-2所示。"输出大小"选项组的用法前面已经讲过,它主要是用来控制图像尺寸的,这里不再赘述。

"要渲染的区域"下拉列表框如图7-3所示,系统默认选择"视图"模式,表示渲染安全框内的所有内容。一般情况下,"视图"模式是广泛使用的模式。"放大"模式前面已经讲过,"选定对象"模式则是渲染选中的物体,下面主要介绍"区域"和"裁剪"模式。

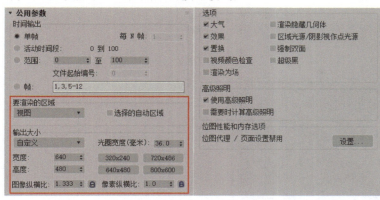

图7-2

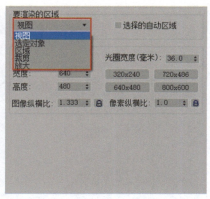

图7-3

以图7-4所示的场景为例。如果要将茶壶换成长方体,读者可能会换个模型重新渲染,但重新渲染整张图过于浪费时间。这时选择"区域"模式,视图中会出现一个选框,如图7-5所示。我们可以自由调整选框的位置和大小,调整后再次渲染,系统就会只渲染选框内的部分,而对选框外的部分不做任何处理,这样就大大减少了渲染时间。

☑ 提示 - >

这种方法只适用于一些特定情况,更换一些小对象时可以用这种方法。如果对象过大,渲染效果会出现问题,换掉的模型会影响其周围的灯光原色、反射颜色等。因此,如果要更换场景内的大对象,只能重新渲染全图,再根据对象确定摄影机的拍摄范围。

图7-4

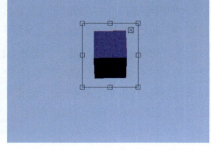

图7-5

"裁剪"模式的视图中同样会出现选框,下面以图7-6所示的场景为例来说明其功能。此时的摄影机已经确定,在视图下方可以看到部分地板和3ds Max的视图背景(这部分区域渲染出来是黑色的)。这里可以直接使用"裁剪"的选框将需要渲染的对象框选,如图7-7所示,框选后系统只渲染选框内的对象,选框外的对象将不会出现在渲染窗口中。

注意,选择"裁剪"模式虽然跟选择"放大"模式一样,都是对局部进行渲染,但"放大"是将局部放大成设置的比例,而"裁剪"则是根据设置的比例裁剪出对象并进行渲染。

图7-6

图7-7

7.2.3 渲染输出自动保存

部分人喜欢在渲染完毕后使用"渲染帧窗口"窗口中的"保存图像"按钮 📇 保存图像，如图7-8所示。渲染草图的时候可以这样操作，但是渲染大图的时候千万不要如此。因为渲染大图需要很长的时间，有可能人不在计算机前。如果在人离开的这段时间里图像渲染好了，一旦出现断电、死机等特殊情况，而图却还没保存好，那就只能重新渲染了。

进行渲染输出自动保存设置是输出成品前的必需操作。单击"渲染输出"选项组中的"文件"按钮 文件... ，然后设置保存路径即可，如图7-9所示。这样，系统就会自动保存渲染图，我们在渲染的时候也可以放心地离开计算机了。

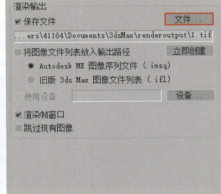

图7-8

图7-9

7.2.4 帧缓冲区

VRay的"帧缓冲区"简单来说就是VRay的渲染窗口，在V-Ray选项卡下可以找到"帧缓冲区"卷展栏，如图7-10所示。

展开"帧缓冲区"卷展栏，如图7-11所示，勾选"启用内置帧缓冲区"复选框，系统就会调用VRay的渲染窗口。如果不勾选，则会用3ds Max的默认渲染窗口。

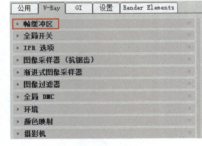

图7-10

图7-11

对于使用哪个渲染窗口并没有特殊要求，读者根据自己的操作习惯选择即可。3ds Max的默认渲染窗口如图7-12所示，VRay的渲染窗口如图7-13所示。

图7-12

图7-13

7.2.5 全局开关

展开"全局开关"卷展栏，如图7-14所示。

单击"默认"按钮 <u>默认</u> 可以切换模式，有"默认""高级""专家"3种模式。一般情况下，用"默认"模式即可，因为很多参数3ds Max已经帮助我们设置好了，不需要手动设置。如果想自己设置所有的参数，可以选择"专家"模式，如图7-15所示。

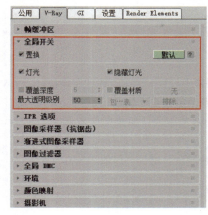

图7-14

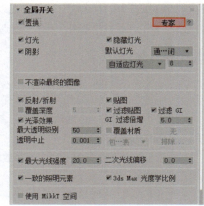

图7-15

下面讲解"专家"模式下的一些重要参数，没讲到的参数保持默认设置即可。

1.灯光采样模式

灯光采样模式如图7-16所示，默认的模式是"自适应灯光"，其右边是自适应的参数值，参数值越大则灯光质量越高。这个模式会让3ds Max自动判断哪些灯光需要采样，哪些灯光不需要采样。它是很智能的，对于一般的商业作品来说，使用这个默认模式已经足够了。如果读者发现图像中有很多噪点，而且后续讲到的参数都设置正确了，那么建议修改"自适应灯光"为"全光求值"，如图7-17所示。这个模式会对所有灯光进行采样，得到的灯光会有更好的质量，但同时渲染时间会增加。

2.二次光线偏移

"全局开关"卷展栏中还需要调整的就是"二次光线偏移"参数。如果模型效果已经比较好（没有重面），那么可以不使用这个参数。但一些模型的场景比较复杂，难免会有一些小的重叠的地方而我们发现不了，因此通常会设置"二次光线偏移"为0.001，如图7-18所示，这样可以减弱光线对重面产生的影响。

图7-16

图7-17

图7-18

7.2.6 图像采样器（抗锯齿）

展开"图像采样器（抗锯齿）"卷展栏，选择"专家"模式，如图7-19所示。这个卷展栏中有很多需要重点设置的属性。

图7-19

1.类型

展开"类型"下拉列表框,如图7-20所示,有两种类型可以选择,分别是"渐进式"和"渲染块"。"渐进式"类型的渲染速度快些,但效果不太好,适合用来渲染草图,因此一般情况下选择"渲染块"类型。

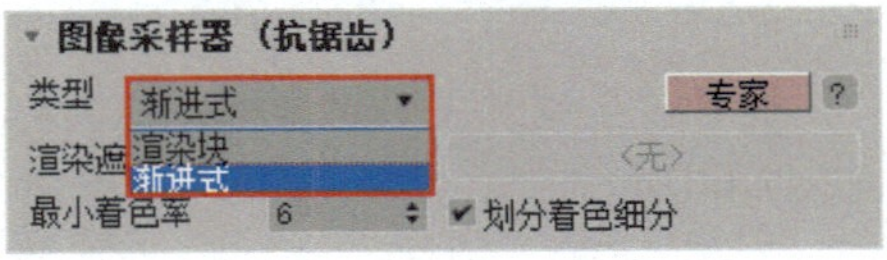

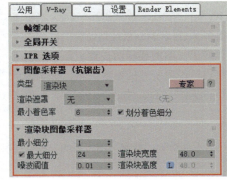

图7-20

2.其他参数

在"图像采样器(抗锯齿)"卷展栏中设置"类型"为"渲染块",V-Ray选项卡中会出现"渲染块图像采样器"卷展栏,如图7-21所示。这里有几个参数需要介绍。

"最小着色率"的默认值为6,参数值越大,渲染图像质量越高,渲染时间越长。

"最小细分"的默认值为1,参数值越大,渲染图像质量越高,渲染时间越长。

"最大细分"的默认值为24,参数值越大,渲染图像质量越高,渲染时间越长。

"噪波阈值"的默认值为0.01,参数值越小,渲染图像质量越高,渲染时间越长。

这几个参数会直接影响图像质量和渲染时间,必须按需调节。

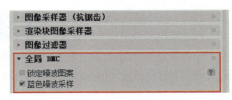

图7-21

7.2.7 全局DMC

展开"全局DMC"卷展栏,如图7-22所示。一般来说,保持默认设置即可,如果渲染图中出现了一些很奇怪的噪点,修改了渲染参数值但不起作用的话,可以勾选这里的"锁定噪波图案"复选框,渲染图会得到一定的优化。

图7-22

7.2.8 环境

展开"环境"卷展栏,如图7-23所示。"GI环境"复选框相当于前面在"渲染设置"窗口里的环境光(其实就是模拟一个环境)。如果我们制作的是室内的封闭空间效果,那么不用勾选此复选框;如果我们制作的是产品效果,那么不用打光,直接勾选"GI环境"复选框即可得到一个产品在环境光里面的效果。

勾选"反射/折射环境"复选框可以创造反射和折射的环境。例如,默认情况下环境是全黑的,这时带反射属性的物体会反射出黑色环境,如果不想要这个效果,可以勾选"反射/折射环境"复选框,然后添加一张贴图来模拟其反射环境。

图7-23

7.2.9 颜色映射

展开"颜色映射"卷展栏,如图7-24所示,这里的设置与渲染的质量没关系,只是提供不同的颜色映射而已。展开"类型"下拉列表框,如图7-25所示,常用的有"线性倍增""指数""莱因哈德"这3种类型。

选择"线性倍增"类型会让图像颜色变得非常鲜艳,但很容易曝光。

选择"指数"类型会让图像变得比较暗淡,但控制曝光的效果非常好。

选择"莱因哈德"类型,效果介于前面两者之间。其余的模式读者可以自行尝试。

至于"伽玛""倍增""混合值"参数,它们也是控制图像效果的参数,不影响渲染质量。一般来说,这里的参数保持默认设置即可。

图7-24　　　　　　　　　　　图7-25

7.2.10 摄影机

展开"摄影机"卷展栏,如图7-26所示。

"自动曝光"是一个非常好用的复选框。很多新手在打光时图像很容易出现曝光现象,需要调整很久。勾选"自动曝光"复选框可以解决该问题。现有一个曝光的物体,如图7-27所示,在任何参数值都不变的情况下,勾选"自动曝光"复选框,效果如图7-28所示。其他的参数保持默认设置即可。

　　　　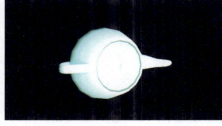

图7-26　　　　　　　　图7-27　　　　　　　　图7-28

7.2.11 GI

切换到GI选项卡,如图7-29所示,通常需要设置其中的"首次引擎"和"二次引擎"。

1.引擎的选择

先来看引擎的选择,默认情况下"首次引擎"为"BF算法","二次引擎"为"灯光缓存"。

在工作中,通常都设置"二次引擎"为"灯光缓存",所以这里保持默认设置即可,下面进行"首次引擎"的设置。打开下拉列表框,如图7-30所示,其中有3个选项,常用的是"BF算法"和"发光贴图"。

"BF算法"对阴影细节的把控更好,渲染的时间相对较长;"发光贴图"的渲染速度要快一些,但对比"BF计算"会丢失一些阴影细节。"发光贴图"多用于VRay 5.0之前的版本,在渲染速度与渲染质量的平衡上表现得非常优秀。尽管现在有了"BF算法",能制作出更好的细节效果,但是在商业工作中,看重渲染速度和渲染时间的项目还是会选择"发光贴图"选项,这就看读者自己的选择了。

图7-29

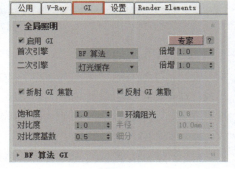

图7-30

2."首次引擎"的相关设置

如果选择"BF算法"选项,GI选项卡内会出现"BF算法GI"卷展栏,如图7-31所示。

如果选择"发光贴图"选项，GI选项卡内会出现"发光贴图"卷展栏，如图7-32所示。这里需要调的参数也只有几个。

打开"当前预设"下拉列表框，如图7-33所示，我们可以根据需求直接选择相应预设。

预设选好后，还需要调整"细分"参数和"插值采样"参数。如果用发光贴图渲染成品，还需要勾选"细节增强"复选框，如图7-34所示。

"细分"的参数值越大，渲染质量越好，渲染时间越长。

"插值采样"的参数值越大，图像越平滑（会舍去一些小细节让图像平滑起来）。这个参数值不能过大，也不能过小，太大可能会丢失许多图像细节，太小会产生光斑，一般根据当前渲染设置为比"细分"值小一些的数值即可。

勾选"细节增强"复选框可以增强图片细节，一般用发光贴图渲染成品的话都会勾选该选项。

图7-31

图7-32

图7-33

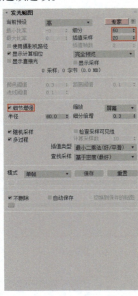
图7-34

3. "二次引擎"的相关设置

设置"二次引擎"为"灯光缓存"，GI选项卡内会出现"灯光缓存"卷展栏，如图7-35所示。这里只需要设置"细分"参数值即可，其默认值为1000，参数值越大，渲染质量越好，渲染时间越长。

至此，VRay渲染器中需要调整的参数就介绍完了。

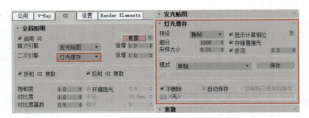
图7-35

7.3 草图和成品图设置

草图是指我们在工作过程中不断地测试渲染得到的渲染图。它是用来观察渲染效果的，所以要求渲染速度快，对渲染质量不做硬性要求，能看出大概效果即可。成品图（此处指商业大图或者高质量成品图）则是指测试完毕后最终渲染输出的渲染图，它要求渲染质量高，渲染时间可以相对长一些。

7.3.1 草图设置

下面在默认的情况下调整草图设置。这里只提供参考，读者可以根据自己的计算机配置进行适当的改变。

1. "公用"选项卡中的相关设置

设置"公用参数"卷展栏中的"输出大小"的"宽度"为600，"高度"为450，如图7-36所示。

图7-36

2.V-Ray选项卡中的相关设置

"全局开关"卷展栏中的参数保持默认设置即可，如图7-37所示。

设置"图像采样器（抗锯齿）"卷展栏中的"类型"为"渲染块"，"最小着色率"为2；然后设置"渲染块图像采样器"卷展栏中的"最小细分"为1，"最大细分"为2，其他保持默认，如图7-38所示。

3.GI选项卡中的相关设置

在GI选项卡中，我们需要设置"发光贴图"卷展栏和"灯光缓存"卷展栏中的参数。设置"发光贴图"卷展栏中的"当前预设"为"非常低"，"细分"为20，"插值采样"为20，其他保持默认，如图7-39所示。设置"灯光缓存"卷展栏中的"细分"为100，其他保持默认，如图7-40所示。

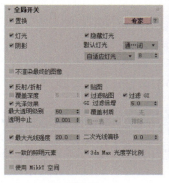
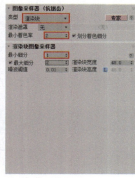

图7-37　　　　　　　　图7-38　　　　　　　　图7-39　　　　　　　　图7-40

7.3.2 成品图设置

下面在默认的情况下设置成品图的渲染参数。注意，作品的好坏根本在于制作者的水平高低，不要过于依赖书中的参数，我们需要提高自己的各方面能力。

1. "公用"选项卡中的相关设置

确定成品图的输出大小，设置"公用参数"卷展栏的"输出大小"选项组中的相关参数，如图7-41所示。如设置"宽度"为2000，"高度"为1500。

设置"公用参数"卷展栏的"渲染输出"选项组中的相关参数，具体参数如图7-42所示。

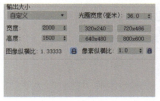

图7-41　　　　　　　　图7-42

2.V-Ray选项卡中的相关设置

修改"全局开关"卷展栏中的"自适应灯光"为"全光求值"，设置"二次光线偏移"为0.001，其他保持默认，如图7-43所示。

设置"图像采样器（抗锯齿）"卷展栏中的"类型"为"渲染块"，"最小着色率"为24；然后设置"渲染块图像采样器"卷展栏中的"最小细分"为2，"最大细分"为24，"噪波阈值"为0.001，其他

图7-43

223

保持默认，如图7-44所示。

3.GI选项卡中的相关设置

在GI选项卡中，设置"首次引擎"为"BF算法"，"二次引擎"为"灯光缓存"，如图7-45所示。设置"灯光缓存"卷展栏中的"细分"为1500，如图7-46所示。以上是一般商业图的参考设置，读者如制作的是高质量成品图，可以自行调整参数。

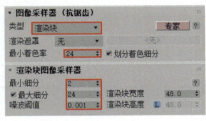
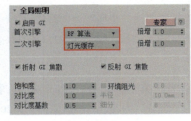
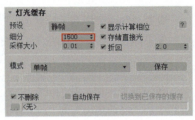

| 图7-44 | 图7-45 | 图7-46 |

7.4 动画输出设置

渲染单帧效果图时参照前面的设置即可，下面讲输出动画时的渲染参数设置方法。

7.4.1 渲染光子图

先渲染光子图，再用光子信息渲染动画。如果不先渲染光子图，除了渲染速度慢以外，很多时候还会出现动画画面闪烁和抖动的问题。先渲染光子图再渲染动画，这样能在一定程度上解决这些问题。

1."公用"选项卡中的相关设置

修改"公用参数"卷展栏中的"时间输出"为"活动时间段"，如图7-47所示，其右侧的参数值要对应动画时间。

图7-47

2.V–Ray选项卡中的相关设置

勾选"全局开关"卷展栏中的"不渲染最终的图像"复选框，如图7-48所示。VRay渲染器的计算顺序是先计算光子，然后计算图像，勾选此复选框就是为了让VRay只计算光子而不渲染最终图像，以免浪费时间。（单帧效果图也可以用这种方法。）

图7-48

3.GI选项卡中的相关设置

在GI选项卡中，设置"首次引擎"为"发光贴图"，"二次引擎"为"灯光缓存"；然后修改"发光贴图"卷展栏中的"模式"为"动画（预通过）"（默认选项为"单帧"），如图7-49所示。勾选"不删除""自动保存""切换到保存的贴图"复选框，如图7-50所示。

| 图7-49 | 图7-50 |

单击"不删除"复选框下方的 ▇▇ 按钮，如图7-51所示，弹出"自动保存发光贴图"对话框，然后自行选择一个保存位置并进行保存即可（记得要设置好文件名，这里设置为A），如图7-52所示。保存好后，"发光贴图"卷展栏中会出现刚才保存的光子图的路径，如图7-53所示。这步操作就是先让VRay渲染光子图，然后将该图保存在计算机里，以便在输出成品的时候直接导入并使用。

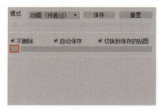

图7-51

图7-52

图7-53

修改"灯光缓存"卷展栏中的"预设"为"动画"（默认选项为"静帧"），"模式"为"单帧"，勾选"不删除""自动保存""切换到已保存的缓存"复选框，如图7-54所示。单击"不删除"复选框下方的 ▇▇ 按钮，如图7-55所示，在弹出的对话框中为灯光缓存改好文件名并将其保存，如图7-56所示。保存好后，"灯光缓存"卷展栏中会出现对应的路径，如图7-57所示。

图7-54

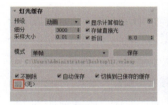

图7-55

图7-56

图7-57

上述操作完成后，单击"渲染"按钮 渲染，光子图就开始渲染并保存在计算机里，如图7-58所示。为什么有这么多光子图呢？因为动画是一帧一帧计算的，所以动画有多少帧，光子图就会有多少张。

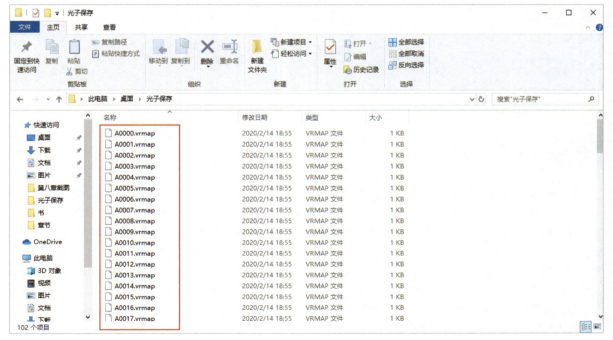

图7-58

7.4.2 输出成品

接下来输出成品。

1. "公用"选项卡中的相关设置

设置"全局开关"卷展栏的"渲染输出"选项组中的相关参数，如图7-59所示。注意，不要直接将动画文件保存为视频格式，建议保存为图片格式。

2. V-Ray选项卡中的相关设置

因为现在要渲染最终图像了，所以取消勾选"全局开关"卷展栏中的"不渲染最终的图像"复选框，如图7-60所示。

图7-59　　　　　　图7-60

✎ 提示 ⋯⋯⋯⋯⋯⋯⋯⋯⋯⋯⋯⋯⋯⋯⋯⋯⋯⋯⋯⋯⋯⋯⋯⋯⋯⋯⋯⋯⋯⋯⋯⋯⋯⋯⋯ >

将动画文件保存为视频格式（如AVI）时，如果在渲染的过程中计算机断电或死机，那渲染内容就会丢失。而将动画文件保存为图片格式时，成品会一帧一帧地保存下来，如果中途发生意外，还可以继续从某一帧开始。此外，动画也需要进行后期处理（一般会在After Effects里进行），而图片格式的文件便于进行后期处理。

3. GI选项卡中的相关设置

在GI选项卡中，修改"发光贴图"卷展栏中的"模式"为"动画（渲染）"，如图7-61所示。同时可以看到刚才保存的光子文件，这是因为勾选了"切换到保存的贴图"复选框。如果没有出现对应的光子文件，可以手动单击"模式"下方的██按钮，如图7-62所示，然后在弹出的对话框中选择"A0000.vrmap"文件，如图7-63所示。

打开"灯光缓存"卷展栏，如图7-64所示，软件已经自动加载了刚才保存的灯光缓存。同理，如果灯光缓存没有自动出现，也可以手动选择。

以上操作完成后，单击"渲染"按钮██即可渲染最终成品，如图7-65所示。

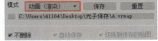
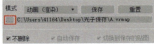

图7-61　　　　　　图7-62

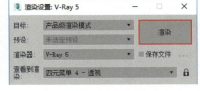

图7-63　　　　　　图7-64　　　　　　图7-65

7.5　技术汇总与解析

VRay渲染器的使用其实非常简单，下面进行总结。

在"公用"选项卡中设置"输出大小"选项组中的相关参数，然后设置"渲染输出"选项组中的相关参数。

在V-Ray选项卡中，在"全局开关"卷展栏中选择"全光求值"选项并设置"二次光线偏移"参数；在"图像采样器（抗锯齿）"卷展栏中选择"渲染块"选项，这里的参数是调整的重点。在GI选项卡中，设置"首次引擎"为"BF算法"或者"发光贴图"，设置"二次引擎"为"灯光缓存"。"BF算法"的阴影细节比"发光贴图"的好，但其需要的渲染时间更长，噪点也比"发光贴图"的多（因为"发光贴图"把噪点抹去了，相应把细节也抹去了，这就是"发光贴图"的阴影细节不如"BF算法"好的原因）。建议读者在制作一般的商业图时设置"首次引擎"为"发光贴图"；如果对渲染要求非常高，而且愿意花时间等的话，则设置"首次引擎"为"BF算法"。

单帧效果图直接单帧渲染即可，动画则需要先渲染光子图再渲染成品。

第 **8** 章

3ds Max多行业应用实训

本章将讲解多个主流行业的项目实训，读者在学习本章内容时，不仅要学习每个项目的制作方法，更重要的是掌握每个项目的制作思路。为了方便读者学习，本章将详细介绍室内设计项目的制作步骤。至于其他项目的制作，读者可以参考书中的提示和制作流程自行尝试。读者如果有什么不清楚的地方，可以观看本书的教学视频进行学习。

本章学习要点

▶ 掌握室内设计和建筑设计项目的制作流程

▶ 掌握游戏行业项目的制作技巧

▶ 掌握产品设计和动画影视项目的制作流程

8.1 室内设计项目

室内设计是最常应用3ds Max的行业之一，3ds Max在室内设计中的作用实际上就是制作效果图。与其他行业不同，制作室内设计项目需要从业者掌握绝大部分的3ds Max操作。本章将讲解完整的室内设计效果图制作流程，带领读者了解室内设计效果图的制作流程，帮助读者掌握室内设计项目的制作技巧。

8.1.1 室内设计项目概述

在制作效果图时，以效果图表现师的身份进行制作和以设计师的身份进行制作，思路是不一样的。

如果我们是效果图表现师，那么只需要根据客户（设计师）的要求进行制作即可。一般情况下，设计师会提供图里面的一切信息。

如果我们是设计师，那么可以根据自己的想法对客户提供的信息进行改动。效果图的制作过程是：先拿到CAD文件和参考图，然后把CAD文件导入3ds Max，并根据CAD文件和参考图进行建模，接着进行材质与灯光的创建、渲染、后期处理。有时候，甚至没有CAD文件和参考图，只有一些简单的手绘草稿图，无论有什么资料，其制作过程和制作原理都差不多。

8.1.2 室内设计效果图项目

场景文件	场景文件 > CH08 > 01
实例文件	实例文件 > CH08 > 室内设计效果图项目
教学视频	室内设计效果图项目.mp4
学习目标	掌握室内设计效果图的制作方法

本实例项目的制作过程中会以设计师和效果图表现师两个角色的综合角度进行介绍。本小节会详细讲解室内设计效果图的制作过程，在后续章节中如有相同的操作或制作方法将不会再像本小节这样一步一步地讲解，请读者注意。

本例的效果图如图8-1所示。

打开"场景文件 > CH08 > 01"文件，CAD图形如图8-2所示。

图8-1

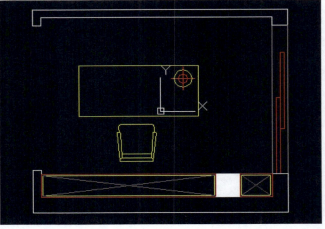

图8-2

在实际工作中，项目要求并不是用几句话就可以讲清楚的，下面简单地说明一下客户的要求。

现在要设计一个书房，且书房的空间比较小，具体的设计效果由我们把控，已知客户的几个要求如下。

第1个：客户喜欢灯带，希望书房里有灯带。

第2个：房间里有柱子，需要我们帮忙处理。

第3个：客户自己已经选好壁纸，墙体贴图采用客户选的壁纸即可。

第4个：整体风格要简约，层高是2800mm。

1.整理CAD图形并导入3ds Max

01 整理CAD图形，如删除CAD图形上一些多余的线。全选CAD图形，按快捷键Ctrl+C和Ctrl+V将一个CAD图形复制粘贴到旁边，如图8-3所示，这是为了防止不小心破坏原来的CAD图形。在复制出的CAD图形上删除多余的线，如图8-4所示。删除多余的线是为了简化CAD图形，将CAD图形导入3ds Max后，看起来清晰、舒服。注意，多余的线在本案例中可能不会产生太大的影响，但如果是复杂的场景，线一多看起来就会很乱了。

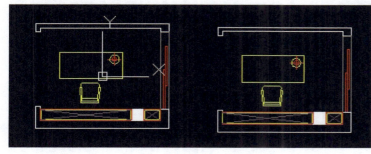
图8-3

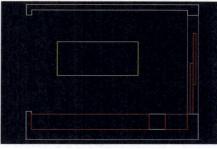
图8-4

02 全选整理好的CAD图形，先按W键再按Space键将其打成块，这时会弹出"写块"对话框，如图8-5所示。设置"插入单位"为"毫米"（要跟3ds Max里设置的匹配），并单击"文件名和路径"文本框右边的 ... 按钮，弹出"浏览图形文件"对话框，如图8-6所示。3ds Max只能导入应用版本比它低或与它一样的软件制作的CAD图形。把打成块的CAD图形保存在计算机中。

图8-5

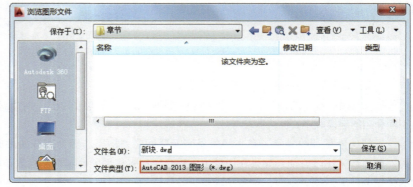
图8-6

03 打开3ds Max，执行"文件 > 导入 > 导入"菜单命令，如图8-7所示。选择刚才保存的CAD图形，在弹出的导入对话框中进行相关设置，如图8-8所示。观察灰色字"毫米"，这就是之前选择的单位，如果之前设置的单位不对，也可以勾选"重缩放"复选框进行调整。

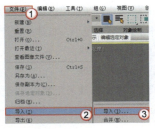

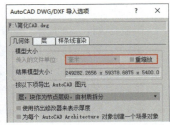

图8-7   图8-8

04 导入后的效果如图8-9所示。全选所有图形，执行"组 > 组"菜单命令，如图8-10所示，将它们打成组，并设置X、Y、Z均为0.0，如图8-11所示。这样就把CAD图形组放到了3ds Max的原点处，如图8-12所示。

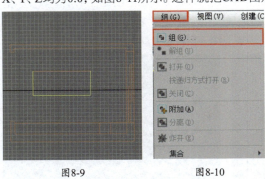

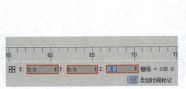

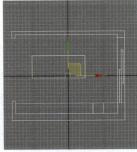

图8-9   图8-10   图8-11   图8-12

05 修改CAD图形的颜色为一种自己喜欢的颜色（不改也可以，但导入的CAD图形可能会有多种颜色，不方便观察），这里修改为黑色，如图8-13所示，按G键隐藏栅格，如图8-14所示。

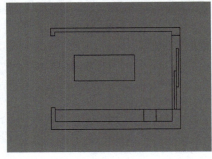

图8-13   图8-14

2.建模

至此，准备工作就完成了，接下来开始建模。

建模也是有顺序的，当然并不是一定要按照本书介绍的顺序建模，读者按照自己觉得方便的顺序建模即可，下面介绍的建模顺序，供读者参考。

先创建最复杂的模型，在本场景里毫无疑问是书柜了。因为刚开始的时候3ds Max的工作界面是最干净的，创建起来比较方便。如果在场景中已经有了很多模型的时候再创建复杂的模型，相对来说比较麻烦。复杂的模型创建完后就做立面，也就是墙体，如果立面也有复杂和简单之分，就先做复杂的。例如一面墙有造型，另一面没有，那么先做有造型的。立面做完后，就做吊顶，最后做地板。

这里为什么要手动创建书柜模型呢（一般家具模型是不需要手动创建的，都是从素材库中导入的）？因为本案例的客户希望有灯带并且要处理柱子，那么直接导入模型很难满足要求，简单来说就是以后客户自己买成品书柜的话很难得到想要的效果，所以要定制书柜。既然要定制，那就需要手动创建了。

将灯带做在书柜上方，所以书柜就不做到顶，留出空间来做灯带。将书柜的宽度做成和柱子的一样，柱子另一边用层板做补充，这样就处理了凸出的柱子。因为场景空间比较小，所以我们把书柜设计成两边柜，在中间凹进去的区域添加装饰画，同时留出活动空间。将两边的柜子做成镂空的样式，以便将客户选的壁纸展示出来，最终的柜子模型如图8-15所示。

01 进入前视图，创建一个矩形，如图8-16所示。单击鼠标右键，在弹出的四元菜单中执行"转换为 > 转换为可编辑样条线"命令，如图8-17所示。

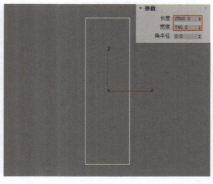

图8-15   图8-16   图8-17

02 按3键进入"样条线"层级，如图8-18所示。选中样条线，单击"轮廓"按钮 [轮廓] 并设置其参数值为70mm，如图8-19所示，此时的样条线如图8-20所示。为其添加"挤出"修改器，并设置"数量"为290.0，如图8-21所示。

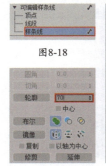

图8-18

图8-19   图8-20   图8-21

📝 提示 --

创建完一个模型后，最好马上给模型指定一个材质，但不用设置具体参数，这样会方便我们进行后续的工作。

03 选中模型，按M键打开"材质编辑器"窗口。选中第1个材质球，单击"将材质指定给选定对象"按钮 ，把材质指定给模型，并把材质的名字改好，如图8-22所示。

04 用同样的方法制作柜子的黑边部分。设置黑边的"轮廓"为10mm，挤出"数量"为10mm，效果如图8-23和图8-24所示。为其指定一个材质，并设置材质的名字为"柜子黑"。用同样的方法把内部黑边也做出来，效果如图8-25所示。

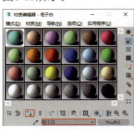

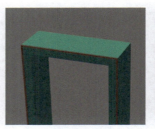

图8-22   图8-23   图8-24   图8-25

05 进入前视图，创建一个长方体，其具体参数和位置如图8-26所示。单击鼠标右键，在弹出的四元菜单中执行"转换为 > 转换为可编辑多边形"命令，如图8-27所示。

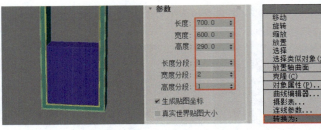

图8-26　　　　　　　　　　　　　　　图8-27

06 按4键进入"多边形"层级，选中两个面，如图8-28所示。单击"倒角"按钮 倒角 右侧的"设置"按钮 ■，设置倒角方式为"按多边形"，"高度"为10.0，"轮廓"为-5.0，如图8-29所示。放大观察，效果如图8-30所示。

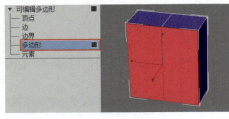
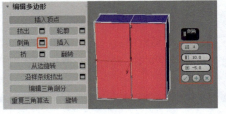

图8-28　　　　　　　　　　　　　　　图8-29　　　　　　　　　　　　　　　图8-30

07 为其指定前面创建的"柜子白"材质（后面都会先为创建出来的模型指定相应材质，并设置好材质名称，后同），整体效果如图8-31所示。进入前视图，继续创建一个长方体，如图8-32所示。接下来创建两个长方体作为书柜黑色的边，如图8-33所示，现在整体效果如图8-34所示。

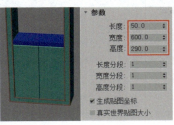
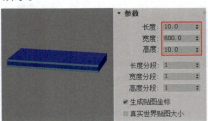

图8-31　　　　　　　　图8-32　　　　　　　　　　　　图8-33　　　　　　　　　　　图8-34

08 选中图8-35所示的模型并将它们打组，然后把这个组复制出3个。可以复制出一个后，移动鼠标指针到"选择并移动"按钮 ✛ 上并单击鼠标右键，打开"移动变换输入"窗口进行精准移动，但是这样做比较麻烦。我们可先打开捕捉功能并创建一个长方体，然后捕捉图8-36所示的点，创建出一个长方体，如图8-37所示。这是一个参照物，主要利用长方体的分段功能分出4段作为参照。

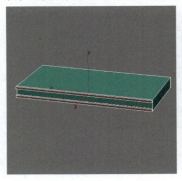
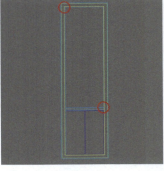
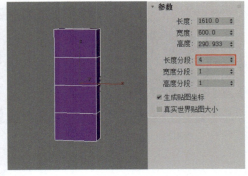

图8-35　　　　　　　　　　　图8-36　　　　　　　　　　　图8-37

09 进入前视图，选中层板组，按住Shift键并移动，捕捉参照物上的线进行复制，复制3个，效果如图8-38所示。复制完后把参照物删除，效果如图8-39所示。这样，一边的书柜就做好了。

10 把书柜打组，然后进入顶视图，把它移动到靠近柱子的相应位置，如图8-40所示。复制一个书柜并放到另一边，如图8-41所示。

 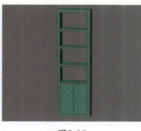 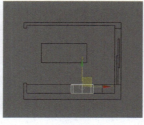 

图8-38 　　　　　　　　图8-39 　　　　　　　　图8-40 　　　　　　　　图8-41

11 进入前视图，然后打开捕捉功能，画一个矩形，如图8-42所示。单击鼠标右键，在弹出的四元菜单中执行"转换为 > 转换为可编辑样条线"命令。进入"样条线"层级，单击"轮廓"按钮 **轮廓** 并设置其参数值为70mm，为样条添加"挤出"修改器并设置"数量"为30mm，效果如图8-43所示。注意，需要为其指定一个材质，然后设置材质的名称为"画框"。打开捕捉功能，捕捉画框内部并创建一个长方体，效果如图8-44所示。长方体的厚度为20mm，比画框薄10mm。操作完成后，把柜子整体打成组，以便后续操作。

12 做完场景中的一个部件后，我们要习惯进入透视视图观察一下，观察模型效果跟平面图中的有没有对上，整体有没有错误等，如图8-45所示。

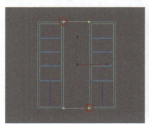 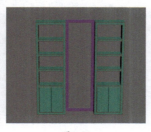  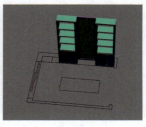

图8-42 　　　　　　　　图8-43 　　　　　　　　图8-44 　　　　　　　　图8-45

13 到这就可以做立面了，选中做好的模型，单击鼠标右键，在弹出的四元菜单中执行"隐藏选定对象"命令，将模型隐藏。进入顶视图，捕捉平面图来画二维线，如图8-46所示。为二维线添加"挤出"修改器，设置挤出的"数量"为2800mm。为其指定一个材质，设置材质的名称为"墙纸"，效果如图8-47所示。注意，这里并没有把最左边的墙体一起做出来，因为现在做的墙体和最左边的墙体的材质不同，本例中用材质来区分模型。

14 用同样的方法把另一边的墙体做出来，如图8-48所示，然后把最左边的墙体也做出来，并为它们指定一个新材质，设置材质的名称为"刷白"，效果如图8-49所示。创建一个高度为150mm的长方体，将它放在落地门的上方，效果如图8-50所示。

图8-46 　　　　　　图8-47 　　　　　　图8-48 　　　　　　图8-49 　　　　　　图8-50

15 现在来做两个柱子内部的层板，先创建一个高度为200mm的长方体，将其放到顶部，以确定顶部位置，如图8-51所示，让柜子有层次感。为它指定"刷白"材质，将其复制一个并放到底部，效果如图8-52所示。

16 进入顶视图，打开捕捉功能并创建长方体作为层板，如图8-53所示。长方体的高度为20mm，用前面的方法把层板复制出5个并放好，效果如图8-54所示。为它们指定一个新的材质，设置材质的名称为"层板"。

 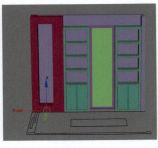 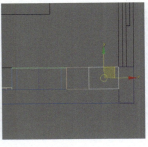 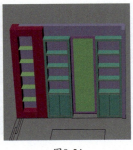

图8-51 图8-52 图8-53 图8-54

17 至此，立面就做好了，效果如图8-55所示。后续会创建摄影机，摄影机从右边往窗边拍，一切拍不到的部分在效果图里面都可以不做。

18 接下来做灯带和吊顶。在这么小的空间里如果顶上有一圈灯带，感觉不太好，所以就在书柜上方做一条灯带。进入顶视图，打开捕捉功能并描线，如图8-56所示。按1键进入"顶点"层级，选中图8-57所示的两个顶点，将它们沿y轴方向移动100mm，效果如图8-58所示，留出透光的位置。

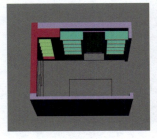 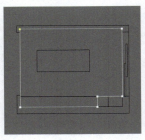 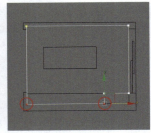 

图8-55 图8-56 图8-57 图8-58

19 除了灯带，窗帘槽的位置也要留出来。选中右边的两个顶点，如图8-59所示，将它们沿x轴方向移动−100mm，效果如图8-60所示。

20 为二维线添加"挤出"修改器，设置"数量"为50mm，并将它放到距离顶部100mm处，如图8-61所示。按快捷键Alt+Q将其孤立，将其复制一个放在上方。把复制出来的模型的挤出"数量"修改为100mm，效果如图8-62所示。

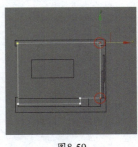 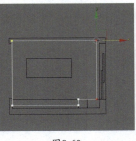 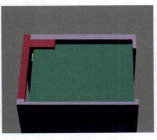 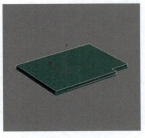

图8-59 图8-60 图8-61 图8-62

21 进入顶视图，选中复制出来的模型，进入"顶点"层级，选中图8-63所示的两个顶点，将它们沿y轴方向移动100mm，如图8-64所示。修改完后，返回"挤出"层级，效果如图8-65所示。

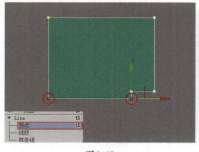
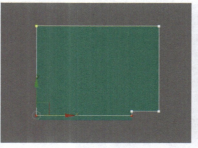

图8-63　　　　　　　　　　　　　　图8-64　　　　　　　　　　　　　　图8-65

22 观察全部模型，效果如图8-66所示。进入顶视图，打开捕捉功能，捕捉顶部并创建一个厚度为200mm的长方体，把整个顶部盖住，如图8-67所示，为顶部的3个模型指定"刷白"材质。

23 把刚才创建的长方体复制一个作为地板，为其指定一个新的材质，设置材质的名称为"地板"，效果如图8-68所示。至此，需要自己创建的模型就全部做好了，剩下的落地窗、桌子、灯具等模型后面直接导入即可。

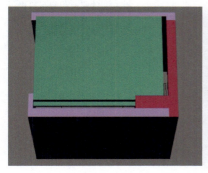
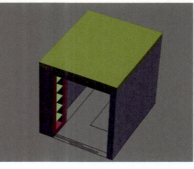
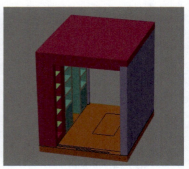

图8-66　　　　　　　　　　　　　　图8-67　　　　　　　　　　　　　　图8-68

3.创建摄影机

现在就可以创建摄影机了，并不需要等到模型导入后或者材质做好后再创建。把摄影机位置确定后，可以方便后续制作。如果导入了所有模型，计算机配置不好的话，就不方便进行改动了，所以建议在一般场景模型做好后就创建摄影机。

01 进入顶视图，进入"创建"面板 ，单击"摄影机"按钮 ，在下拉列表框中选择"标准"选项，单击"目标"按钮 目标 ，如图8-69所示。在视图里拖曳创建一个摄影机，如图8-70所示，摄影机的具体参数设置如图8-71所示。注意，摄影机要刚好拍全柜子和落地窗。

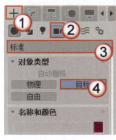
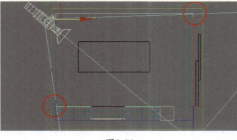
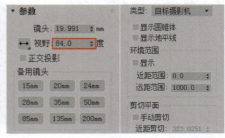

图8-69　　　　　　　　　　　　　　图8-70　　　　　　　　　　　　　　图8-71

02 进入前视图，选中摄影机和摄影机的目标点，将它们沿y轴方向移动900mm，如图8-72所示。按C键进入摄影机视图，按快捷键Shift+F激活安全框，如图8-73所示。

03 很明显，这样的摄影机视角表现不了顶部，客户喜欢的灯带效果也看不到。按F10键打开"渲染设置"窗口，修改"图像纵横比"为1.0，如图8-74所示，效果如图8-75所示，可以看到，基本的效果就出来了。

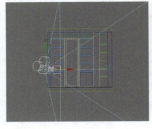
图8-72

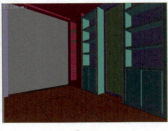
图8-73

图8-74

图8-75

04 我们可以按客户要求进行微调，例如客户喜欢灯带，可以把摄影机往上移动100mm，效果如图8-76所示。至此，就不需要继续细调摄影机了，可以等到渲染草图的时候根据实际情况再调整摄影机。

图8-76

4.调整材质

因为导入的模型都会自带材质，所以在导入模型之前要先把自己创建的模型的材质调整好。全选模型，执行"组>解组"命令，如图8-77所示，把所有模型解组。

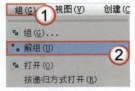
图8-77

"柜子白"材质

01 按M键打开"材质编辑器"窗口，选择"柜子白"材质球，单击"按材质选择"按钮🖱，如图8-78所示。在弹出的"选择对象"对话框中单击"选择"按钮 选择 ，如图8-79所示。这样所有有"柜子白"材质的模型都会被选中，按快捷键ALT+Q孤立模型，效果如图8-80所示。

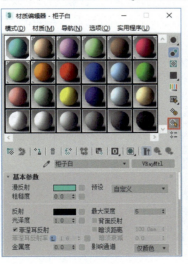
图8-78

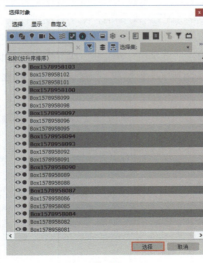
图8-79

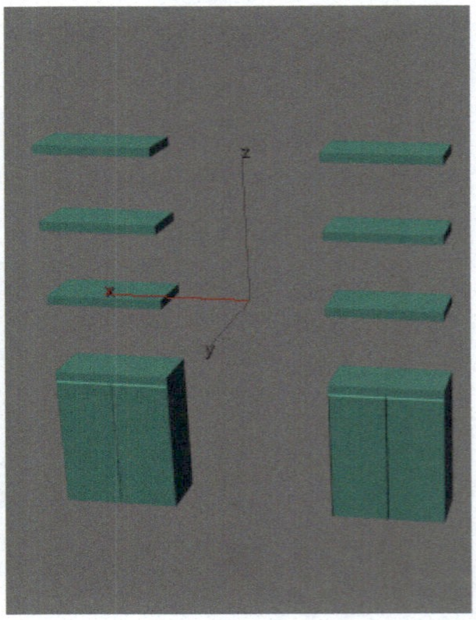

图8-80

📝 **提示** --->

这样做是为了方便我们观察场景中有没有材质指定错误的模型，熟练了之后可以省略这一步，直接调整材质，建议新手还是进行这一步操作。

02 设置"漫反射"为白色，"反射"为全白，勾选"菲涅耳反射"复选框，设置"光泽度"为0.93，其他参数保持默认设置，如图8-81所示，效果如图8-82所示。

03 设置好一个材质后，单击"孤立当前选择"按钮，如图8-83所示，单击后即可恢复到之前的整体效果，如图8-84所示。（设置好一个材质后，也可以把具有这个材质的所有模型打成组并隐藏。）

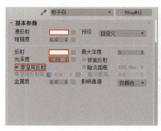

图8-81 图8-82 图8-83 图8-84

"柜子黑"材质

01 选择"柜子黑"材质球（第2个），用同样的方法把有"柜子黑"材质的模型孤立，如图8-85所示，确定模型无错漏后开始设置材质的参数。

02 设置"漫反射"为黑色，如图8-86所示，"反射"为灰色（R:57，G:57，B:57），如图8-87所示，取消勾选"菲涅耳反射"复选框，其他参数保持默认设置。

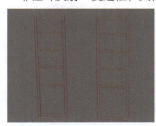

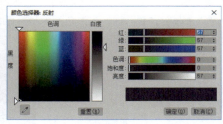

图8-85 图8-86 图8-87

"画框"材质

选择"画框"材质球（第3个），把有"画框"材质的模型孤立，如图8-88所示。设置"光泽度"为0.9，其他参数设置和"柜子黑"材质的相同，如图8-89所示。

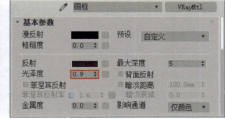

图8-88 图8-89

"挂画"材质

选择"挂画"材质球（第4个），把有"挂画"材质的模型孤立，为"漫反射"属性加载一张挂画贴图，如图8-90所示。为模型添加"UVW贴图"修改器 UVW 贴图，调整好贴图的UV，如图8-91所示，调整后的模型如图8-92所示。

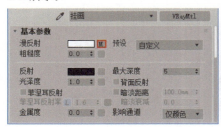

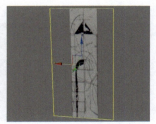

图8-90 图8-91 图8-92

"墙纸"材质

选择"墙纸"材质球（第5个），把有"墙纸"材质的模型孤立，为"漫反射"属性加载客户提供的墙纸贴图，如图8-93所示。进入"位图"层级，设置"模糊"为0.01，如图8-94所示，让墙纸清晰一点。为模型添加"UVW贴图"修改器 ，设置"贴图"为"长方体"，"长度""宽度""高度"均为500.0mm，如图8-95所示，效果如图8-96所示。

  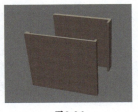

图8-93 图8-94 图8-95 图8-96

"刷白"材质

选择"刷白"材质球（第6个），把有"刷白"材质的模型孤立，设置"漫反射"为白色，所有有"刷白"材质的模型如图8-97所示。

"层板"材质

图8-97

选择"层板"材质球（第7个），把有"层板"材质的模型孤立，设置"漫反射"为"衰减"，并添加一张黑色的木材贴图，如图8-98所示，贴图如图8-99所示。"衰减参数"卷展栏如图8-100所示，效果如图8-101所示。

  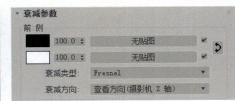 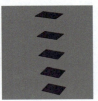

图8-98 图8-99 图8-100 图8-101

"地板"材质

选择"地板"材质球（第8个），把有"地板"材质的模型孤立，并为"漫反射"属性加载一张木地板贴图，设置"模糊"为0.01。为"反射"属性加载另一张木地板贴图，勾选"菲涅耳反射"复选框，并设置"光泽度"为0.85。"基本参数"卷展栏如图8-102所示，漫反射贴图如图8-103所示，反射贴图如图8-104所示（黑白贴图可以在Photoshop中制作）。选择"模型"并为其添加"UVW贴图"修改器 ，设置"贴图"为"长方体"，设置"长度""宽度""高度"均为1000.0，如图8-105所示，模型效果如图8-106所示。

至此，材质就做好了，按C键进入摄影机视图，效果如图8-107所示。

图8-102 图8-103

 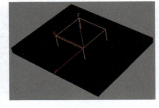 

图8-104 图8-105 图8-106 图8-107

5.导入家具模型

接下来导入家具模型。

01 执行"文件>导入>合并"菜单命令导入模型，如图8-108所示。直接拖曳也可以导入模型，如果通过拖曳的方式导入模型，会弹出一个菜单，如图8-109所示，执行"合并文件"命令即可。本案例导入的模型如图8-110所示。

📝 **提示** ----------------->

素材库一定要足够丰富，读者应养成经常整理素材库的习惯，把各种好的模型分类保存。本案例可以导入本书提供的模型，也可以导入一些自己喜欢的模型，读者自由发挥即可。

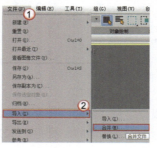 

图8-108　　　　　　　图8-109　　　　　　　图8-110

02 模型导入后，如果是我们自己整理好的模型，那么我们知道它的材质是没问题的，可以直接用；如果导入的是从来没用过的模型，那么先要用"从对象拾取材质"按钮 🖋 拾取它的材质，然后检查拾取的材质有无问题，若有问题要及时修改。此外，当需要修改模型材质时，也要用"从对象拾取材质"按钮 🖋 拾取材质，如图8-111所示。

03 检查完材质后，按C键进入摄影机视图，效果如图8-113所示。

📝 **提示** ----------------->

单击"从对象拾取材质"按钮 🖋，移动鼠标指针到模型上，鼠标指针会变成吸管形状，如图8-112所示，此时单击模型即可拾取其材质。

图8-111　　　　　　　　　图8-112　　　　　　　图8-113

6.打光并测试渲染

接下来进行打光。

01 设置"渲染设置"窗口中的参数为草图的渲染参数。取消勾选"首选项设置"对话框中的"启用Gamma/LUT校正"复选框，如图8-114所示。设置"颜色映射"卷展栏中的"类型"为"指数"，如图8-115所示，"指数"可以很好地控制曝光效果。

02 在打光的时候，如果场景中的模型太乱，可以先将模型隐藏，渲染的时候再显示出来，这取决于个人的操作习惯。在打光的时候如果模型的颜色很多，也会显得画面很乱，可以把所有模型的基础颜色都设置成黑色，这样画面就会好看一些，如图8-116所示。

  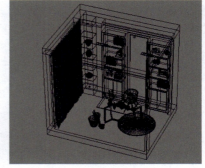

图8-114　　　　　　　　　图8-115　　　　　　　图8-116

03 进入前视图，创建一个VRay面光作为书柜上方的灯光，如图8-117所示。调整灯光位置和方向，效果如图8-118所示。设置灯光参数，如图8-119所示，设置灯光"颜色"为黄色（R:251，G:217，B:168），如图8-120所示。

   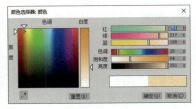

图8-117　　　　　　图8-118　　　　　　　　　图8-119　　　　　　　　　　　　图8-120

04 在书柜里添加灯带（哪怕真实的书柜里面没有灯带，这里为了让效果更好也可以制作）。进入顶视图，在书柜里创建一个VRay面光，将其复制到书柜的每一层中，面光的位置如图8-121所示，方向如图8-122所示，参数设置如图8-123所示，灯光"颜色"如图8-124所示。

   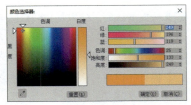

图8-121　　　　　　图8-122　　　　　　　　　图8-123　　　　　　　　　　　　图8-124

05 制作筒灯。进入前视图，创建一个目标灯光（光度学），如图8-125所示。添加一个光域网（这个光域网是用来体现挂画处的光效的），将它暂时放在原有筒灯处，其位置如图8-126所示，参数设置如图8-127所示，"颜色"（比灯带的颜色浅一些）如图8-128所示。

 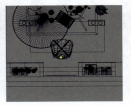 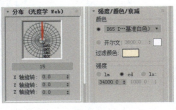 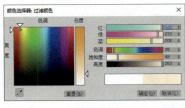

图8-125　　　　　　图8-126　　　　　　　　　图8-127　　　　　　　　　　　　图8-128

06 进入顶视图，把光域网复制到其他筒灯处，如图8-129所示。此时灯光效果太强烈了，而这两个灯光是用来照亮桌面的，光效不应该太强烈，所以换一个光效相对柔和的光域网文件，其参数设置如图8-130所示，"颜色"如图8-131所示。

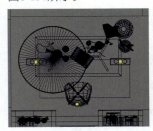 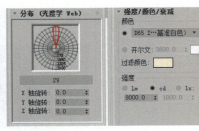 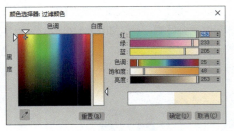

图8-129　　　　　　　　图8-130　　　　　　　　　　　　图8-131

07 柱子处的层板上下方各有一个筒灯，效果如图8-132和图8-133所示（导入模型时导入的）。复制前面的两个光域网，调整它们的位置（一个放在上面往下打光，另一个放在下面往上打光），效果如图8-134所示。注意，灯光的强度和颜色保持不变，渲染草图的时候再调整。

图8-132

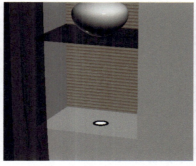

图8-133

图8-134

08 现在所有的人工光就做好了，如图8-135所示。渲染草图，效果如图8-136所示。

09 接下来开始做主光或者辅助光，没有固定的顺序。观察草图，全黑的地方就是缺乏光照的地方。我们可以先做辅助光，确定场景的明暗关系。进入顶视图，复制桌子上方的光域网，调整其位置，效果如图8-137所示。渲染草图，效果如图8-138所示。

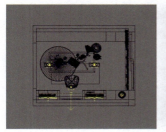

图8-135

图8-136

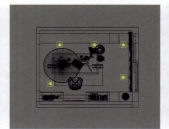

图8-137

图8-138

10 辅助光制作完成，制作主光前先做一个窗外景，不要让窗外黑着。进入顶视图，创建一个弧形，如图8-139所示。为其添加"挤出"修改器，设置挤出"数量"为4000mm，效果如图8-140所示。

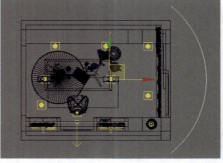

图8-139

图8-140

11 创建一个VRay灯光材质球，如图8-141所示。设置灯光强度为2.0，在"颜色"选项后面添加一张外景贴图，外景贴图如图8-142所示。给外景模型添加"UVW贴图"修改器 UVW 贴图，调整位置，如图8-143所示。

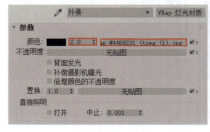

图8-141

图8-142

图8-143

12 外景做好后，进入右视图，创建一个VRay面光，如图8-144所示。灯光的位置如图8-145所示，参数如图8-146所示，"颜色"如图8-147所示。

   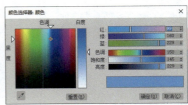

图8-144　　　　　　图8-145　　　　　　　图8-146　　　　　　　　图8-147

13 复制一个面光，将其移动到摄影机处，灯光的方向和位置如图8-148所示，参数设置如图8-149所示，"颜色"如图8-150所示。用冷色光模拟天空光，用暖色光模拟室内的辅助光，形成冷暖对比。

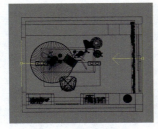 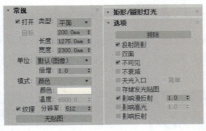 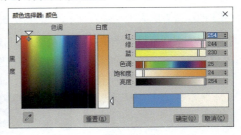

图8-148　　　　　　　　图8-149　　　　　　　　　图8-150

14 渲染草图，发现外景没亮，如图8-151所示。因为外景现在只是一个用弧形挤出来的面，法线方向是向外的，我们可以把外景变成实体或者改变它的法线方向，从而使外景变亮。在"修改"面板 的修改器列表中找到"壳"修改器，给外景模型添加"壳"修改器，让它变成实体，如图8-152所示。渲染草图，效果如图8-153所示。

15 现在基本的效果有了，还需要优化效果。此时冷暖对比不够明显，只有一个窗外的光根本无法把冷调效果表现到位。复制一个面光，将其移动到透光窗帘处，如图8-154所示。这个灯光在落地门的里面，不会被窗帘阻挡，可以直接照亮室内。渲染草图，效果如图8-155所示。

 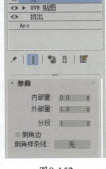

图8-151　　　　　　　　　　图8-152

 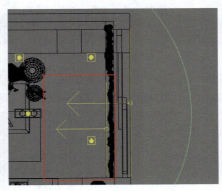 

图8-153　　　　　　　　图8-154　　　　　　　　图8-155

16 现在左边窗帘的效果不够好，需要在这里加一些暖色光，让落地门处更有层次感。创建一个VRay灯光，设置"类型"为"球体"，并将其移动到不透光窗帘前，如图8-156所示。灯光的参数设置如图8-157所示，"颜色"如图8-158所示。渲染草图，效果如图8-159所示。

图8-156

图8-157

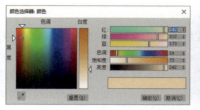
图8-158

图8-159

7.渲染出图

渲染草图，确认无误后就可以把相关参数调成渲染成品图的参数进行渲染了。如果是一般的商业图，直接渲染一张成品图然后进行后期处理即可；如果对渲染的质量要求高，可以在渲染成品图的时候出AO图，然后将AO图导入Photoshop进行合成，AO图可以让场景有更好的明暗细节。

渲染效果如图8-160所示。

图8-160

下面介绍如何出AO图。

01 打开"渲染设置"窗口，在V-Ray选项卡的"全局开关"卷展栏中勾选"覆盖材质"复选框，选择一个材质球并将其拖曳到"覆盖材质"右边的"无"按钮 ＿＿无＿＿ 上，如图8-161所示。在弹出的"实例（副本）材质"对话框中选择"实例"选项，单击"确定"按钮 确定 。上述操作完成后，"全局开关"卷展栏如图8-162所示，现在我们用一个材质覆盖了所有材质。

02 打开"材质编辑器"窗口，设置刚才添加的材质为"VRay灯光材质"，如图8-163所示，"参数"卷展栏如图8-164所示。

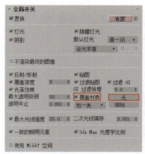

图8-161　　　　　　图8-162

03 单击"颜色"右边的"无贴图"按钮 ＿无贴图＿ ，在弹出的对话框中选择"VRay污垢"选项，如图8-165所示，单击"确定"按钮 确定 。设置"颜色"右侧的参数值为2.0（灯光的强度），如图8-166所示。

04 在"参数"卷展栏中单击"贴图#32（VRay污垢）"按钮 贴图 #32 （ VRay 污垢 ），打开"VRay污垢参数"卷展栏，设置"半径"为80.0mm，"细分"为50，如图8-167所示，其他参数保持默认设置即可。用渲染成品图的参数渲染AO图，效果如图8-168所示。

图8-163　　　　　　　　　　　图8-164

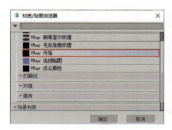
图8-165

图8-166

图8-167　　　　图8-168

8.后期处理

成品图渲染完成后，一般都会导入Photoshop中进行处理，当然也可以不处理直接使用。Photoshop能够轻松地解决3ds Max渲染出的图像中的一些问题，如偏暗、偏灰、对比度不足等。AO图则能增强图像细节，AO图里的黑色部分就是模型与模型的交接处，3ds Max渲染出来的图交接处一般比较虚，需要通过后期处理加强。

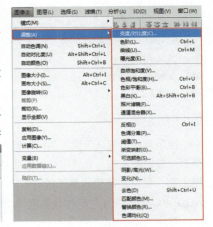

01 打开Photoshop，导入大图和AO图，如图8-169所示，在合成AO图之前，我们可以用Photoshop的一系列调整命令来调整图像的明暗、色彩效果等，如图8-170所示。

图8-169　　　　　　　　　　　图8-170

02 进行调整。在"亮度/对比度"对话框中进行调整，如图8-171所示；然后在"曲线"对话框中进行调整，如图8-172所示；接着在"自然饱和度"对话框中进行调整，如图8-173所示。

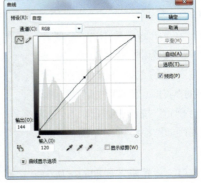

图8-171　　　　　　　　　图8-172　　　　　　　　　图8-173

03 合成AO图。设置AO图层的图层混合模式为"正片叠底"，如图8-174所示，效果如图8-175所示，模型之间的暗部过于明显，需要调整。设置"不透明度"为20%，如图8-176所示，最终效果如图8-177所示。

图8-174　　　　　　　　图8-175　　　　　　　　图8-176　　　　　　　　图8-177

8.1.3 室内设计全景图项目

场景文件	场景文件 > CH08 > 02
实例文件	实例文件 > CH08 > 室内设计全景图项目
教学视频	室内设计全景图项目.mp4
学习目标	掌握室内设计全景图的制作方法

全景图跟普通效果图的做法几乎一样，只是摄影机的打法不同。3ds Max里的全景图的制作流程是：先制作出整个场景，然后渲染输出一张包含所有场景信息的图，再将这张图导入全景图软件里面（如Pano2VR），最后

输出全景图。

本案例的CAD图形如图8-178所示，层高为2700mm，效果图如图8-179所示。

图8-178　　　　　　　　　　　　　　　　　　　图8-179

本场景中的客厅、餐厅和厨房都在同一个空间内，如果做单帧效果图，起码要做3张图才能看全；如果做全景图，只需要做一张图。在上一个案例的制作过程中，我们加入了一些需要思考的设计部分，本案例就完全依照客户给的参考图和CAD图形做全景图。注意，在以后的工作中，如果发现客户给的参考图和CAD图形有矛盾的地方，一定要问清楚，不要照做，要学会判断，有时客户给的资料不完全是正确的。

1.整理CAD图形并导入3ds Max

01 打开"场景文件 > CH08 > 02"文件，CAD图形如图8-180所示，将其复制一份，删除其中多余的线条，效果如图8-181所示。全选整理好的CAD图形，将它们打成块，并保存到计算机里。因为要做全景图，需导入的模型比较多，场景中需要手动创建的东西也较多，所以只保留必需的线条。

02 打开3ds Max，导入CAD图形，把导入的CAD图形打成组，为CAD图形组设置自己喜欢的颜色，将CAD图形组移动到世界坐标系的原点处，按G键取消栅格，效果如图8-182所示。注意，一定要养成良好的制作习惯。

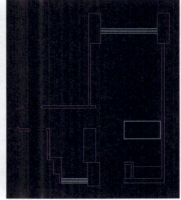
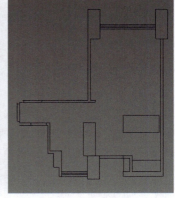

图8-180　　　　　　　　　　　　图8-181　　　　　　　　　　　　图8-182

2.建模

全景图中虽然有很多模型，但其实需要我们手动创建的并不多。记住一个原则：所有可变的模型都可以直接导入，如家具，不能改变的硬装才需要手动制作，如背景墙。

推荐使用实体建模，这个方法虽然麻烦一点，但便于后期修改。（上一个案例就是采用此方法，逐个创建出实体再拼出墙体。）

本案例演示另一种创建方法——单面建模。单面建模是整体建模，用这个方法会快一点，但是后期修改比较麻烦。大家可以对比一下这两种建模方法，找到适合自己的方法。

01 进入顶视图，使用"线"按钮 ▭▭线▭▭ 创建线，效果如图8-183所示。注意，描线的过程中要描绘出顶点，例如有门的地方是有顶点的，而不是一条直线。

02 添加"挤出"修改器，设置"数量"为2700mm，效果如图8-184所示。这样整个房子的"壳"就做好了。单击鼠标右键，在弹出的四元菜单中执行"转换为 > 转换为可编辑多边形"命令，将模型转换为可编辑多边形，就可以用多边形的命令调整模型了。

03 现在只能看到房子的外面，而本案例需要的是室内，所以需要翻转所有的面。按4键进入"多边形"层级，选中所有的面，单击"翻转"按钮 ▭▭翻转▭▭ 翻转所有面，如图8-185所示，效果如图8-186所示。

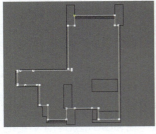

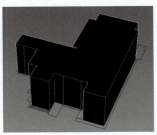

图8-183　　　　　　　　图8-184　　　　　　　　图8-185　　　　　　　　图8-186

04 现在模型是黑的，因为我们现在看到的是房子的外面，而原有的外面都已经翻转了。那么怎么观察模型？怎么制作其他物件呢？选中模型并单击鼠标右键，在弹出的四元菜单中执行"对象属性"命令，如图8-187所示。在弹出的"对象属性"对话框中勾选"背面消隐"复选框，如图8-188所示，效果如图8-189所示。这样就可以观察到室内了。

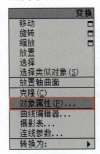
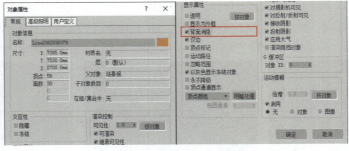
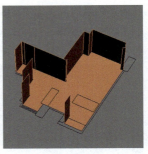

图8-187　　　　　　　　　　　　图8-188　　　　　　　　　　　　图8-189

05 制作门洞和窗洞。选中与入户门相关的面，如图8-190所示。单击"编辑几何体"卷展栏中的"隐藏未选定对象"按钮 ▭隐藏未选定对象▭，如图8-191所示，效果如图8-192所示。隐藏未选中的面，以便制作门洞。

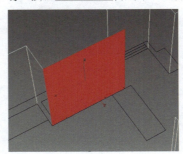
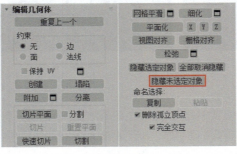
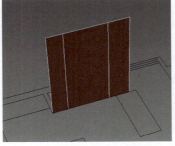

图8-190　　　　　　　　　图8-191　　　　　　　　　图8-192

06 门高2200mm，那么门头就要留500mm。按2键进入"边"层级，选中两条边，如图8-193所示，将它们连接起来，如图8-194所示。把线移动到距最高处500mm的位置（可以把线移动到最高处，然后往下精准移动500mm），如图8-195所示。

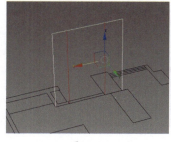
图8-193

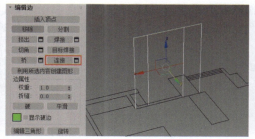
图8-194

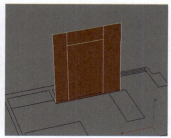
图8-195

07 按4键进入"多边形"层级，删除中间的面，效果如图8-196所示。单击"全部取消隐藏"按钮 全部取消隐藏 ，显示出全部面，如图8-197所示。

08 按3键进入"边界"层级，选中边界，如图8-198所示。按住Shift键移动拖曳出新的面（边也可以），效果如图8-199和图8-200所示。

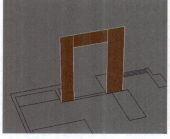
图8-196

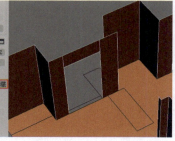
图8-197

09 至此，入户门的门洞就做好了，后续直接导入门的模型即可完成门的制作。用同样的方法制作剩余的门洞和窗洞，效果如图8-201所示。注意，线不够的时候，就要自己手动加线，这是基本的多边形建模操作。

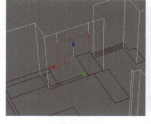
图8-198

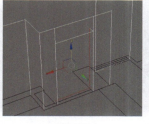
图8-199

图8-200

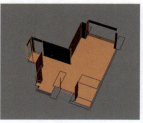
图8-201

10 此时，如果墙体上没有任何造型的话，那墙体就做好了。本案例中的墙体上还有墙缝，虽然墙缝也可以通过材质表现出来，但是用材质表现出的效果不如建模表现出的效果好，所以墙缝也需要建模。进入前视图，创建一个高度和房子一样的长方体，设置其"分段"为5，作为参照物，效果如图8-202所示。

11 选中房子模型，单击"快速切片"按钮 快速切片 ，通过捕捉参照物把模型分成5个部分，如图8-203所示，效果如图8-204所示。现在分析哪些地方需要做墙缝，哪些地方不需要做墙缝。在需要做墙缝地方单击"挤出"按钮 挤出 ，设置"高度"为负值，"宽度"为一定值即可，不需要做墙缝的地方则不做处理。本场景的墙体一共有4种材质，分别是进门处的"刷白"、电视背景墙处的"美岩板"、电视背景墙转角处的"木板"和其他地方的"大理石"。

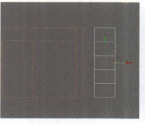
图8-202

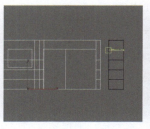
图8-203

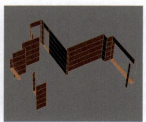
图8-204

12 按2键进入"边"层级，选中图8-205所示的墙缝线，单击"挤出"按钮 ⬜挤出⬜，设置"高度"为−10.0mm，"宽度"为3.0mm，如图8-206所示。墙体模型就做好了，场景中还需要转角模型和电视背景墙模型。注意，这里先不为模型指定材质，因为该方法与实体建模不一样。

图8-205 　　　　　　　　　　　　　　　图8-206

13 制作转角模型。进入顶视图，在转角处描线，如图8-207所示。单击"轮廓"按钮 ⬜轮廓⬜，并设置其值为2mm，效果如图8-208所示。添加"挤出"修改器，设置"数量"为2700mm，效果如图8-209所示。"轮廓"参数值决定了模型的厚度，不用设置得太大，如果太大，效果图中的墙体可能会出现分层。

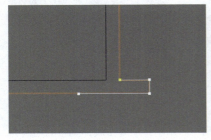
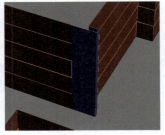

图8-207 　　　　　　　　　　　　图8-208 　　　　　　　　　　　　图8-209

14 制作电视背景墙模型。创建一个长方体，设置其尺寸为电视背景墙的尺寸，移动长方体到相应的位置。孤立长方体，设置分段为3×1×4。其位置如图8-210所示，具体参数设置如图8-211所示，分段效果如图8-212所示。

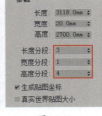
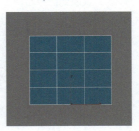

图8-210 　　　　　　　图8-211 　　　　　　　图8-212

15 选中长方体并单击鼠标右键，在弹出的四元菜单中执行"转换为 > 转换为可编辑多边形"命令。按2键进入"边"层级，选中相应的边，如图8-213所示。单击"挤出"按钮 ⬜挤出⬜，设置"高度"为−10mm，"宽"为10mm，效果如图8-214所示。这里的缝可以做大些，效果图里的缝尺寸不用和真实的缝相同。

16 单击"全部取消隐藏"按钮 全部取消隐藏，整体效果如图8-215所示，至此，场景中的模型就建好了。本案例是平顶，所以不用做吊顶。如果有吊顶部分的话，可以删掉顶面，然后用实体建模的方法做出吊顶，读者可以自行对比实体建模和单面建模的区别。

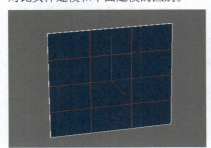
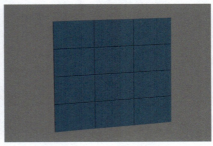
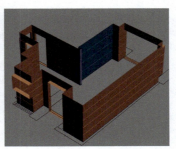

图8-213 　　　　　　　　　　　　图8-214 　　　　　　　　　　　　图8-215

3.制作材质

01 制作实体材质。选中转角模型，选中一个材质球，设置相应的参数，并将材质赋予模型。材质的设置如下：为"漫反射"属性添加一张木纹贴图，设置"模糊"为0.01，"反射"为"衰减"，"光泽度"为0.85，如图8-216所示。"漫反射"属性贴图如图8-217所示，"衰减参数"卷展栏如图8-218所示。选中模型，为其添加"UVW贴图"修改器并进行调整，效果如图8-219所示。

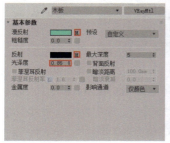

图8-216　　　　　　　图8-217　　　　　　　図8-218　　　　　　　图8-219

02 制作电视背景墙模型材质。为"漫反射"属性添加一张美岩板贴图，设置"反射"为灰黑色（R:30，G:30，B:30），"光泽度"为0.5，如图8-220所示。美岩板贴图如图8-221所示，拖曳复制"漫反射"属性的贴图，并将其指定给"凹凸"属性，如图8-222所示。选中模型，为其添加"UVW贴图"修改器，设置UVW贴图的模式为"面"，效果如图8-223所示。

图8-220　　　　　　　图8-221　　　　　　　图8-222　　　　　　　图8-223

03 制作墙体模型材质。选中模型，选中一个材质球，设置相应的参数，并将材质赋予模型。材质的设置如下：为"漫反射"属性添加一张大理石贴图，设置"反射"为"衰减"，"光泽度"为0.95，如图8-224所示。大理石贴图如图8-225所示，"衰减参数"卷展栏如图8-226所示。选中模型，为其添加"UVW贴图"修改器，设置UVW贴图的模式为"长方体"，尺寸为1500×1500×1500，效果如图8-227所示。

图8-224　　　　　　　图8-225　　　　　　　图8-226　　　　　　　图8-227

04 制作进门处的"刷白"材质。选中一个材质球，将其命名为"刷白"，设置其"漫反射"为白色。选中模型，进入"多边形"层级，如图8-228所示，选中进门处相应的面和天花板，如图8-229所示，为它们指定"刷白"材质，效果如图8-230所示。

> **提示** - →
> 多边形是可以用面作为单位直接添加材质的。这其实就是"多维/子对象"材质的方便用法，添加完两个材质之后，用吸管工具就能吸出一个"多维/子对象"材质。

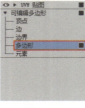
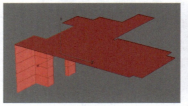

图8-228　　　　　　　图8-229　　　　　　　图8-230

05 制作地板材质。选中地板，如图8-231所示，单击
"分离"按钮 分离 ，如图8-232所示。这样地板就
成了独立的模型，就可以单独为它指定材质和UVW贴
图了。

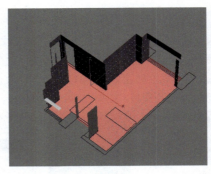

图8-231　　　　　　　　图8-232

06 设置"漫反射"为平铺，并为其添加一张地砖贴图，设置"反射"为灰黑色（R:50，G:50，B:50），"光泽
度"为0.8，如图8-233所示。地砖贴图如图8-234所示，平铺参数设置如图8-235所示。选中模型，为其添加
"UVW贴图"修改器，设置贴图的模式为"长方体"，尺寸为600×600×600，效果如图8-236所示。

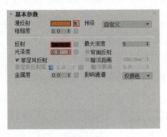

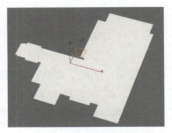

图8-233　　　　　　图8-234　　　　　　图8-235　　　　　　图8-236

至此，材质就做完了，下面导入模型。

4.导入家具模型

做单帧效果图的时候是先创建摄影机，再导入模型；而现在是先导入模型，
再创建摄影机。这是因为全景图和单帧效果图的根本不同就是摄影机的应用。导
入模型前，记得检查导入模型的材质，导入所有模型后的效果如图8-237所示。

图8-237

5.创建摄影机

全景图摄影机的创建非常简单。进入顶视图，创建一个摄影机，如图8-238所示。调整摄影机到距地面约
1000mm的位置，不用太在意摄影机的视野，因为全景图在渲染时会把摄影机本来的视野覆盖成360°。

摄影机创建好了。摄影机的方向就是以后全景图的开始方向，通常我们会把摄影机放到场景中间，使其对着
一个比较重要的地方，如客厅。

打开"渲染设置"窗口，设置"图像纵横比"为2.00000，如图8-239所示。设置"摄影机"卷展栏中的"类型"

为"球形"，勾选"覆盖视
野"复选框，并设置其参
数值为360.0，如图8-240
所示。这就是全景图和普
通效果图中的摄影机不同
的地方。

图8-238　　　　　　　图8-239　　　　　　　图8-240

6.打光并测试渲染

本案例打光和普通效果图一样，先模拟出人工光，再做其他灯光。

01 制作吊灯。对于这种有很多个发光体的吊灯，可以用VRay球光进行模拟。创建VRay球光，然后移动球光到相应的位置，如图8-241所示，球光的参数设置如图8-242所示。

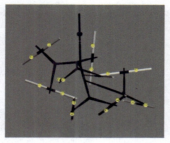

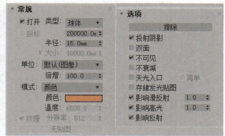

图8-241　　　　　　　　　　　　　图8-242

02 制作餐厅的吊灯。创建目标灯光（光度学），移动灯光到相应的位置，如图8-243所示。添加一个光效比较柔和的光域网，其参数设置如图8-244所示。把光域网复制一个，将其放到吧台处的吊灯中，效果如图8-245所示。再复制两个光域网放到抽油烟机下方，效果如图8-246所示。

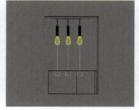

图8-243　　　　　　　图8-244　　　　　　　　　　图8-245　　　　　　　　　图8-246

03 为餐厅旁的柜子制作灯带效果。创建VRay面光，把面光在柜子的每一层都放好，效果如图8-247所示，面光参数设置如图8-248所示。

04 接下来制作筒灯，所有筒灯的分布如图8-249所示。从视图上看，比较大的筒灯用的是吊灯的光域网，看上去相对较小的筒灯用的是另一个比较尖的光域网。设置较尖的光域网的参数，如图8-250所示，注意光域网的分布并不需要和筒灯模型一一对应。

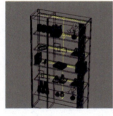

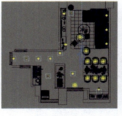
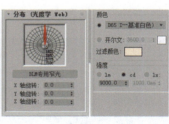

图8-247　　　　　　　图8-248　　　　　　　　图8-249　　　　　　　　图8-250

05 制作窗外的光。创建一个VRay面光，放到厨房窗外，如图8-251所示，面光参数设置如图8-252所示，模拟从窗外进来的光。

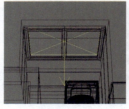

图8-251　　　　　　　　　　图8-252

06 制作主光。在阳台的落地门处创建两个面光，将1号面光放在窗户外面，如图8-253所示，面光参数设置如图8-254所示；将2号面光放在窗户里面，如图8-255所示，面光参数设置如图8-256所示。

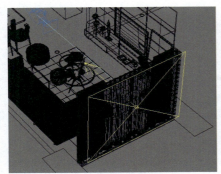

图8-253

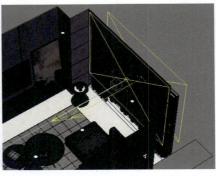

图8-254　　　　　　　　图8-255　　　　　　　　图8-256

07 制作走廊处的灯光。走廊处现在是比较暗的，可以在走廊顶部创建3个面光，作为走廊的辅助光，如图8-257所示。因为是辅助光，所以灯光亮度不能太强，灯光面积也不能太大，否则会影响到整个走廊，面光参数设置如图8-258所示。

图8-257　　　　　　　　图8-258

08 至此，灯光就创建好了，把渲染参数调成草图参数，测试渲染效果。设置"颜色映射"卷展栏中的"类型"为"指数"，如图8-259所示，进行测试渲染，效果如图8-260所示。草图上的噪点在成品图中不会出现。在草图里面，我们要找出一些做得不好的地方并进行修改。这张图渲染出来偏暗，因为用的是"指数"类型。

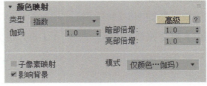

图8-259

图8-260

7.渲染出图

把渲染参数调成成品图参数，渲染成品图，并出AO图，渲染效果如图8-261所示，AO图如图8-262所示。

图8-261

图8-262

8.后期处理

01 将成品图导入Photoshop中，在"亮度/对比度"对话框中进行调整，如图8-263所示；在"色阶"对话框中进行调整，如图8-264所示；在"自然饱和度"对话框中进行调整，如图8-265所示；在"曲线"对话框中进行调整，如图8-266所示。

图8-263

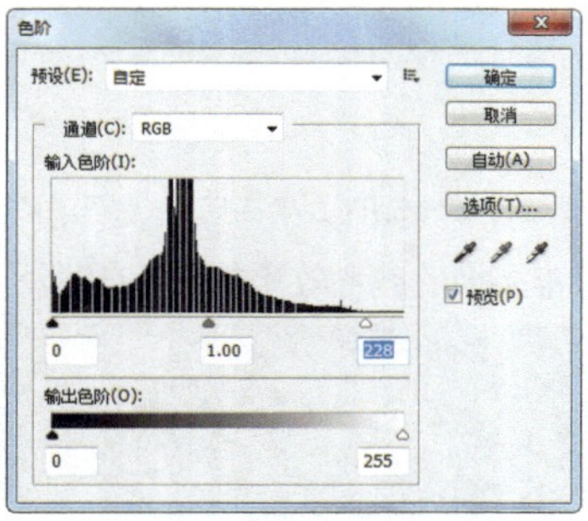

图8-264

图8-265

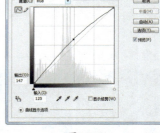

图8-266

02 合成AO图。设置AO图层的"不透明度"为20%，如图8-267所示，最终效果如图8-268所示。

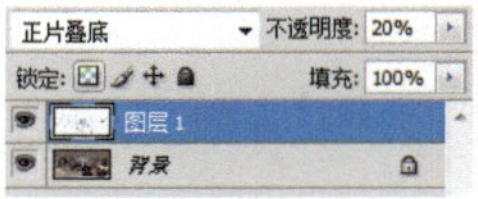

图8-267

图8-268

9.用全景图制作软件输出全景图

成品图制作完成后，直接将成品图导入一些全景图制作软件里即可输出全景图，操作过程很简单，网上的很多设计平台都有这一功能，读者可自行尝试，这里就不介绍了。

8.1.4 技术汇总与解析

室内设计中的模型、材质、灯光、摄影机、渲染都可以用3ds Max来完成，这不像其他某些行业只需要用3ds Max的模型部分，其他部分则用不上（如游戏行业一般只用3ds Max建模和做骨骼），所以室内设计的工作需要从业者掌握绝大部分的3ds Max操作。

室内设计最难的地方是个人的美术和设计水平，而不是软件的操作水平。软件的操作很简单，在建模时，基本只有硬装部分需要建模，而且这部分都是一些简单模型，不是游戏角色这类的复杂模型，室内用到的模型大多数不需要自己手动创建。材质和灯光的创建其实是在考验我们美术、设计等方面的能力，创建一个光基本没什么难度，但是控制好它的发光强度和颜色就很难了。

在室内设计这条路上，大家应该注重提升自身设计和美术方面的能力。在开始的时候随性做、大胆做，做想做的东西，这样会大大提高工作兴趣，而且不要怕做错。过了新手期就不要盲目做了，可以多找一些优秀的作品进行临摹与思考。过了临摹的阶段，相信大家都有一定的能力进行自主创新设计了。

8.1.5 室内设计项目实训

场景文件	场景文件 > CH08 > 03
实例文件	实例文件 > CH08 > 室内设计项目实训
教学视频	室内设计项目实训.mp4
学习目标	巩固室内设计效果图和全景图的制作方法

学习完本节的知识后，下面安排了相应的实训供读者练习，读者可以打开场景文件自行练习，根据自己的想法自由发挥。读者也可以观看教学视频，参考其中的制作思路。本实训的参考效果如图8-269所示。

图8-269

训练要求和思路如下。

第1点：打开"场景文件 > CH08 > 03"文件，本实训需要用这个文件把普通的效果图和全景图都做出来。

第2点：分析图纸，思考客户需求。

第3点：整理CAD图形并导入。

第4点：建模。

第5点：指定材质。

第6点：打光。

第7点：渲染。

第8点：后期处理。

第9点：输出普通的效果图和全景图。

8.2 建筑设计项目

本节将讲解建筑外观效果图的制作流程。3ds Max在建筑设计方向对应的职业是建筑外观表现师，而不是建筑设计师。建筑外观效果图与室内效果图的性质是不同的。工作时，室内效果图表现师可以加入自己的设计；建筑外观的效果图表现师则是单纯地做表现工作，一般不能对建筑设计进行修改，建筑设计由专业的建筑设计师完成。

8.2.1 建筑设计项目概述

制作建筑外观效果图时的主要工作是建模，这跟室内效果图不一样，室内效果图中的建模工作量很少（模型基本都是导入的），建筑外观效果图中的建模工作量很大。

至于后期处理，室内的后期处理很简单，甚至可做可不做，但是建筑外观效果图必须做后期处理，特别是商业建筑外观效果图，它非常依赖Photoshop中的后期处理。如果是一些高要求的建筑外观效果图，则很多配景都是在3ds Max里面导入模型一起去渲染，Photoshop会用得比较少。

对于如何选择做法，这要看客户需求、时间成本要求等。接下来用两个项目实例讲解工作中的两种常见做法，一种是将配景等模型全做出来再渲染，另一种是只做主建筑，剩下全部用Photoshop进行后期处理。读者可以对比一下两种做法的差异和最终效果的区别。

8.2.2 别墅外观效果图项目

场景文件	场景文件 > CH08 > 04
实例文件	实例文件 > CH08 > 别墅外观效果图项目
教学视频	别墅外观效果图项目.mp4
学习目标	掌握别墅外观效果图的制作方法

做外观模型和做室内模型一样，都需要导入CAD图形（特殊情况除外），一般是先有CAD立面图形，然后才有效果图。打开"场景文件 > CH08 > 04"文件，CAD图形如图8-270所示，本案例的效果图如图8-271所示。

1.整理CAD图形并导入3ds Max

本步骤的初始效果如图8-272所示，最终效果参考如图8-273所示。

   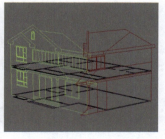

图8-270　　　　　　　　图8-271　　　　　　　　图8-272　　　　　　　　图8-273

2.创建主建筑

本案例用立面建模（大多数时候用立面建模的确方便一些）。立面建模的原理是利用CAD立面图形对在同一个平面的墙体进行描线，然后将其挤出为实体，接着将所有的立面拼接处理为完整模型。本步骤的模型制作过程如图8-274所示。

图8-274

3.制作材质

  主建筑模型做好后开始制作材质。一般建筑外观效果图中模型的材质做法跟室内效果图中的一样，但两者的侧重点不一样，室内效果图重视材质的质感、反射效果、光泽效果、模糊效果等，建筑外观效果图则比较注重材质纹理。本案例中，客户没有指定模型的材质（实际工作中其实都会指定，照做即可），我们就自由发挥。本步骤的材质参考效果如图8-275所示。

图8-275

4.创建摄影机

  本步骤的摄影机参考位置如图8-276所示。

5.补充模型

  本案例中的植物、配景等模型直接在3ds Max里导入，然后进行渲染。下一个案例就不在3ds Max里导入植物、配景等模型，而是在Photoshop里合成，读者可以对比一下这两种方法之间的差别。 读者在实际操作的时候可以适当地自由发挥，本步骤的参考效果如图8-277所示。

6.打光

  本步骤的灯光参考效果如图8-278所示。

7.渲染

  把参数设置为成品图的渲染参数，渲染效果如图8-279所示。这是未经Photoshop处理的效果。观察一下效果图，未经Photoshop处理的情况下，植物、人物、阴影和明暗的表现都是非常到位的。

    图8-276   图8-277   图8-278   图8-279
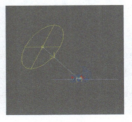

8.2.3 商业楼房外观效果图项目

场景文件	场景文件 > CH08 > 05
实例文件	实例文件 > CH08 > 商业楼房外观效果图项目
教学视频	商业楼房外观效果图项目.mp4
学习目标	掌握商业楼房外观效果图的制作方法

商业外观效果图中，一般只需要在3ds Max中做主建筑，剩下的部分由Photoshop完成。打开"场景文件 > CH08 > 05"文件，CAD图形如图8-280所示，本案例的效果如图8-281所示。

1.整理CAD图形并导入3ds Max

本案例做的是单帧效果图，如果做两点透视效果，那只需要两个立面；如果做的是漫游动画，就需要把所有立面都做出来。本步骤的初始效果如图8-282所示，最终效果参考如图8-283所示。

  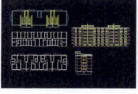 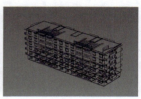

图8-280　　　　　　　　图8-281　　　　　　　　图8-282　　　　　　　　图8-283

2.创建主建筑

因为这个模型有几层，我们就一层一层地做（按平面）。第1层不一样，需要单独做；第2~6层都是一样的，做好第2层后复制即可。本步骤的模型制作过程如图8-284所示。

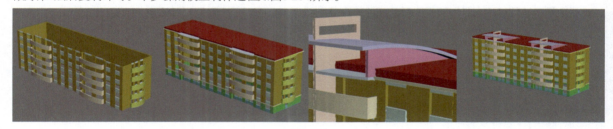

图8-284

3.补充模型

现在需要补充的模型就是门、窗和地面模型。本步骤的模型参考效果如图8-285所示。

图8-285

4.制作材质

本步骤的整体参考效果如图8-286所示。

5.创建摄影机

本步骤的摄影机视图参考效果如图8-287所示。

6.打光

本步骤的灯光参考效果如图8-288所示。

7.渲染与后期

普通的商业外观效果图的一般做法是导入模板，然后稍做调整，也就是使用后期模板。本案例直接导入一个模板，再进行适当微调（在Photoshop中把主建筑抠出来，然后放到模板里），最终效果如图8-289所示。

后期处理也有复杂做法，本案例用的是一般做法。如果用复杂做法，需要把主建筑的每一个墙体都分离出来，然后细调每个部位，并细心地制作每个配景，可以说后期处理过程比3ds Max里面的建模过程更复杂。

图8-286

图8-287

图8-288

图8-289

8.2.4 技术汇总与解析

对于建筑外观效果图中模型的创建，本节介绍了两种常用的方法，第1种是按照立面来做，第2种是按照平面来做。如果场景中的立面比较复杂，建筑的结构也比较复杂（如别墅），则用立面做法好一些；如果立面造型比较简单，模型结构也比较简单（如多层楼房），则用平面做法好一些。

对于后期处理，要求比较高的话，一般都用全模型渲染或者请专人做复杂的后期处理。如果要求不高，要么只渲染主模型，然后导入后期模板，使用Photoshop进行微调；要么导入一部分配景模型，然后在Photoshop中完成其他部分。

8.2.5 建筑设计项目实训

场景文件	场景文件 > CH08 > 06
实例文件	实例文件 > CH08 > 建筑设计项目实训
教学视频	建筑设计项目实训.mp4
学习目标	巩固建筑外观效果图的制作方法

学习完本节的知识后，下面安排了相应的实训供读者练习。读者可以打开场景文件自行练习，根据自己的想法自由发挥。读者也可以观看教学视频，参考其中的制作思路。本实训的参考效果如图8-290所示。

训练要求和思路如下。

第1点：打开"场景文件 > CH08 > 06"中相应的CAD文件，整理CAD。

第2点：导入CAD，做好建模前的准备。

第3点：建模（建模方法请读者自行判断）。

第4点：制作材质，创建摄影机。

第5点：导入模型（自由发挥）。

第6点：创建灯光（要不断调试灯光效果）。

第7点：渲染，调整，出图。

第8点：后期处理。

图8-290

8.3 游戏设计项目

本节将讲解3ds Max在游戏设计中的应用（其实就是游戏建模），读者要了解游戏建模跟其他建模不同的地方。一般情况下，游戏设计对建模的要求都是相当高的，读者在进入该行业后还会接触到很多具体的规范和要求。

8.3.1 游戏设计项目概述

游戏里面的建模一般分为角色、场景和道具3类。场景的做法跟室内效果图和建筑外观效果图中场景的做法差不多，只是具体的要求不同，例如做2D游戏的场景时背面看不到就不用做，做3D游戏里面的建筑模型时需要将其完整地做出来。相同的部分，这里就不赘述了，下面讲解道具和角色的建模。游戏建模对模型的面数是有要求的，不同的情况下有不同的要求，如游戏的种类和游戏运行的设备等。

8.3.2 游戏道具制作项目

场景文件	场景文件 > CH08 > 07
实例文件	实例文件 > CH08 > 游戏道具制作项目
教学视频	游戏道具制作项目.mp4
学习目标	掌握游戏道具的制作方法

一般来说，道具分为需要运动的和不需要运动的两种。对应地，其建模也分为两种情况，一种是带骨骼的，另一种是不带骨骼的。在制作需要运动的道具的时候要为其添加骨骼并蒙皮。对于不需要运动的道具，制作好模型，然后展开其UV即可。本案例制作一个武器模型，效果如图8-291所示，参考图如图8-292所示。

图8-291　　　　图8-292

1.建模

道具的建模其实和室内效果图和建筑外观效果图中的建模差不多，在工作中也有大量的素材库供我们选择。制作武器时，建模人员通常只有一张武器的正视设计图。所以在制作这类模型的时候需要进行一些自主设计，例如拿到平面设计图，我们需要自己设计出其三维效果。如果有设计图纸，那么过程会相对简单些，如果只有草图，且草图中只有很概括的线条，那将非常考验建模人员的设计能力。本步骤的模型制作过程如图8-293所示。

图8-293

2.调整UV

本步骤的初始效果如图8-294所示，最终参考效果如图8-295所示。因为这个武器的正反面是一样的，所以其正反面是重叠的，就不用专门检查重叠的UV了。

图8-294　　　　图8-295

8.3.3 游戏角色制作项目

场景文件	场景文件 > CH08 > 08
实例文件	实例文件 > CH08 > 游戏角色制作项目
教学视频	游戏角色制作项目.mp4
学习目标	掌握游戏角色的制作方法

在游戏角色的制作过程中，主要完成3种工作，分别是建模、展UV和蒙皮。

制作游戏角色时一般用多边形建模法，但其制作方法跟武器不一样，本案例就介绍常用的方法：从一个长方体开始制作角色。角色建模对布线的要求很高，一定要符合其运动结构。建模人员会拿到一些参考图以便制作角色。再次强调，自主设计能力很重要，并不是每个项目都会给建模人员提供很全的设计资料。打开"场景文件 > CH08 > 06"文件，本案例的最终参考效果如图8-296所示，我们要做的是一个常见的怪物角色。

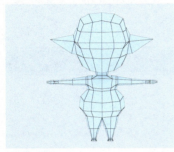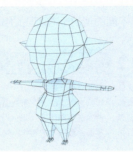

图8-296

1.建模

本步骤的模型制作过程如图8-297所示。

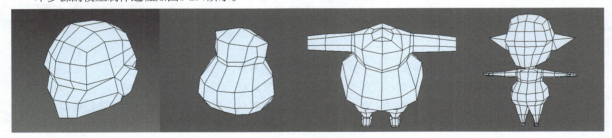

图8-297

2.展UV

这里使用"编辑UVW"窗口中的"剥"卷展栏来展UV。很多建模人员会用RizomUV来展UV，这个软件非常适用于展UV。本步骤的初始效果如图8-298所示，最终参考效果如图8-299所示。

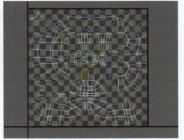

图8-298   图8-299

3.绑定骨骼与蒙皮

本步骤的部分关键权重调整如图8-300所示。

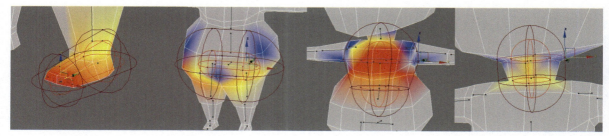

图8-300

8.3.4 技术汇总与解析

3ds Max在游戏行业应用最多的是建模。不同类型的游戏对建模有不同的要求，不同的公司对建模也有不同的要求。

游戏行业中，建模主要采用多边形建模法，重点是对点、线和面的理解，考验建模者布线的能力，软件中的操作并不难。建议读者从低模开始练习，然后到中模、高模（高模要在别的软件中进行制作，如ZBrush）。除了建模以外，展UV和蒙皮也是3ds Max在游戏行业方向的常见应用，展UV和蒙皮也可以在别的软件中进行（如适用于展UV的RizomUV，适用于蒙皮的BonesPro）。游戏模型的材质基本不会用3ds Max制作，而会在别的软件中制作材质贴图（如BodyPaint3D，Substance Painter等）。

8.3.5 游戏设计项目实训

学习完本节的知识后，下面安排了两个实训供读者练习，读者可以打开场景文件自行练习，根据自己的想法自由发挥。读者也可以观看教学视频，参考其中的制作思路。

案例实训：制作游戏装备

场景文件	场景文件 > CH08 > 09
实例文件	实例文件 > CH08 > 制作游戏装备实训
教学视频	制作游戏装备实训.mp4
学习目标	了解游戏装备的制作方法

本实训的参考效果如图8-301所示。

训练要求和思路如下。

第1点：打开"场景文件 > CH08 > 09"文件，查看参考图，了解要做的模型。

第2点：描线，描出模型轮廓并转换成多边形。

第3点：布线。

第4点：把点之间的高低差做出来，并让点与线之间形成高低差，从而做出模型的造型。

第5点：检查并优化模型。

第6点：展UV。

第7点：将模型的坐标归0（将模型放到坐标原点），重置变换。

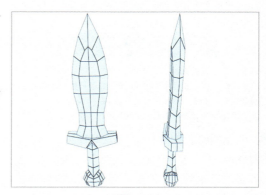

图8-301

案例实训：制作游戏角色

场景文件	场景文件 > CH08 > 10
实例文件	实例文件 > CH08 > 案例实训：制作游戏角色
教学视频	案例实训：制作游戏角色.mp4
学习目标	掌握游戏角色的制作方法

本实训的参考效果如图8-302所示。

训练要求和思路如下。

第1点：打开"场景文件 > CH08 > 10"文件，查看参考图，了解要做的模型。

第2点：创建一个长方体，从角色头部开始建模。

第3点：完成角色的建模。

第4点：检查并优化模型。

第5点：展UV。

第6点：创建骨骼，蒙皮。

第7点：将模型的坐标归0，重置变换。

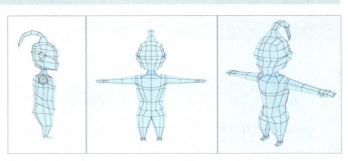

图8-302

8.4 产品设计项目

本节将讲解3ds Max在产品设计中的应用实例。3ds Max在产品设计的应用主要是外观效果表现，这并不是要我们把产品设计出来，而是要我们把产品的效果表现出来。下面讲解产品设计项目的制作方法和技术要点，读者在学习时要注意体会不同情况下的项目制作方法。

8.4.1 产品设计项目概述

产品设计的外观效果表现基本分为以下两种。

第1种：有准确的设计图纸。通常会有三视图（前面、侧面和顶面）、四视图（正面、侧面、背面和顶面）或更多视图，甚至可能会有每一个面的独立视图，这时只需要把三视图导入3ds Max中照着做就可以了。

第2种：没有设计图纸，只有一些其相关产品的照片。某些公司在研发产品的时候会参考市面上的其他产品，这时我们需要根据现有的产品照片和客户要求来做产品效果图。

8.4.2 概念汽车设计效果表现项目

场景文件	场景文件 > CH08 > 11
实例文件	实例文件 > CH08 > 概念汽车设计效果表现项目
教学视频	概念汽车设计效果表现项目.mp4
学习目标	掌握有准确设计图纸时的产品效果图制作方法

本例属于第1种情况，有设计图纸，还有四视图的图纸。这种产品一般是市面上没有的，但可通过设计图纸做出来。本案例效果如图8-303所示，图8-304所示分别为产品的正面、背面、侧面和顶面。

图8-303

图8-304

1.建模

本步骤的模型制作过程如图8-305所示。

图8-305

2.制作材质

本步骤的材质参考效果如图8-306所示，最终参考效果如图8-307所示。

图8-306   图8-307

3.打光

本步骤的灯光和贴图参考效果如图8-308所示。

4.渲染并出图

本步骤的渲染效果和AO图参考如图8-309所示，AO图经Photoshop处理后的参考效果如图8-310所示。

图8-308   图8-309   图8-310

8.4.3 电子产品外观设计项目

场景文件	场景文件 > CH08 > 12
实例文件	实例文件 > CH08 > 电子产品外观设计项目
教学视频	电子产品外观设计项目.mp4
学习目标	掌握无准确设计图纸时的产品效果图的制作方法

本例属于第2种情况，没有设计图纸。制作这种图时，先根据现有的产品建模，然后进行适当修改，最后渲染并出图。本案例的效果图如图8-311所示，我们要做一个扫地机器人的效果图，虽然没有设计图纸，但是有相似产品的照片作为参考图，通过参考图也能进行建模。本案例产品的直径为340mm，高度为72mm。

图8-311

1.建模

建模时，可以将产品先拆分为一个个部件，然后将各部件拼起来。本步骤的模型制作过程如图8-312所示。

图8-312

2.给材质

本步骤的材质参考效果如图8-313所示，最终参考效果如图8-314所示。

图8-313

图8-314

3.打光

本步骤的灯光参考效果如图8-315所示，贴图参考效果如图8-316所示。

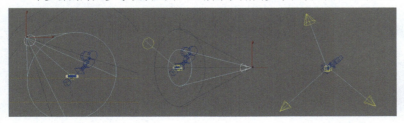

图8-315

图8-316

4.渲染出图

本步骤的渲染效果和AO图参考效果如图8-317所示，AO图经Photoshop处理后的参考效果如图8-318所示。

图8-317

图8-318

8.4.4 技术汇总与解析

产品设计主要考验从业者的建模能力，但其建模要求不像游戏动画那么严格。所以进行产品设计表现时，我们可以自由地选择一切能用的建模技法。产品设计方向的建模技法可以说综合了所有行业的建模技法，哪个技法方便就用哪个，但是在大部分情况下，使用最多的还是多边形建模法和拆分与组合法（本节的两个案例）。

产品设计的材质做法可以理解为和室内设计的材质做法一样，但这只是基本的做法。如果需要更好的材质表现效果，则还需要用到别的软件，如前面讲到的游戏行业中用到的专门做材质的软件。

产品设计中，可以用三点布光法实现大多数情况下的布光，但是切忌过于依靠某一种技法，哪怕真的只会某一种技法，我们也要在这种技法上进行改进，并根据不同的项目做出调整。

8.4.5 产品造型设计实训

学习完本节的知识后，下面安排了两个实训供读者练习，读者可以打开场景文件自行练习，根据自己的想法自由发挥。读者也可以观看教学视频，参考其中的制作思路。

案例实训：汽车设计效果表现

场景文件	场景文件 > CH08 > 13
实例文件	实例文件 > CH08 > 案例实训：汽车设计效果表现
教学视频	案例实训：汽车设计效果表现.mp4
学习目标	巩固无准确设计图纸时的产品效果图的制作方法

本实训的参考效果如图8-319所示。

训练要求和思路如下。

第1点：打开"场景文件 > CH08 > 13"文件，查看参考图，整理参考图并将其导入3ds Max。

第2点：从车轮开始创建多边形并布线（不一定从车轮开始，读者可自由发挥）。

第3点：进行多边形建模、布线和调节，完成模型。

第4点：制作材质。

第5点：打光并渲染。

第6点：后期处理。

图8-319

案例实训： 电子产品外观设计表现

场景文件	场景文件 > CH08 > 14
实例文件	实例文件 > CH08 > 案例实训：电子产品外观设计表现
教学视频	案例实训：电子产品外观设计表现.mp4
学习目标	巩固无准确设计图纸时的产品效果图制作方法

本实训的参考效果如图8-320所示。

训练要求和思路如下。

第1点：打开"场景文件 > CH08 > 14"文件，查看参考图，观察模型。

第2点：拆分模型，然后分别建模。

第3点：把各部件组合成完整模型。

第4点：制作材质。

第5点：打光并渲染。

第6点：后期处理。

图8-320

8.5 动画影视项目

本节将进行动画影视项目实例的讲解，包括漫游动画、生长动画和影视广告动画。读者在学习的过程中要注意结合前面所学知识，思考不同类型的项目实例的制作要领和制作方法。另外，在讲解过程中，读者要用心体会整个项目的制作过程。

8.5.1 动画影视项目概述

3ds Max在动画影视项目设计上可以分为漫游动画、生长动画和影视广告动画3类。其中漫游动画和生长动画可以说是室内设计和建筑设计的延伸，把室内设计和建筑设计动画化的项目基本就是漫游和生长动画项目了。影视广告动画则是一个独立的行业，其范围非常广。

读者要对动画影视方向的工作现状有一定的了解，如果做室内设计方向的漫游和生长动画，那么一个人可以完成动画；如果做建筑设计方向的漫游和生长动画，那么一般需要一个小团队完成动画；如果做影视广告动画，最少也需要一个小团队完成动画。所以，读者不要误以为学了3ds Max的动画部分就能够自己完成一个动画项目，从而学得很杂，从模型到材质、灯光，再到渲染、动画什么都会，但都不精，这样对以后的工作是不太好的。

8.5.2 漫游动画项目

场景文件	场景文件 > CH08 > 15
实例文件	实例文件 > CH08 > 漫游动画项目
教学视频	漫游动画项目.mp4
学习目标	掌握漫游动画项目的制作方法

漫游的核心其实就是如何"游"，漫游就是将室内设计和建筑设计的场景模型的单帧渲染成场景并游动，其原理就是通过摄影机的运动达到在场景中游动的效果。这就有一个非软件技术的重点——如何确定摄影机的运动轨迹。从软件技术层面看，这就是摄影机路径的绘制，很简单，但是要把这个简单的路径确定下来，则需要很丰富的经验和对空间及客户要求的充分理解。本案例是一个厂房的漫游动画，客户的要求是做一个60秒内，并能从高空看到整个厂房状况的动画。

1.建模和制作材质

按照做建筑效果图的方法，把模型建好，并制作好材质，效果如图8-321所示。在做建筑动画时，效果图制作公司基本都会将建筑模型提供给动画制作公司，千万不要自己把模型、材质、动画等全部做好。

2.打光并进行单帧渲染测试

模型及材质做好后，就要打光和渲染一些单帧图来观察。这样做既是为了测试场景的灯光，也是为了给客户看模型和初步光感，让客户确定模型和整体光感有没有问题。本步骤的测试结果如图8-322所示。

图8-321

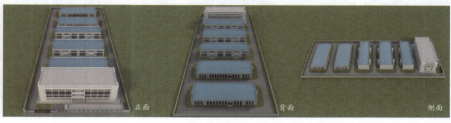

图8-322

3.确定摄影机运动轨道

本步骤摄影机的运动轨迹为：开始的时候正对大门，然后摄影机直线上升到高空，并俯拍厂房，接着摄影机往前运动，一边运动一边俯拍厂房，运动到厂房背面后就返回（这时摄影机能拍到每一个建筑的背面）。摄影机一直运动回大门处，最后可以让摄影机绕厂房一圈。本步骤的摄影机运动路径参考如图8-323所示。

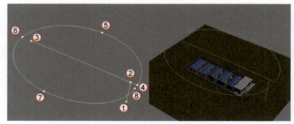

图8-323

4.渲染输出与后期处理

按照第7章中渲染出图的方法设置渲染参数即可，渲染输出后，在Photoshop进行调整、合成等后期处理。

8.5.3 生长动画项目

场景文件	场景文件 > CH08 > 16
实例文件	实例文件 > CH08 > 生长动画项目
教学视频	生长动画项目.mp4
学习目标	掌握生长动画项目的制作方法

生长动画在室内设计中的应用正在慢慢地发展，生长动画的渲染对计算机配置的要求很高，而且效率低，修改麻烦，那么生长动画为什么还会应用于室内设计中呢？一是为了服务客户，二是便于公司的宣传推广。本案例客户要求表现出整个房间从空到满的感觉，特别要表现出墙体的变化。

1.制作单帧效果图

本案例中单帧效果图的制作顺序和制作一张普通的单帧效果图的顺序一样，先看图纸，然后分析客户要求、建模、制作材质、制作灯光并进行渲染测试。单帧效果图的参考效果如图8-324所示。

图8-324

2.制作动画前的准备

本步骤的初始效果如图8-325所示，参考生长顺序为：床头背景和电视背景墙>梳妆台>床>电视机>空调>装饰画，如图8-326所示。

图8-325

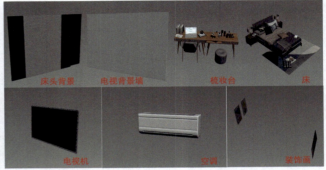

图8-326

3.模型部分的动画

因为单帧效果图里已经打好灯光了，所以可以先把模型部分的动画做好，再做灯光部分的动画。本步骤按照预先设置好的生长顺序制作动画即可，各部分的关键帧设置读者可参考相关教学视频，也可自由发挥。模型部分的动画完成后，检查一下关键点有没有错误，再检查一下动画效果是否正常。确定没问题后，让客户确认动画效果是否满意，等客户确认后再做灯光部分的动画。

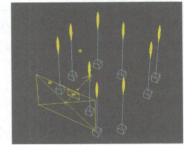

4.灯光部分的动画

本步骤的灯光参考效果如图8-327所示，灯光顺序读者可参考相关教学视频中的效果进行设置，也可自由发挥。

图8-327

5.渲染输出与后期处理

跟上一个案例一样，按照第7章中渲染动画的方法设置渲染参数即可，再在Photoshop中进行调整、合成等后期处理。

8.5.4 影视广告动画项目

场景文件	场景文件 > CH08 > 17
实例文件	实例文件 > CH08 > 影视广告动画项目
教学视频	影视广告动画项目.mp4
学习目标	掌握影视广告动画项目的制作方法

影视广告动画要求从业者知识面要相当广。影视广告动画跟前面的漫游动画和生长动画完全不一样，它更加复杂，制作难度大得多，制作周期也长得多。只学了3ds Max的动画部分就去制作大型影视广告动画是不切实际的，要一步一步来。本案例将做一个礼让行人的公益动画，用简单的动画案例让读者感受一下影视广告动画的制作流程。

影视广告动画不会像室内、建筑和产品设计一样提供设计图、参考图等资料，可以说大部分内容都需要设计师自己设计（场景、人物、脚本等）。客户会提供动画大纲，设计师就要根据客户的要求制作出作品。（当然也会有客户提供设计图，例如一些推广产品的动画，必须由客户提供产品的相关资料。）

1.构思脚本

先确定场景。大概场景为两边都有很多商铺的小街道，道路比较窄，没有红绿灯，也没有斑马线，所以很多司机不会礼让行人。大概场景确定后，如果美术指导和写脚本的不是同一个人，那么场景的细节将会由美术指导来安排，如街道的样子，商铺的样子，颜色怎么搭配等。脚本写得越详细，后续操作就越简单。

接下来确定人物。以一个儿童作为过马路的人，儿童穿什么衣服等交给美术指导来安排。将时间定为白天。

最后确定事件。儿童想要过马路，看到有车来了，就站在原地打算等汽车先过。汽车到了儿童面前就停车让行。儿童对司机点了点头，表示感谢后过马路。

2.建模/制作材质/绑定骨骼

打开"场景文件 > CH08 > 14.max"文件，本场景的模型如图8-328所示。通常一个角色的制作需要经过建模（有低模、高模等）、绘制贴图（在专业软件里精绘）和绑定骨骼（蒙皮和调试动作）3步。本案例中的儿童模型如图8-329所示（已绑定骨骼），汽车模型如图8-330所示（带骨骼的角色其实就像室内的家具一样，都可以从素材库导入）。注意动画模型的规范，不能出现五边面。准备好场景中需要的模型，为其指定材质并绑定需要的骨骼，就可以开始测试场景效果了。

图8-328

图8-329

图8-330

3.创建摄影机和灯光，渲染场景

本步骤的摄影机位置和摄影机视图参考效果如图8-331所示，单帧效果图参考效果如图8-332所示，汽车参考效果如图8-333所示。

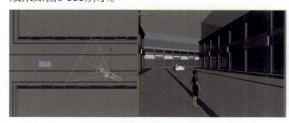
图8-331

图8-332

图8-333

4.编辑动作

本案例的动作比较简单，包括汽车的运动、小孩的过马路和点头动作。汽车的运动分为车身的移动、车轮的跟随移动和自身转动。汽车运动参考效果如图8-334所示，小孩运动参考效果如图8-335所示，单帧渲染效果图参考效果如图8-336所示。

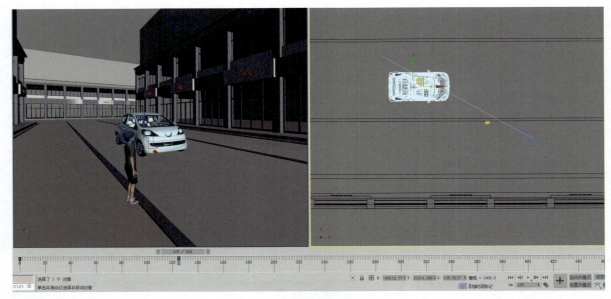

图8-334

图8-335

图8-336

5.加入摄影机动作

拍摄视角不动的话，难免会觉得有点不足，下面给摄影机也加上动作。选中摄影机，打开自动关键点模式。本步骤效果变化参考效果如图8-337所示。

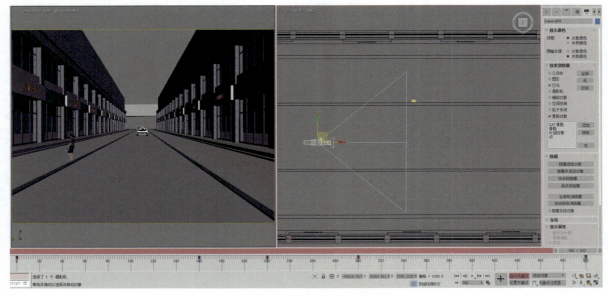

图8-337

6.渲染输出与后期处理

跟前面一样,按照渲染动画的方法设置渲染参数即可,再在**Photoshop**中进行调整、合成等后期处理。

8.5.5 技术汇总与解析

漫游动画的制作关键是确定摄影机的运动路径,生长动画主要考虑如何把模型从看不见变为看得见,影视广告动画就是我们常说的"动画"。无论制作哪种动画,除了要掌握核心的软件知识外,具有编剧能力一样很重要。脚本确定了整个动画的走向,特别是一些大型的动画,好的脚本比软件操作重要得多,其中包含很多的知识,而不是单纯地编写一个动作或者事件。好的脚本必须符合客户要求,能体现项目的核心诉求,而且还要让观众轻松接受。

当然,我们在刚进入这个行业的时候,先要做好自己岗位的事情,从基础的建模、绘制贴图做起。但是读者不要只学习自己岗位的知识,要不断地学习岗位的延伸知识,扩充自己的知识库。

8.5.6 动画项目实训

学习完本节的知识后,下面安排了3个实训供读者练习。读者可以打开场景文件自行练习,根据自己的想法自由发挥。读者也可以观看教学视频,参考其中的制作思路。

案例实训: 制作漫游动画

场景文件	场景文件 > CH08 > 18
实例文件	实例文件 > CH08 > 案例实训:制作漫游动画
教学视频	案例实训:制作漫游动画.mp4
学习目标	巩固漫游动画的制作方法

训练要求和思路如下。

第1点:打开"场景文件 > CH08 > 18.max"文件。

第2点:写脚本,在本场景中做室内漫游动画。

第3点:创建摄影机,制作摄影机路径,完成动画的制作。

第4点:渲染输出。

案例实训: 制作生长动画

场景文件	场景文件 > CH08 > 19
实例文件	实例文件 > CH08 > 案例实训:制作生长动画
教学视频	案例实训:制作生长动画.mp4
学习目标	巩固生长动画的制作方法

训练要求和思路如下。

第1点:打开"场景文件 > CH08 > 19.max"文件。

第2点:写脚本,在本场景中做生长动画。

第3点:拆分模型,按照入场顺序安排好模型。

第4点:各个模型依次入场。

第5点:渲染输出。

案例实训: 制作影视广告动画

场景文件	场景文件 > CH08 > 20
实例文件	实例文件 > CH08 > 案例实训:制作影视广告动画
教学视频	案例实训:制作影视广告动画.mp4
学习目标	巩固影视广告动画的制作方法

训练要求和思路如下。

第1点:打开"场景文件 > CH08 > 20.max"文件,然后写脚本。

第2点:导入更多的模型,以丰富场景。

第3点:发挥想象,导入更多的动作。

第4点:调整不足的地方。

第5点:渲染输出。

附录：计算机硬件配置清单

以下配置的示例硬件仅供参考，读者可以根据实际情况选择对应硬件。

最低配置清单	
操作系统	Windows 10 （64 位）
CPU	核心配置6核i5或同级AMD（i5 10400F）
显卡	至少6GB显存的NVIDIA卡或ATI卡（RTX 2060）
内存	16GB
显示器	分辨率为1920px×1080px的真彩色显示器
磁盘空间	30GB
浏览器	Microsoft Internet Explorer 7.0
网络	连接状态

性价比配置清单	
操作系统	Windows 10 （64 位）
CPU	核心配置8核i7或同级AMD（i7 10700）
显卡	至少8GB显存的NVIDIA卡或ATI卡（RTX 3070）
内存	16GB
显示器	分辨率为1920px×1080px的真彩色显示器
磁盘空间	30GB
浏览器	Microsoft Internet Explorer 7.0及以上
网络	连接状态

高端配置清单	
操作系统	Windows 10 （64 位）
CPU	核心配置10核i9或同级AMD（i9 10900K）
显卡	至少10GB显存的NVIDIA卡或ATI卡（RTX 3080）
内存	32GB
显示器	分辨率为1920px×1080px的真彩色显示器
磁盘空间	30GB
浏览器	Microsoft Internet Explorer 7.0及以上
网络	连接状态